山东人的酒文化

郝桂尧 著

山东人民出版社 · 济南
国家一级出版社 全国百佳图书出版单位

图书在版编目（CIP）数据

山东人的酒文化 / 郝桂尧著 . -- 济南：山东人民出版社，2022.10

ISBN 978-7-209-13918-2

Ⅰ.①山… Ⅱ.①郝… Ⅲ.①酒文化—文化研究—山东 Ⅳ.①TS971.22

中国版本图书馆CIP数据核字（2022）第108892号

山东人的酒文化

SHANDONG REN DE JIU WENHUA

郝桂尧 著

主管单位 山东出版传媒股份有限公司
出版发行 山东人民出版社
出 版 人 胡长青
社 址 济南市市中区舜耕路517号
邮 编 250003
电 话 总编室（0531）82098914
市场部（0531）82098027
网 址 http://www.sd-book.com.cn
印 装 青岛国彩印刷股份有限公司
经 销 新华书店

规 格 16开（169mm×239mm）
印 张 20
字 数 270千字
版 次 2022年10月第1版
印 次 2022年10月第1次
ISBN 978-7-209-13918-2
定 价 68.00元

序

在一次全国“两会”上，我上交了一个提案，建议加强中华民族的传统文化教育，弘扬“礼义廉耻、忠孝仁义”“威武不能屈、富贵不能淫”和“先天下之忧而忧”等传统文化精神，以解决目前道德滑坡、精神缺失等问题。这本关于山东人酒文化的书，为我们打开一扇了解优秀传统文化、树立当代价值观的窗口。

“杯中乾坤小，壶中日月长。”酒文化是中华民族最为悠久、最有特色的文化之一，从古至今，酒像一个隐身的巨人，出没在历史和现实的长卷里，它的气息飘溢在每个重大历史事件和诸多伟人名士身上，也成为世俗社会百姓的乐趣点乃至精神抚慰器。即使在今天，没和酒打过交道的又有几人？但是当代人过度饮酒也出现了一些问题，比如只注重酒精带来的快感，酗酒伤害人的身心，奢靡之风影响社会风气等等。人们在大量喝酒的时候，也根本无暇顾及“酒是从哪里来的”“人为什么要喝酒”“应该怎样喝酒”“酒在当代应该走向何方”等问题。这本书及时回答了这些问题。

品读此书，犹如品尝一杯珍藏多年的美酒佳酿，滋味悠长，厚重醇香，并不断带给我阅读的愉悦、发现的惊喜和共鸣的震荡。它不仅让我们了解了酒的历史、酒的文化，更深层次地解读了酒文化背后的民族精神和民族意识。作者把本书分为九章三大部分，起码从三个层面剖析了山东人的酒文化：第一是酒的生产、消费、发展历史。从开辟鸿蒙之初的“沂源猿人”一直到我们生活着的现代，可以由一样东西来统帅着，酒作为主线，这么一直流淌下来。几千年的时代更迭，沧海桑田，刀光剑影，酒不管不顾地生长着。第一种能做成酒的农作物是什么？第一个酿酒的器具在哪里？第一杯美酒是黄酒还是果酒？中国的第一个“酒祖”到底是谁？蒸馏白酒产生于什么时代？武松打虎之前喝的是什么酒……原来酒有着那么多的故事和秘密。虽然这本书不是学术论文，但是考证却很严谨，史料也很翔实。阅读下来，数千年的酒文化发展脉络就一清二楚了。第二是酒文化的历史。酿酒与饮酒，既是一种物质生产活动，也是一种文化的积淀和传承。此书告诉我们，中国第一个原始文字可能是酒神图；齐国人尚武好酒；荀子在山东兰陵品尝过兰陵美酒；越王勾践把酿酒技术从南方带到山东胶南一带；山东人贾思勰在《齐民要术》中总结了酿酒技术；山东人王羲之、李清照、辛弃疾以及客居山东的李白、杜甫、苏轼因酒激发出万丈豪情；还有遍布民间的酒礼、酒俗、酒令、酒情、酒趣、酒风……这些难忘的文化场景，波澜壮阔，意味深长，为我们提供了一道关于山东酒文化的“满汉全席”，饕餮盛宴。第三是酒文化蕴藏的信仰和精神。最早盛酒的器具，大多呈凤和鸟的形状，这和山东人祖先东夷人的太阳崇拜和图腾信仰有关；古人酿酒，多是为了祭祀和战争，祭祀就是为了和天沟通，天人合一；孔子倡导“唯酒无量，不及乱”，是儒家核心思想“仁”和“礼”的体现；诞生于宋朝的白酒，超越了程朱理学的束缚与说教，营造出浪漫主义的精神世界；啤酒与葡萄酒，带给我们西方文化与外来文明，并和中华传统文化交融碰撞；当代人，不能把所有精神寄托在酒身上。

桑塔格在谈论加缪时曾说：他的作品让读者有安全感，你知道走进去你将遇见什么，那是由广博的经验、可以辨认的传统和令人信服的智慧构成的坚固的建筑。在这部书里，我也看到了这个“建筑”。作为文学文本，此书对山东的酒文化进行了宏观的回顾与梳理、思考与总结，描摹了现实生活中一个个生动鲜活的酒场众生相，但是作者并没有就此止步，他力图从三个方面实现着自己的突破：一是力求在地域上实现突破。虽然此书名曰山东人的酒文化，却置身于全国的大背景之下，上下五千年，纵横数万里，反映的是整个国人的意识，这里面的历史、掌故、人物、风情、礼仪、段子，均为全国人民所熟知，所遵循。这就使得一本区域文化著作有了普遍意义。二是力求在视角上实现突破。描写文化和历史的书籍往往会显得很枯燥乏味，有遥远的隔膜感。但是此书以当下的视角，带着“平民情怀”和“草根精神”，从身边的人和事说起，以作家自身富含的当代信息，激活沉重干枯的历史，于是故事有了源泉，有了温度，有了表情，有了鲜活和灵动。我们直接看到了作为酒徒的作家本人。作品是作家的镜子，每一个句子，都是作者自己的格局、修为、思考甚至天性的外化。正如一个人的外表是他内心的延伸一样。作品对作者的呈现更加直接与准确。他像一个优秀导游，把我们带往历史深处，流连忘返。三是力求在思想上实现突破。这就是弘扬优秀传统文化，树立新时代的核心价值观。阅读真正的好作品如登攀高山，一路风景，最后也不会失望，无限风光在险峰。前面，酒史酒事酒文化一路道来，一路梳理。书的后半部分，作家对饮酒的弊端进行了深刻剖析和反思，并提出“酒文化应该走向何方”的严肃命题，倡议山东酒场刮起“三股风”，这一点表现出作家的文化良知、精神高度，它寄意深远、忧思深远。作家在书中说：“山东酒场最需要刮起一股猛烈的‘新风’，这就是构建属于时代和民族的核心价值体系，保持精神的高度独立。”而这一价值体系，就是更加强调社会层面的“自由、平等、公正、法治”，个人层面的“爱国、敬业、诚信、友善”，这是国家政治文明与民族发展愿景的综合体现，也是社会主义核心价值观的重要内容。

我认为，中国优秀传统文化不仅作为当代社会伦理道德基础和社会行为准则的理论基础，更主要的是，随着中国传统文化复兴与有效传承，必将提高全民族文化素质，以带动国家文化软实力与国际竞争力的提升。从这个意义上说，《山东人的酒文化》一书，值得每个山东人和对中国传统文化感兴趣的人一读。

姜　昆

全国政协委员、中国曲艺家协会主席、中国文学艺术基金会秘书长、相声表演艺术家

目　录

中篇　酒的性情

下篇　酒的魂魄

哪一种作物首先变成了酒?

是什么催生了“酒礼”?

中国白酒起源于何时?

上篇　酒的影子

第一章

山东人的“酒基因”

第一个原始文字是不是“酒神图”？

酒是什么？

想这个问题时，我正处于微醺状态。那是一个相当惨烈的酒场。都是熟人，都是好心情，都是好酒量，叮叮当当举杯之间，气氛一下子热烈起来。温度似乎提高了很多，我恍然间有些模糊，有人在高声说什么，有人拥抱在一起，还有人说要去唱歌……美女小L出去上洗手间，倒在地上。她喝了一斤多高度白酒，如果慢慢喝，她应该能够应付自如。可是时间太短，一个多小时，我们9个人就喝了9瓶高度白酒。我酒量稍逊，喝了不到半斤胃里已经翻江倒海，何况小L喝了那么多。她躺在地上，两个壮汉也扶不起来，于是只好拨打120，拉到医院去输液了。

在山东，有很多人都喝酒，每个喝酒人的故事都很多。混迹江湖，见过酒后呼呼大睡的，破口大骂的，大笑不止的，滔滔不绝的，东倒西歪的，乃至有大小便失禁的，丢了衣裤的，掉进河里的，把自己绑在树上的，扛着自行车回家的，直奔夜店的……形形色色，难以尽述。小L喝酒的故事也很多，她还把我带进她们的老乡圈子。

山东各地的人喝酒风格不同，但是有一个共同特点就是敢喝。只要认准你是朋友，就是毒药也会喝下去。我是酒量很小酒胆很大的人，自从进入小L的老乡圈，每次喝酒就没清醒着回家。她的老乡们酒量都很大。刚开始我还推推让让，三杯过后，就开始抢着喝酒，拍胸脯，说大话，称兄道弟，最后往往失去意识……醒来满心愧疚与后悔，发誓绝不沾一滴酒，可是下次照样重复“昨日的故事”。

酒怎么有那么大的魔力？它好像是一只看不见的手，在你不注意的时候就把你拉到一种境地：无拘无束，无法无天，唯我独尊，纵横驰骋，天是老大我不能是老二；喝酒之前我是山东的，喝酒之后山东是我的……在那一刻，你已经冲破了作为“人”可怜卑微有限的躯壳，自由飞翔。酒是精神还是物质？在我看来，它既是物质，也是精神，还能在物质与精神之间架设一座人人都能够迅速通达的桥梁。对过于含蓄的中国人来说，酒是精神能量的释放剂，是社会和谐的黏合剂；对尚在寻找价值观的现代人来说，酒是一种“抚慰器”。如果没有酒，这个世界会多么乏味啊。

跟着小L去了一趟她的老家，才发现了她和老乡们海量的奥秘，原来她们有一种喝酒“基因”啊。远在5000多年前，她老家的酒文化就非常发达，其先民们对酒的热爱程度，不亚于现在任何一个酒徒。她的老家在山东莒县，古称莒国，那里是山东人的发源地之一。莒文化和齐鲁文化并称山东三大文化，其传承脉络清晰，遗存物也很丰富，莒地一个专家说，齐鲁文化是“史书上的文化”，而莒文化则是“用文物摆出来的文化”。当地生产一种名酒叫“浮来春”，入口绵软、滋味悠长、窖香浓郁、醇和厚重，外包装采用陶瓷和紫砂等材质，让人马上联想到几千年前的器物。

1957年的一天，天降大雨，在莒县东南10公里的陵阳河，洪水暴发，一些石器和陶器被从厚厚的淤泥中冲刷出来。

这件事惊动了考古学家。

之后山东和莒县相关部门在这里进行了3次大的考古发掘，认定这是一处大汶口文化的遗存。考古学家们在河道南岸河滩及遗址东南、东北部边缘地带，清理大汶口文化墓葬45座，获取各类遗物数千件。其中发现了8种类型共计13个“图像文字”，震惊中外，把我国文字起源的历史向前推进了一大步。

在我国，比较成熟的文字是甲骨文，产生于距今3000年前的殷商时期。在它之前，还有极其重要的陶文和骨刻文，对中国古代文字的起源具有重要意义。陶文，顾名思义，就是刻在陶器上的文字符号。

就在陵阳河遗址的墓葬里，考古学家发现了中国的第一个陶文。

人们看着它，瞳孔似乎一下子就放大了：一个类似“炮弹”的大口尊，口大腹深，底部尖突，高约60厘米，口径为30厘米。在它灰色

莒县陵阳河出土的大陶尊

的腹部，刻画着一组图像，上为圆圆的太阳，下是五个山峰相连的山脉，中间似飘浮的云气，又像是一弯新月、一簇火焰。

这个符号，有人通俗地称之为“日月山”，有专家认为是中国最早的原始文字之一，它掀起了汉字的“盖头”，让世人看到距今5000多年前文字的初始面貌。

看到这个图案，我就想起了泰山壮丽的日出，好像太阳是被无形的力量猛然推出云海的。那种跳动是一瞬间发生的，令人激动。它是不是也预示着汉字在一瞬间从文明之海里升起?

这个陶文究竟蕴含着什么意思？文字学家唐兰认为：上面刻画着太阳，太阳下面画出三个火的符号，最下面是山。这是一种文字，因为它的符号整齐规则，已经规格化，更重要的是已经有简体字，足以说明这是已经进步的文字。古文字学家于省吾则认为，这个字的上部像日形，中间像云气形，下部像山有五峰形。山上的云气承托着初出山的太阳，应该是早晨旦明的景象，宛然如绘，应是“旦”的原字，因为与甲骨文和金文的“旦”字形相仿，都已省掉了下部的山字。

这个字正是陵阳河遗址周围环境的真实写照。据参加过1979年陵阳河遗址第二次发掘工作的山东省考古研究所研究员王树明介绍：陵阳河遗址在一片河滩上，在它正东两千多米的地方，有五座山峰并联，中间一峰突起，名曰寺崮山，每当春秋两季八九点钟，太阳恰从正东升起，高悬于主峰之上。这个字应是一个图像文字。莒县一带的古代东夷部族，为祈祷农业丰收，庆祝春季到来，对太阳神举行祭祀，这个字摹画的就是这一场景。有人说，山与太阳中间那个半圆，其实是一团火，表明古人在山顶点燃柴火，祭祀太阳。这也印证了东夷人浓厚的“太阳崇拜”情结。

不过，我对另一种说法更感兴趣：这个图像是一个酒神形象。我在山东省博物馆多次拍摄过这个大口尊，那是一个复制品，据说真品被中国博物馆收藏了。这个神秘文字激发了我的无限遐想。曾有朋友告诉我，尊敬尊敬，就是用尊盛着酒敬贵宾。这指的是眼前这个“尊”吗？显然不是。这个尊是用于酿酒发酵的，不是饮酒器具，拿着这么一个半人高的家伙，装上酒敬给别人，需要多么大的力气啊？这肯定是误读。

而另一个解释倒是行得通，就是大家对这个尊及其包含的精神很敬重。

考古发现，这种神圣的陶文或许是酒神图像，一般选择刻在敦厚结实的“灰陶尊”上；而且刻画部位较为统一，都在大口尊口沿下10厘米左右的腹部，显赫醒目，字体工整、严谨，显得苍劲而熟练。有的陶文还被染上朱红颜色。

这说明远古时代的陵阳河人非常重视这些图像文字，无论是器物的选择还是刻画的具体部位，都经过认真思考。在图像的刻画范围内涂有朱彩，是因为在古代，酒被视为神圣之物，无论是酿酒还是祭祀都必须庄严肃穆。古代的粮食产量极低，所以酒也是贵重之物，米酒在发酵过程中，稍有不慎就容易变酸，因为科学不发达，这些现象颇为神秘，所以将酿酒这一过程描绘下来，涂上象征着吉利的朱彩，进行祈祷、祭祀，以祈求神灵庇佑多产酒、产好酒。

酿酒图被刻画在尊等器物的“肩颈部”，一是人们要感谢神明庇佑，酿酒成功；二是告诫众人，能够成功酿造出酒来的器物是灵物，神圣不可侵犯。于是，这承载着美好希冀的尊变得更加高贵起来，被人敬重。

陵阳河遗址还出土了一个陶文，类似花盆上长着茅草。专家研究后断定这是一个“滤酒图”。

这个陶文整体像“凸”字，王树明称，根据与甲骨文和金文中类似形象文字的排比，可将其释读为“享”字。它大致可以分为三部分：

最上面是简化的酒神图像；中间两层草叶有滤酒漏缸的功能，有文献记载，古代酿酒用来滤除糟粕的茅草是有钩刺的。《尚书》中有“包匭菁茅”的记载，菁茅即有毛刺的茅草，匭即缠结，就是将茅草包扎缠结，灌上酒，过滤之后成为飨神的清酒。后来，用茅草滤酒变成国家重大典礼中不可缺少的一环，至少到周代，这已是天子祭祀用酒的基本要求了；图像的最下部是一个朱绘的“盆”式容器，以盛放过滤了的酒液。专家推断：图像中的串串水珠或气泡，象征酒在容器中的发酵过程。

这个陶文完整地表现出莒地先民的酿酒过程，即先将谷物蒸煮，和酒曲一块放进陶尊发酵后，盛入滤酒漏缸用茅草过滤，去其糟粕，将滤下的酒液汇聚在朱绘的盆中，然后储藏。

东夷人的性格比较开朗，感情丰富，能歌善舞，根系里有着海岱民族雄健而浪漫的文化基因，这可能与善于饮酒密切相关。陵阳河遗址范围不过50万平方米，却发现了如此之多的酒器。据统计，在陵阳河已经出土的2800件随葬品中，45%以上的器物与酒有关，而且在45座墓葬中，共随葬了663件酒杯类的器物。在6号墓和17号墓两座大墓中，还出土了两套大型酿酒器具。两座大墓的西北角，都整齐而集中地排列着大型陶尊、滤酒漏缸、陶瓮和陶盆等。这些陶器的器形比较规整，制作精良，说明用于酿酒的陶器是经过精心加工制作的。6号墓一共有207件随葬品，其中仅高柄杯一项就多达100余件，占随葬品的半数以上，可见早在五六千年以前，黄河下游的先民不但已知酿酒，而且酒类在其生活中已占有相当重要的地位。

酒的出现，使人类生活方式发生了重大变化。一个兼容了人们最崇拜的日月山峰和酒神的陶文，更蕴含了某种神秘的预言。酒，这个精灵的出现，将使这个世界演绎无数的悲欢离合。那么，它又是从何处而来？

酒是粮食精：哪一种作物首先变成了酒？

当人饿肚子时，最大的精神需求就是有一口饭吃。如果不解决肚子的问题，人很难谈什么尊严和精神层面的东西。

同样道理，如果没有农业生产的支撑和粮食的盈余，也就不可能有酒的产生。一种流行的观点认为：人类进入农耕时代之后，“五谷”产生，并有了一定剩余。谷物保存不当，受潮后发霉或发芽，从而发酵成酒。经过不断摸索，在距今七八千年前，谷物酿酒出现了。汉朝淮南王刘安在其杂家著作《淮南子》中称：“清盎之美，始于耒耜。”也就是说，谷物酿酒几乎是和农业同时开始的。

也有不同的观点称，吃饭是从喝酒中带出来的。在新石器时代之前的远古时代，人们的主要食物是打猎得来的肉食，在采集到野生谷物后，发现可以酿造成酒，于是开始有意识地种植谷物，以保证酿酒原料的供应。这一观点因为没有更多考古成果的支撑，可以把它作为一种浪漫的假想。

山东、河南等地是我国最早从事原始农业的区域，也是现代农业最为发达的省份，至今仍保存着“农业大省”的鲜明烙印。

最早的两个山东人，是生活在距今四五十万年的“沂源猿人”。那时沂源周边的泰沂地区属温和湿润的北亚热带气候，雨水充沛，森林茂密，大量动物出没，石灰岩溶洞众多，据称仅沂源一个镇就有上百个，它们可以用于躲避风雨与野兽……这些都为古人类提供了良好的生存环境。在一个相当漫长的历史时期，他们过着原始的游猎生活。要逐水草而居，搏杀猎物，填饱肚皮，估计那时没有酒可以喝。随着族群的壮大，老祖宗们走出山洞，沿着北方和南方的河流向山前平原

山东省李艳用五谷杂粮创作的五谷画《晨》

迁徙，在距今1万多年到8000年前后，山东进入新石器时代，由于原始农业的诞生和发展，先民们搭建房屋，过上定居生活，至此，酒文化进入萌芽期。

山东新石器时期的文化传承脉络极其清晰，经过距今8500年至7500年的后李文化、7300年至6300年的北辛文化、6300年至4500年的大汶口文化、4500年至4000年的龙山文化、3900年至3500年的岳石文化等5个时期，共用了4000余年时间。这是山东的“传说时代”，中国社会开始第一次大转型，由原始社会向阶级社会转变。因磨制石器的使用，这一时期由依赖自然的采集渔猎经济跃进到改造自然的生产经济，农耕和畜牧的出现成为一个划时代的标志。

究竟在哪一片土地上，我们的先民种下第一株谷子？

至少从后李文化时期，先民们除了狩猎和打鱼外，可能已经学会了农业栽培。到北辛文化时期，原始农业唱起经济的“主角”，一是发现了粟类碳化颗粒；二是出土了配套齐全的农耕工具，贯穿翻地、播种到收割、脱粒全过程。石斧用于开垦荒地，砍伐树木；石铲用于翻土播种；石刀可能是一种收割工具；石磨盘、石磨棒和石磨饼为配套器物，是一套粮食加工工具。“鹿角锄”更是先民们的奇妙创造，它利用鹿角的分叉处，把短枝的一侧磨成斜面刃，长枝的一侧为柄部，制成天然的锄头，为种植时开沟播种或挖坑点种用，也在中耕松土时使用。

到大汶口文化中晚期和龙山文化时期，山东的原始农业跃居全国首位，并至少持续了两千多年。这是山东历史上第一个辉煌期。

大汶口文化以农业生产为主，兼营畜牧业，辅以狩猎和捕鱼业。也就是说，仅仅靠农业还不足以维持最低的生存需求。在生产工具上，这一时期也有进步，开始大量使用穿孔斧、刀、铲，有肩石铲、石镐等，磨砺精良，更加实用，兼有一些骨器、角器和蚌器，像收割工具就有骨镰和蚌镰。

龙山人农业的发达主要表现在农具种类和比例的变化上。生产工具中，石铲更为扁薄宽大，趋于规范化。有肩石铲和穿孔石铲普遍出现，可以安装上柄。石镰和石刀的形态大小都和现在当地人使用的铁制工具十分相似。骨、蚌类的农具特别多，种类也十分丰富。双齿木耒广泛使用。正是这样先进的生产工具使龙山人创造了辉煌的农业文化。

到岳石文化时期，少量青铜器农具也开始出现了……

“清盎之美，始于耒耜”，耒和耜就是这些石、骨、蚌、金属类工具的代名词。耒是最早的犁，是农神炎帝手持的农具，也可能是汉字

“力”的原型；而耜也是一种古老工具，用于翻土，其形制为扁状尖头，后部有用于安装长柄的孔，柄与耜头连接处有一横木，很像今天的铁锨。就是这些工具，把一颗颗金色的种子，播撒进野性而原始的大地，并让禾苗长成果实，酒有了精血。

一位朋友说，他刚调到山东即墨工作时，每次喝很多“即墨老酒”，结果肚子胀得不行，别人告诉他，老酒虽然营养极其丰富，但难以消化，所以要少喝。

即墨老酒是米酒的一种，原料是大黄米。

在胶东半岛一带，很多家庭仍然在用古法把大黄米酿造成酒。其具体步骤是：先将大黄米放入大盆中淘洗干净，泡半天备用。在蒸锅里放上水，一斤大黄米大约放两斤凉水。大火煮10小时左右。其间不断搅动米，以免锅底烧焦。用勺子将大黄米弄散摊匀，将酒曲均匀地撒在煮好的大黄米上，然后用勺子将大黄米翻动。拌酒曲一定要在大黄米凉透至30℃以后。用勺轻轻压实，抹平表面。将一点酒曲撒在里面，倒入一点凉开水。将缸盖盖严，置于20℃左右的温度下，发酵。3天后开始搅缸。1个月后料坯发酵好了，由管子滴出的液体就是米酒……

大黄米在古代称为黍，它和小米（粟）一样，已经有七八千年以上的种植历史，并成为我国最早的两种酿酒原料。

有这样一种说法：亚洲是稻米文明，欧洲是小麦文明，拉丁美洲则是玉米文明。在我国北方包括山东在内的区域，最早的粮食作物是“五谷”，即黍、粟、稻、麦、菽（豆类），这是一种地缘性选择，相对于多雨的南方，北方干旱且土地贫瘠，只能种植耐干旱、耐瘠薄、生长期短的作物。

黍和粟都是从本土野生的小草驯化而来。黍是20世纪50年代之前山东最重要的粮食作物之一，其碳水化合物含量达74%，蛋白质达

11.8%，脂肪达3.2%，食用纤维达4.4%，并富含蛋氨酸、色氨酸、赖氨酸，以及多种维生素和微量元素。据《神农本草经》记载，黄米能养肾气、除胃热、治消渴、利尿活血，还具有一定催眠作用。小米原本是野生的“狗尾草”，营养丰富，品种繁多，俗称“粟有五彩”，有白、红、黄、黑、橙、紫各种颜色的小米，也有黏性小米。其抗旱能力出众，民间有“只有青山干死竹，未见地里旱死粟”之说。今天世界各地栽培的小米，都是由中国传去的。全世界小米栽培面积10多亿亩，我国最多，总产量最高，其产地分布在黄河中下游地区、东北、内蒙古等地。

记得小时候，老家种植的小米和大黄米很多，小米的谷穗密实饱满，大黄米的则相对松散。小米主要用于熬稀饭，也偶尔用来做米饭，金黄色的小米饭口感一般，倒是烤煳了的锅巴味道奇香。大黄米有两种主要用途，包元宵和做年糕，把大黄米磨成粉，和成面，包进花生芝麻香油搅拌成的馅，在面粉里滚动一会儿就成了，所以叫“滚元宵”；大黄米做的年糕晾干，切成块状，可以放很长时间，而且黏性极强，拌上白糖，是一道难得的美味，只能在过年时吃。小米和大黄米成熟的季节，麻雀来争食，村里人就在地里扎上稻草人，但不久会被聪明的麻雀识破，我们这些小孩就会上阵，被派去看护庄稼，轰走麻雀。

那时候我们还不知道，中国最早的酒是用大黄米和小米酿造的。

后李文化遗址发现，当时在淄博市临淄区一带，既有旱生植物、水草及灌木丛，也有低地及水体，考古学家在遗址中分析出一些禾本科植物花粉，形态很像现在的谷子。在北辛文化时期一些窖穴的底部，则发现了粟粒碳化颗粒，这是中国北方发现较早的农作物之一。大汶口文化以农业经济为主，同黄河流域其他原始文化一样，主要种植的是粟。三里河遗址的一个窖穴中出土了1立方米的朽粟，说明粮食生产已有相当可观的数量。到龙山文化时期，粟和黍在经济生活中的地位更加重要。用C13测定原始人的食谱表明，粟黍类在食物中的比重，大汶口文化时期为50%，龙山文化时期为70%。适于储藏粮食的袋形窖穴明显增多；有些遗址还出土了仓廪的模型，说明粮食多得需要储存起来了。

被认为是江南特产的水稻，也是山东最早生产的谷物之一。中美联合考古队在日照市两城镇龙山文化遗址采集植物标本256份土样，鉴定发现了4种碳化农作物的种子570粒，其中包括碳化稻谷454粒，碳化粟98粒以及少量黍和小麦。

这些谷物发霉或者发芽，变成“曲”和“蘖”，曲用于造酒，蘖用于造醴，醴相当于现在的啤酒，味道淡薄，世人不太喜欢，所以未能传承下来。曲法酿酒成为我国酿酒的主要方式之一，一直沿用至今。最初用谷子酿成的酒，就是米酒，类似于南方很多地方的“醪糟”。

在古代，“禾”像一株成熟的谷子，它是一切谷物的统称，当百姓能够吃到谷物时，就是“和”，嘴里有了粮食，整个社会一片祥和。而蒸煮小米或黄米，或者用它们酿造出美酒时，生活就充满馨香的味道。香字由“禾”和“日”组成，这个日字是从甘转化而来，甘则像口里含着一块糖。

有了美酒的日子，开始有滋有味、活色生香。

美酒尚需佳肴，山东先民们的佳肴有什么？

首先是肉食类家畜，狗、猪和牛是最早驯化成功的家畜。现代汉语中的“家”字，是用屋中有豖来表示的。定居了才有家，有了家才能养猪。豖在甲骨文里像一只直立起来的黑猪，大腹便便，4个蹄子，还有1个小尾巴，非常生动形象。在后李文化遗址中，发现的家畜以猪的遗骸为最多；到北辛文化时期，已经开始人工驯化猪；养猪业发达是大汶口文化的一个显著特征，这一时期各遗址都出土有猪、狗、牛等家畜的骨骼。在大汶口遗址中，1/3以上的墓葬用猪随葬。其中有一座大型墓，墓主人随葬的猪头多达14个。胶州三里河一座墓中随葬猪下颚骨多达32个，说明家猪是氏族家族的一种重要动产。在三里河遗址一座房址的旁边，1个袋状窖穴里发现埋有5具完整的幼猪骨架，这可能是一处地穴式猪圈。当时，猪肉仍是一种奢侈品，非常难得。

淡水软体动物和鱼类动物是新石器时代先民们的另一种重要食物，虽然农业已经较为发达，但是渔猎经济仍占有重要地位，且先民们的捕鱼技术相当高超。

大汶口和龙山文化时期的胶州湾，也就是今天的青岛一带，鱼类资源极为丰富，有个头很大的梭鱼、鲅鱼、白鳞鱼和黑加吉鱼等。胶州三里河遗址发现了大量的贝壳堆积，主要有7种海螺壳、6种蛤蜊壳和两种淡水蚌壳，另外还有大量的牡蛎壳、海胆壳、海蟹壳和乌贼骨等。先民们除了在浅海滩涂采挖各种海螺、蛤蜊、牡蛎、海胆和螃蟹外，还在惊涛骇浪之上，驾着一只只木筏子和独木舟，在近海捕捞梭鱼、黑加吉鱼，到外海捕捞游速很快的白鳞鱼、鲅鱼。独木舟的防水性和操作性较好，堪称新石器时代最先进的水上船只。

据考古专家介绍：在三里河遗址中，发现的鲅鱼骨非常多。在1处离房屋遗址不远的地方，仅吃剩的鲅鱼骨就有数吨，摆了二十几米长，半米多高，就像农家现在的“地瓜垄”一样。

有人或许要问：5000年前，青岛人吃的鲅鱼和现在的差不多大吗？据考证，当时三里河人在黄海捕获的鲅鱼，大多在60厘米到80厘米之间，也有长达一米至两米的，体量十分惊人。三里河人还用这些鲅鱼骨做出各种装饰品和小工具。也就是说，早在原始氏族公社时期，鲅鱼就是黄海的主要鱼类之一。青岛人爱吃鲅鱼的风俗在5000年前就形成了，沿海人对鲅鱼的美味有着深刻而长久的记忆。现在每年的四五月份，新鲜鲅鱼上市后，青岛女婿一定要给丈母娘送鲅鱼，而且是越大越好，近几年价格也是越来越高，一条就差不多得500元。

架起柴火，三里河人席地而坐，把刮掉鱼鳞的白鳞鱼、黑加吉鱼以及蛤蜊、海螺等，放进陶鬲蒸煮，雾气升腾，吹拂着他们用葛和麻织成的上衣和裙子，他们用蚌壳磨制的匙子，吃鱼肉，喝鱼汤，再来一口谷物酿造的米酒，真是飘飘欲仙了。

酒具盛满信仰：一只飞向太阳的凤鸟

在山东省莒县博物馆，陈列着一个白陶双鋬鬶。这是大汶口文化时期的酒器，出土于1977年那次考古发掘。这个酒器被称作“鸟形鬶”，高34厘米，上部像鸟头颈的部分，呈喇叭形，斜流口；中间部分饱满浑圆，像鼓起的腹部；三足鼎立，像鸟的脚，是空心的；而背部则安装了两个把，是鸟的两个翅膀；后部有一个小尾巴。远远望去，整个陶鬶造型生动，制作精良，好像是一只鸣叫的小鸟，双翅展开，头颅高昂，随时要冲向天际。

一个用来装酒和水的陶器，为什么要做成鸟的形状？

这要从我们老祖先东夷人的信仰说起。

凡是人类生存，都需要信仰的支撑。人类原始宗教萌芽于旧石器时代，成熟于新石器时代。按照一般原则，原始民族先有图腾，再有地界神、天界神，最后“万物有灵”，原始宗教趋于成熟。山东的土著人是东夷人。东夷史前文化，就发生在新石器时代的4000—6000多年内。夷，从大从弓，从字形上解释就是一个身背弓箭的巨人。有粮吃，有衣穿，有酒喝，有鱼捕，还有食盐的合理摄入，造就了东夷人强健的体魄和旺盛的生命力，他们创造的文明领先整个古中国。

这个看似强悍的部族，民风淳朴善良，人民自觉遵守传统的礼仪习俗，崇尚自然有序，万物各得其所，所以又号称“君子之国”“不死之国”。在中国的阴阳五行学说里，东方为生发之地，代表“仁”，“仁”就是生发出来的善念，可以影响人的很多东西。古代，“夷”与

大汶口文化遗址出土的白陶酒器

"仁"同音，说明这是一个崇尚"仁"的部落。

东夷人充满浪漫的幻想。自然界赋予人类生命力的异样力量，他们最为崇拜，经过沉淀，幻化为自己民族的精神图腾。山东地处东部沿海，太阳最早从这里升起，并给人们带来光明、温暖和力量；而鸟能够迎着太阳，展翅飞翔，二者均受到东夷人的膜拜，成为他们最早的图腾。

东夷人的领袖很多，其中以太昊、少昊、蚩尤、大舜最为著名。太昊和少昊存在于大汶口文化中晚期；蚩尤崛起在大汶口文化晚期和龙山文化早期；而大舜则创造了龙山文化的巅峰。

"昊"，天上有一轮太阳。它既可以是莒县陵阳河出土文字描摹的太阳，也泛指太阳经行、包容一切的“昊天”，还是东夷集团的象征性符号。显然，这一名字来自太阳崇拜。太昊、少昊之说有两种解释，一是说太昊早于少昊，即山东最早的先民是太昊，之后的先民是少昊，二者是一种传承关系；二是说山东最早的先民分为东、西两支，居东者为少昊，居西者为太昊。《山海经·大荒东经》载：“东海之外大壑，少昊之国。”活动在山东西部一带的太昊集团兴起较早，以汶泗流域的曲阜为活动中心，势力向东影响到大海，向南达到苏北；后来它陆续西侵中原，转以今河南淮阳一带为活动中心，势力达到今皖北。少昊集团起家于鲁北以至渤海湾沿岸，随着实力壮大，不断西进南下，渐次取代太昊集团而成为占主导地位的东夷势力，也以曲阜一带为活动中心。当少昊强盛时，其势力几乎覆盖了今黄河下游流域的全部地区，并波及淮北。

这两种说法均有一定的道理。

文字学家唐兰说：“大汶口文化就是少昊文化。”有人说，东夷的夷，出于燕的方言古称。“夷”同“益”，益的古文是一个燕子的象形。燕子是凤的祖型，凤是燕子的神化形象。少昊名挚，是一种鸷鸟，也是燕、凤的化身。少昊是一个以鸟为图腾的庞大氏族部落群。从少昊开始，东夷人明确把从鸟和燕子演化而来的“凤”作为部落图腾。

《左传》记载了一个孔子向郯子学习的故事。鲁昭公十七年秋天，郯子到鲁国访问，昭公设宴款待。席间，鲁国大臣昭子问：“少皞（昊）氏鸟名官，何故也？”郯子回答说：我们高祖少昊即位的时候，恰好飞来了凤鸟，“故纪于鸟，为鸟师而鸟名”。郯子一口气说出24种鸟，而且大多数是候鸟，可能象征着东夷有24个大的部落，它由“五鸟”“五鸠”“五雉”“九扈”组成。其中“五鸟”以凤鸟为首，执掌历法和祭祀，地位最高；“五鸠”都是猛禽，实际权力最大，为核心执政族；“五雉”“九扈”则分管手工业、农业等具体事务。这样的集团显然是部落联盟时代的产物，其“官职”系统已具备部落古国权力机构的雏形。

相传少昊在位84年，活了100岁，葬于曲阜城东北的云阳山。现在曲阜还有一座少昊陵，呈方形，石砌，形状类似于金字塔。少昊留下的“凤”图腾成为东夷人心理的一种象征：它是美丽的，温顺的，安静的，和谐安详，是一种人与人心灵沟通的“通感力量”。这是“仁”的一部分。

少昊衰落，东夷集团的新领袖蚩尤站了起来。蚩尤头上长着两个短短的角，怒目圆睁，操干戈而立，似乎浑身有一股用不完的巨大力量。他以今山东为根据地，向西发展，开始进入华北大平原，与以炎黄为代表的华夏集团开始文明的大冲撞和大融合。

有一种说法，蚩尤出生在山东青州弥河一带，活动范围在今天鲁西、豫东。当他自东而西开拓疆域时，侵害了炎帝部落的利益。强盛的时候，蚩尤在“涿鹿之阿”打败炎帝，吞并了炎帝的地盘，到了“九隅（九州）无遗”的地步。接着，他和炎黄部落在涿鹿地区遭遇。蚩尤集结所属81个支族，在力量上占据某种优势。双方接触后，蚩尤主动向黄帝族发起攻击。黄帝族则率领以熊、罴、狼、豹、雕、龙等为图腾的氏族，迎战蚩尤。最后，炎黄得胜，蚩尤大败而逃。《皇览·冢墓记》记载，蚩尤战败，被黄帝杀死并且被肢解，“身首异处，故别葬之”。害怕蚩尤死后还作怪，把他的身和首埋在两个地方。其中的首级埋在山东阳谷，肩胛骨埋在巨野。

这次大战黄帝战胜了蚩尤，奠定华夏国家的根基，成为五帝之首。作为一个优秀的文明基因，东夷的“凤”文化与炎黄的“龙”文化相融合，产生了“龙凤呈祥”的中华民族文化特色和民族意识。

孝子大舜是东夷最后一个部落领袖。他品德优良，并有着非凡的治理社会才能。据文献记载，舜耕于历山，陶于海滨，渔于雷泽。有专家称，“历”，最初不是指济南的历山，而是经历的意思。这句话应该解释为：“舜历山而耕，靠河居住制陶，在湖湾大泽中渔捞。”《孟子·离娄篇》称："舜生于诸冯，迁于负夏，卒于鸣条，东夷人也。"就是说舜生于诸冯，诸冯是指今山东诸城等地。历山而耕，是说沿泰沂山脉东南侧向西迁徙，最后在河南鸣条一带定居，山东聊城阳谷景阳冈也发现过一个舜的都城，可见舜的活动范围之大。

舜在各方面都表现出高尚的人格力量，"舜耕历山，历山之人皆让畔；渔雷泽，雷泽上人皆让居"，只要是他劳作的地方，便兴起礼让的风尚。尧把自己的帝位禅让给舜，舜率东夷人大力发展农业、畜牧业、渔业和制陶业，经济发展，人口增长，社会秩序井然。舜又把君位禅让给治水的大禹，成为后世儒家讴歌的上古圣君。

舜的时代，仍然有对"凤"的图腾崇拜。他即位后，乐工用五彩羽毛为饰，扮成各种美丽的飞鸟，呈现出"百鸟朝凤"的宏大场面。

山东大学刘凤君教授告诉我：2009年春天，他在骨刻文中发现了"尧"和"舜"两个字。尧是老态而精神的样子，最典型的是他几近秃头，仅剩数根稀发飘散着；舜戴一顶平顶大帽，身着宽大草衣，手持农具……刘教授还说，骨刻文中"凤"样的字很多，其基本特征是身躯修长，头部高冠殊荣，圆目修颈，长尾华丽，肢爪健壮，一副荣华富贵之形态。而商代甲骨文中的"凤"字，已概括成仅有高冠和蓬展的羽毛了，明显是在骨刻文的基础上简化成了图像符号。

今天，在山东人的意识里，"凤"的崇拜依然存在。在我儿时的记忆中，胶东人非常喜欢燕子，燕子飞进农家屋檐下筑巢，是一种吉兆。调皮的孩子用棍子去捅掉燕窝，大人吓唬说，得罪燕子会患眼病。谁也不知道这一现象源自哪里，现在想来就源于"凤"崇拜。在今天山东举办的各种大型文体活动里，凤凰的符号也经常可见。"龙飞凤舞""龙凤呈祥""有凤来仪""家有梧桐树，引得凤凰来"等还是流行词语。

作为东夷人利用土和火创造出的第一种自然界不存在的物质，陶器上尤其是稀少且昂贵的酒具上，自然留下了信仰的印记。

酒字的甲骨文

让我们像解剖麻雀一样，来分析这个酒字。酒，三点水表示液体；酉是模仿陶器创造出来的字，在甲骨文和金文中它都像一个酒坛子。酉字从西从一。“西”本指“西方”，在我国古文化中，东方代表生机盎然的春天，西方则代表庄稼成熟的秋季。所以“西”转义指“谷物成熟”。“一”指这个酒坛里的内容，即成熟的、可以酿酒的谷物。

一个字道出了酒产生的前提和条件，除了粮食之外，还要有能够酿酒、储酒和喝酒的工具，这一工具最早的形态是陶器。

按照古人的观念，世界由“金木水火土”五大物质构成，陶器几乎就是这五大物质的综合体。大约在1万年前的新石器时代早期，人类就发明了制陶技术，它改变了人类的饮食，增加了食物来源，拓展了生存空间，是生产力的一次重大飞跃。恩格斯说，人类学会制陶术，标志着人类蒙昧时代的结束，野蛮时代的开始。

山东的新石器时代自成体系，出土的陶器总量达到10万件以上。距今七八千年的后李文化和北辛文化时期，山东的制陶技术就已经非常成熟。考古学家说，北辛遗址发现的陶器红顶钵，为东方的彩陶找到了渊源。在一件陶器的底部发现了一对酷似鸟足的符号，被文字学家和历史学家誉为“文字的起源”“文明的曙光”。而大汶口文化的彩陶和龙山文化的黑陶，更是达到制陶工艺的顶峰。

大汶口文化是史前文化制陶业的第一个高峰。这一时期，陶器轮制技术日益成熟和普及，利用陶轮的旋转，用双手将泥料拉成陶器坯体；陶器种类迅速增加，器形日益复杂，仅酒具就有鬶、壶、杯、觚、盉等类型；更重要的是，在烧窑上采取不同方法，烧出红陶、灰陶、黑陶和白陶，找到不同的矿物原料，制成美丽的彩陶。

在大汶口的彩陶上，经常可以看到八角星图案，有研究者认为它象征着光芒四射的太阳；也有人认为象征无边无际的天空，中间的方形象征大地，寓意“天圆地方”。这说明那时的酒器，既注重实用性，又很有艺术趣味，更表达着东夷人的“凤”信仰。

在山东省博物馆，收藏着一件红陶兽形器，是大汶口时期陶制酒器的杰出代表。它高21.6厘米，为夹砂红陶质地，通体磨光，施红色陶衣，光润亮泽。整个器形圆面耸耳，拱鼻，张口，耳穿小孔，四个短腿粗壮有力，短尾上翘，后背上装有一个弧形提手，尾根部是一个筒形注水口，好像正在张着嘴巴向主人乞讨食物。这个陶器用抽象夸张的手法，塑造了一个站立动物的形象，憨态可掬，构思巧妙，生动有趣。它肥壮的身躯和头部像猪，而四肢和上翘的尾巴又像狗，因此专家统称其为兽形器。从它的造型上可看出，大汶口文化的先民们已经掌握了动物各部位的比例结构，并能够进行“写意”创作，在造型艺术上造诣已经很深。

根据器形的独特性和稀有性判断，这件红陶兽形壶很可能是用来盛酒的。该壶与大汶口文化的实足陶鬶器形类似，陶质陶色也类同，

大汶口文化时期的红陶兽形器，很可能是用来盛酒的

所以也有人将其称为“猪鬶”或“狗鬶”。这是当时人们饲养最多的两种家畜。山东出土的陶鬶残片上残留着水垢等残渣，说明当时的夹砂陶鬶应该是用来炊煮酒水的。酒可以从背部的注水口加入，温煮完之后，提起背部的把手，直接从前部的口中倒出，因此这个可爱的兽形壶可能有温酒和斟酒两种功能。

如果说兽形壶来源于生活，那么，模仿鸟和凤制作的陶鬶，就是东夷人精神图腾的演绎。大汶口文化和龙山文化中，鸟的形象在陶器、玉器上反复出现，有的作鸟形纹饰，有的作鸟的造型。他们还把陶鬶做成各种各样的禽鸟形象，有的昂首挺胸，傲视一切；有的机灵可爱，稚气十足，是很有地方特色的典型器物，也是东夷文化形成的重要标志。

我们大学时期的老师、考古学家刘敦愿指出："东夷族以鸟为图腾是其突出的特征，小型的陶鸟及鸟头形钮的器盖屡有发现。陶器全形似立鸟之状，或部分结构如鸟喙的情况更是多见。"

到龙山文化时期，除了"鸟"图腾的表达，还诞生了一种精美绝伦、登峰造极的饮酒器具，这就是黑陶高柄杯。

龙山文化起初叫"黑陶文化"。20世纪30年代由于在济南市章丘城子崖发现了大量黑陶，所以考古学家将其命名为"黑陶文化"。龙山文化是后来的命名，由此可见黑陶之于龙山的重要性。龙山文化的黑陶品种较之彩陶更加丰富，也逐渐规整，其中酒器的类型增加，用途明确，与后世的酒器有较大的相似性。这些酒器有罐、瓮、盂、碗、杯等。酒杯的种类繁多，有平底杯、圈足杯、高圈足杯、高柄杯、斜壁杯、曲腹杯、觚形杯等。

在我家的书柜里，有一件黑陶高柄杯的复制品，高二三十厘米，口径不足10厘米，极其轻薄，放在手里好像只有一张纸那么轻，这是山东日照黑陶艺术家卜广云的作品，其风格粗犷奔放，简洁流畅，古朴典雅。据卜广云介绍，从1934年到1973年，日照境内出土了大量黑陶制品，制作精细、美观，特别是蛋壳黑陶高柄镂空杯，无釉而乌黑发亮，胎薄而质地坚硬，其壁最厚不过1毫米，最薄处仅0.2毫米，重仅20克，制作工艺之精，堪称盖世一绝。黑陶是山东龙山文化最典型的陶器，被史学家称为"原始文化中心的瑰宝"。

黑陶制作工艺复杂，已失传了几千年，现在被重新研制出来：首先要对黄泥反复淘洗十几次，不能含有任何杂质；然后用快轮拉坯成型；再放入高温陶窑中还原氧环境下烧制，烧制时要不断往窑里浇水，产生大量浓烟，烟中的碳附着到陶器表面，并渗透到缝隙里，从而制出漆黑油亮的黑陶。

卜广云说，制陶艺术在本质上最接近生命本体，用心把握过程，深情期待不可预想，有所为而有所不为或不能为、可控制而不能控制，一半靠用心靠设计，一半靠运气靠火候。制作中要求作者必须达到物我两忘、天人合一的境界。

看来，东夷先民把对酒的珍爱和对民族图腾的信仰，融入酒具之中。制作陶制酒具的过程，就是为民族图腾塑形的过程。

山东人大舜和仪狄可能是中国酿酒的鼻祖

2012年3月，我去景芝酒厂，专门探访酒的历史。中午在酒厂招待所吃饭，这里没有啤酒、红酒和饮料，只给客人喝白酒。两杯下去，我就飘飘欲仙，要求去参观4A级景区“酒之城”，在这里的祭祀广场上，看到一个好像是青铜材质的雕塑，导游说，这就是酒祖大舜。

汉画像石里的酒祖大舜

酒祖？以前只知道仪狄和杜康是酒祖，怎么是大舜啊。

抬眼望去，只见大舜高高站立在石头基座之上，长袍飘逸，一手捧着谷穗，一手拿着农具，浓眉下深邃的双眼直视远方。脚下，则是酒坛。不知道是谁，在他的脖子上围了一块红色纱巾，迎风舞动。导游还说，大舜的老家诸城离景芝不过几十里，他最早教导人民耕种、狩猎、制陶、酿酒，比传说中的仪狄、杜康还早了很多年。他就是景芝酒的酒魂。

我边参观“酒之城”，边陷入遐想之中。有了多余的粮食和必备的器具，还要有掌握酿酒技术的人，才能生产出酒。酒的产生应该是人类社会生产力发展到一定阶段的产物，必定经过了反复的发现、模仿、失败、探索，是一个漫长而复杂的过程。关于酒起源的种种说法，反映的就是人类进步的足迹：

酒是天上“酒星”所赐的说法，表明地球、生命和酒都是从浩瀚的宇宙中而来。

猿猴造酒说证明了人是由猿猴演变而来的，猿猴和人都喜欢喝酒。

最早的酒是果酒和动物乳汁制成的乳酒的传说，好像反映了旧石器时代的采集与渔猎生活。

用谷物酿酒，自然就是新石器时代的产物……

在国人的意识里，任何事物必须有一个符号性的人物来代表，来体现。而且要决出雌雄，分出层级，以维护我们这个传统农业社会的超稳定结构。酿酒也一样。究竟谁是酿酒的鼻祖？

按照已有的说法，在大舜、仪狄和杜康三个对酿酒作出巨大贡献的先贤中进行排列组合，我得出这样的结论：山东人大舜和仪狄，可能是中国酿酒的鼻祖。因为大舜是龙山文化时期的人，仪狄是夏禹时期的人，而杜康则是夏朝的君王，或是夏商时期的平民百姓，从时间顺序上，大舜排第一，仪狄第二，杜康即使是酒的代名词，也只能排第三。

东夷最后一个部落领袖大舜，是今山东诸城一带人。诸城现正打造“大舜故里”的品牌。他生活在龙山文化的鼎盛期，那时黑陶文化发达。大舜就是一个制陶高手，他制作的酒器就应该包括蛋壳陶高柄杯等。

司马迁《史记·五帝本纪》这样记述了大舜制陶的经历：“陶河滨，河滨器皆不苦窳。一年而所居成聚，二年成邑，三年成都。”大意是说大舜在河滨制陶，烧制陶器的工匠们在舜的指导下，不再担心出废品了。制陶的河滨一带第一年人们聚居成为一个村落，第二年变成一个小镇，第三年就发展成了一个都市。当时人们都慕名前往学习先进技术，因而形成相当规模的制陶行业，促进了陶器贸易的发达。

大舜制陶的“河滨”到底在哪里，众说纷纭，山东省内和省外都有地方在争，甚至为此争得面红耳赤，不可开交。值得一提的是，诸城市诸冯村内有古迹舜庙，是一个历代祭祀先圣的场所，村北有一个小山叫历山，相传舜耕于此，村东就是古代“四渎”之一的潍河，相传为舜制陶的“河滨”。潍坊市博物馆一研究员称：1992年，他在诸冯村东潍河岸边看到，古代制陶的遗址，已被挖掘到数米深，中间残留的古陶片积层高达4米多，如宝塔状。

考古发现不断佐证，潍坊市的诸城及附近的安丘市景芝镇一带，是龙山文化时期重要的制陶基地。

在诸城，已先后发现龙山文化遗址40余处。在诸城的皇华镇呈子、枳沟镇前寨以及九台、凉台、都吉台、老梧村等龙山文化遗址中，都有一批精美的黑陶出土。这些黑陶在当地被称为“舜陶”。1976年至1978年，山东省与潍坊市的考古工作者曾对呈子遗址进行两次发掘，其中发现的龙山文化墓葬多达88座。这些墓葬分为北、东、西三区，其中北区宽大并有随葬品，随葬品主要是黑陶，最贵重的就是蛋壳陶高柄杯，多达20余件。在当时，黑陶象征着尊贵和富有，而高柄蛋壳杯更是一种权力的象征。

这说明，大舜将制陶技术提高到一个新的水平，推动了黑陶业大发展，也使酿酒业进入一个新阶段。

在安丘市景芝镇南偏西约300米的一个砖瓦窑场，1957年发现了一个古墓葬群。考古人员开挖出两条探沟，内有7座墓葬，出土文物74件。除了有8件黑陶杯之外，更让大家惊喜的是，还发现了酿酒发酵使用的大口尖底缸3个。这些尖底缸的口沿有明显的轮纹，下部手制。唇外折近平，直腹，腹下部外凸，然后再内收成尖底，外饰斜条纹，体大壁厚，高55.5厘米，口径34.3厘米，壁厚3.5厘米。

原景芝酒厂总工程师王海平说："这种尖底缸只能是用来酿酒的，尖底方便埋在地下。"在景芝，至今仍保留着清代烧锅遗址，展示着一种古代的桃花瓮酒制作方法：冬天装料，经过精工制作，立春桃花开时启瓮，做出来的酒醇香无比。王海平说："酿制桃花瓮酒的方法是这样的，先将装酒醅的瓮埋入地下，周围用窖泥踏实、封严，粗砂陶瓮有渗透作用，能与地气接触，为酵母菌繁殖创造了条件。三月桃花盛开时节，是一年当中酿酒的黄金季节。这时候的气温和地温适当，有利于菌类的繁殖，酒醅在瓮里发酵完全成熟后，烧出酒来口感柔和绵甜，回味悠长。"传说这一带有个桃花节，人们在节上对酒当歌，尽情欢乐。

蛋壳黑陶高柄杯

这种桃花瓮是不是尖底缸的翻版？它与莒县陵阳河的大口尊有没有关联？

我们可以联想。

2009年，王树明参加诸城大舜文化学术研讨会时说："从陵阳河和前寨的考古发掘，揭示了帝舜就发源于诸城的前寨、莒县陵阳河。'诸'就是诸城前寨，'冯'就是陵阳河。"王树明说，孟子认为舜生于诸冯，是东方夷人。按照孟子的这一说法，大舜祖籍应在今鲁东南诸城或周边一带。考古发现与文献记载都反映，我国古代用谷物酿酒之祖，是缘起于山东东南部的诸城、莒县及其周边一带的帝舜一族。由此推论，大舜应是酿酒的鼻祖。

除了是酿酒鼻祖，大舜的酒量也很大。孔子后裔、秦末儒生孔鲋在《孔丛子·儒服》中写道："尧舜千钟，孔子百觚；子路嗑嗑，尚饮十榼。古之圣贤，无不能饮者。”

在诸城民间，关于大舜和酒的传说也不少。

有这样一个故事：大舜曾在老家酿酒，因使用潍河水作“酒引子”，酿造的酒特别香醇。后来大舜当了帝王，勤勤恳恳忙于政务，第三年闻知父亲瞽叟病故，回诸冯老家奔丧。曾经来诸冯喝过酒的大将军鲧请求护送，就是想到诸冯再品尝一下醉人的美酒。

山东阳谷正在打造三大文化品牌，其中之一就是“东夷之都”。在这个鲁西南的小县城里，我听说了很多大舜和仪狄的故事。当地人说，仪狄就是山东阳谷人，阳谷是中国酿酒的发源地之一。

仪狄到底是哪里人？历史上没有定论。只是很多史料在谈到酒的产生时提到了他。《吕氏春秋》说“仪狄造酒”。《战国策》《淮南子》《说文解字》均记载：仪狄善于酿制美酒，并进贡给大禹。禹喝了之后觉得醇美甘甜，但怕沉迷于美酒耽误国家大事，于是疏远了仪狄。《十六国春秋》载，秘书侍郎赵整作《酒德歌》：“地列酒泉，天垂酒池。杜康妙识，仪狄先知。”《太平御览》说仪狄“始作酒醪，以变三味”。《康熙字典》中对“酒”字的注解是：《江纯·酒诰》“酒之所兴，肇自上皇，成之帝女，一曰杜康”。还一种说法叫：“酒之所兴，肇自上皇，成于仪狄。”意思是说，自三皇五帝时，就有各种造酒方法流行，是仪狄将这些方法归纳提升，使之流传于后世……

像一个模糊的影子，仪狄给后人留下诸多猜想空间。这个影子在阳谷大地上留下很多碎片，把它一点一点拼接起来，仪狄的酒祖形象就逐渐明晰起来。他是东夷文明的缩影之一。

我们驱车前往景阳冈酒厂。路上，中共阳谷县委宣传部的几位领导给我介绍情况：从太昊、蚩尤到大舜，东夷的领袖们都在阳谷留下足迹，大舜更是把国都定在阳谷。

太昊伏羲在阳谷教先民观太阳、种五谷，阳谷因此得名。清康熙十二年《阳谷县志》记载："阳谷有密城，是伏羲教民种谷之地。"范文澜在《中国通史简编》中说："伏羲族是东夷民族，活动中心在山东和豫东一带，其时泰山、沂蒙等山还在海中，山东多是水乡，鲁西南一带应是东夷腹地。"

阳谷有一座蚩尤文化园。在一本介绍蚩尤的画册上，我看到这样的内容：蚩尤与炎帝、黄帝，并称中华人文三祖。我国已知的蚩尤坟墓至少有六处，但有史料记载支撑的只有山东的两处。阳谷"皇姑冢"就是埋葬蚩尤首级的地方，它占地约4000平方米，高4.5米，具有帝王陵墓的特征；最关键的一点是，经1973年和1995年的两次考古发掘，皇姑冢被确定为大汶口文化及龙山文化遗址的一座邑城，这正是蚩尤所处的年代。

蚩尤带领东夷人在阳谷从事农业和畜牧业生产，制陶，酿酒，创造了辉煌的时代，所以在当地人心里形象非常高大。魏人王象等撰写的《皇览》记载："蚩尤冢在东平郡寿张县阚乡城中，高七丈，民常十月祀之。有赤气出，如匹绛帛，民名为蚩尤旗。肩髀冢在山阳郡钜野县重聚，大小与阚冢同。"天空巨大的紫霞赤气"蚩尤旗"，是人们神奇想象的产物，人们把战死的蚩尤神化了，这是一种对英雄的崇敬。据说，至今每年的农历十月初一，阳谷人还会祭祀蚩尤。

《尚书》记载，尧执政时，命令羲仲到阳谷，观察日出，确定了二十四节气中的春分，人们可以根据节气进行农业生产，这是历史的一大进步。

这些史实使我产生了猜想：羲仲是尧的重臣，而大舜是尧的接班人，由于这种关系，羲仲建议大舜把国都设在阳谷这个地势平坦、水利丰富、四季分明、光照充足的地方。

这恰恰又有考古发现给予证实。考古学家张学海指出，在山东最西端，有个分布范围达7000平方公里的龙山文化古国，是目前发现的国土最大的龙山文化国家。在阳谷景阳冈的大舜国都，是一座宏大的龙山文化城，面积约38万平方米。张学海和考古学者陈昆麟认定景阳冈就是舜的都城——空桑。近年来，景阳冈附近多处遗址出土了大量陶器、青铜器、石器、杯、壶、尊、觚、爵等酒器，说明阳谷酿酒的历史已有6000多年。

在景阳冈酒厂的酒道馆，陈列着主人收藏的酒具，从古至今，琳琅满目。一组大舜祭天的彩色泥塑让我感到心灵的震撼。一群身披草衣的先民，手擎酒杯，仰面向苍天，前面的石板上，摆着两个牛头和一堆干果。陪同我们的当地人说，大舜祭天，用的都是整头牛，而不是牛头。仪狄是大舜的女儿，她最早就是在阳谷酿酒的……

弄清楚大舜和仪狄的关系，对于阳谷是不是最早的酒产地之一这个问题至关重要。

王树明说："《世本》一书记载，用谷物造酒乃始于'帝女仪狄'。关于帝女仪狄，一说是夏禹属臣，是夏代初期人；一说是东夷旧部帝舜之女，与帝舜太昊同族。仪狄是舜女，属东夷旧部一说，与历史真相接近。"

还有一种可能，仪狄不是帝女，而是接受了帝女的指令，如《战国策》所说："昔者帝女令仪狄作酒而美，进之禹，禹饮而甘之。遂疏仪狄，绝旨酒。"仪狄应是舜帝宫中负责酿造的官员"苞正"，当然要和舜在一起，在舜都酿出新酒。传说以阳谷景阳冈为国都的舜禅位于禹，禹都在阳城，舜帝女儿才命令仪狄作美酒进献禹，禹因怕喝酒误事，醒后不仅疏远了仪狄，而且下令断绝"旨酒"。仪狄离开了宫廷，在一个小村子里开了一间酒坊。据称，新中国成立前，景阳冈西边还有一个仪狄酒神庙，阳谷民间酒坊开窖和启瓮都要举行敬仪狄的活动。

关于酒的产生，还有一个传说，古人包括杜康把剩饭放到"空桑"之中，日子久了，饭自然发酵，散发出一种芬芳的气味，并流出一种液体，这就是酒。"空桑"有人解释为桑树空洞，这有可能是一种误读。

阳谷景阳冈酒厂酒道馆里的大舜祭天雕塑

“空桑”是东夷文化独有的一个名词。它和“穷桑”一样，指东夷祭祀“圣地”的大树。这大树古称“若木”，不是指现在所称的桑树。

“若”字像一人跪祭而双手上举，三缕长发摇荡，呈巫师祭风状。在古代，“风”“凤”通用，表达东夷人的凤图腾。“若”字后来简化，由三个“又”字符组成，在下面加“木”为意符，遂成今之“桑”字。穷桑、空桑等诸多名称，应该来自“凤桑”。穷桑是少昊的国都，在今山东曲阜或兖州一带。空桑是阳谷，大舜的国都。

酒产生于“空桑”，是不是仪狄最早在大舜国都“空桑”阳谷酿酒的另一个旁证？

综上所述，似乎可以得出这样的结论，山东人大舜和仪狄可能是中国酿酒的鼻祖。逄振镐在《东夷及其史前文化试论》一文中说：“东夷很可能是我国人工粮食酒的最早发明者。”这虽说不是定论，但至少说明东夷人很早就开始酿造粮食酒了。

第二章
山东人最早的“酒礼”与“酒德”

是什么催生了“酒礼”?

酒能让一个正常人变成“野兽”。我在当地晚报上看到这样一则新闻:山东济南一个38岁的“副主任科员”,妻子和9岁的女儿在外地生活,他独自一人在济南工作。初春的一个晚上,他在烧烤摊喝了六七杯扎啤,喝到凌晨,醉眼蒙眬,看到一名醉酒女子从眼前飘过,心中的“魔鬼”跑了出来,于是他尾随对方入室抢劫、猥亵,甚至准备强奸……

我不禁感慨:酒真能让人本性毕露,兽性大发。不管人的天性是善良的还是邪恶的,自呱呱坠地之后,社会通过信仰、道德、法制等多种手段,在每个人心中筑起一道无形的墙,把你的邪恶压制在一个较小范围之内,使你形成良好的公德意识和自我约束意识。然而,邪恶是人性的组成部分,它总要找突破口突围,酒,是其重要的突破口之一,从古至今,无不如是。

大禹因为喝了仪狄制作的“旨酒”,怕误事下令禁酒,没想到他的后人没能记住前辈的遗训,夏朝最后的国君夏桀成了中国最早的“酒鬼”之一。

约在4000年前，大禹的儿子启夺取王位，改变了部落时代的禅让制，开始世袭制的先河，建立了我国第一个奴隶制社会。

东夷人此时进入岳石文化时期，还基本不是夏王朝的势力范围。夏朝统治中心在今河南和山西，其活动却多在山东西部和北部。尚武的东夷人是夏王朝的一块“心病”。夏初，第一代国君启和第二代国君太康都是贪杯之人，因为酗酒“亡其国”。以善射著称的东夷人后羿夺取太康的权力后，立太康的兄弟仲康当夏王，把实权抓在自己手里。后来仲康一死，后羿干脆把仲康的儿子相赶走，夺了夏朝的王位。不久，另一个东夷人寒浞把后羿杀了，夺了王位。相的儿子少康把王位夺了回来，史称“少康中兴”。这个少康，就是传说中制造出“秫酒”的杜康。为了对付东夷人的反抗，夏王朝不仅把政治斗争的重心移到齐鲁地区，而且一开始便在山东半岛一带，由北至南，布下数条防线。夏朝存在了500多年，在距今3600年前灭亡。其灭亡的重要原因之一，就是末代君主夏桀饮酒成性、荒淫无度、残暴无情。

在中学历史课第一次听到夏桀这个名字时，我眼前总出现一个醉鬼邻居的样子，头戴高帽，喝得东倒西歪。夏桀具有文韬武略，传说他赤手空拳可以格杀虎豹，能把铁钩随意弯曲拉直。他执政时，危机四伏，但他不思改革，骄奢淫逸，尤其喜欢喝酒。《竹书纪年》称他“筑倾宫，饰瑶台，作琼室，立玉门”，还从各地搜寻美女，藏于后宫，日夜饮酒作乐。《缠子》说：“桀为天子，酒浊而杀疱人。”就是说他喝酒有个怪脾气，必须喝十分清澈的酒，酒一混浊，他就要杀掉厨师。《帝王世系》载：“桀为酒池，足以运舟，糟丘足以望七里，一鼓而牛饮者三千人。”他把酒池修造得很大，可以在里面行船。喝醉了夏桀拿人当马骑，谁要是不让骑，就要挨一顿痛打或者直接杀掉。老祖宗大禹辛辛苦苦创立的基业，让他给断送了。

喝酒误国，夏桀的教训已经十分深刻。令人难以想象的是，东夷人后裔建立的商朝，也是因为国君酗酒而灭亡的。

按照文化输出的一般原则，高水平的东夷文化不断向西、向南传播，在中国古代文明史上产生极其重要的影响，其标志之一就是商族的崛起。

夏末，商部落从黄河下游和山东半岛迅速发展起来。《左传·定公十年》记载："裔不谋夏，夷不乱华。"裔、衣同指并举，而汉碑文的"裔"字是由"商""衣"两种意思合并而来，衣、殷和夷是指一个部族，说明商人就是夷人。《史记·殷本纪》载：商人的祖先名契。契是母亲简狄吞玄鸟卵而生，说明契是凤鸟图腾崇拜的东夷部族。还有一个佐证，有学者认为，莒县陵阳河陶文与殷墟甲骨文有一种直接渊源关系。而陵阳河先人建立的莒国正是嬴（燕）姓国。所以商人根系里有海岱民族的深刻基因，对喝酒有着特殊爱好。

从契至商朝的开创者成汤，商还保持着游牧民族的习性，进行过8次迁徙，并在商故地（今山东省曹县附近）建了亳邑。到汤时，商以山东西南部为中心，势力日渐强大。公元前16世纪，汤起兵攻灭夏朝，建立商朝。

源自东夷的商朝，也把对付东夷人作为一件头等大事。商朝通过多条线路向东推进，一直渗透到山东省青州市附近。从考古成果看，济南和青州等地是商朝东进的重要据点。在济南发现的大辛庄遗址，面积超过30万平方米，出土了大量青铜重器，以及在殷墟之外唯一一片刻字卜甲，说明这是商人的一个军事和政治重镇，是其经略东方的一个桥头堡。在青州苏埠屯发现的商朝墓葬，是最重要的商代遗址之一，随葬物品仅次于河南安阳的"王陵"。

殷商王朝通过实施"东进战略"，获得丰厚的盐业资源，并通过官营与贸易，获得巨额财富。有了财力支持，有商一代饮酒成风才有物质基础。商朝初期五世九王，社会比较稳定。中丁之后，王室腐化，东夷人乘机反商，迫使商朝由亳迁都于嚣（今河南内黄东南）、庇（今山东鱼台）等地。南庚时又迁都于奄（今曲阜市内），不久盘庚把商都迁到河南安阳。商朝最后一位君主纣王对东夷人讨伐不已，在他对东夷用兵之际，被周人灭亡了。

纣王据说是筷子的发明者，他几乎是夏桀的翻版，只是在酒色方面走得更远，更荒唐，并留下一个“酒池肉林”的名词。《史记》记载，商纣王“以酒为池，县(悬)肉为林，使男女裸相逐其间，为长夜之饮”。他在一个大池子里灌满了酒，里面可以行船，池子边的木桩多得像树林，上面挂满了肉，纣王和美女们在酒池边上酗酒纵情，到肉林里一伸脖子就可以吃到肉。

“酒池肉林”后来被考古发现证实。1999年，考古工作者在河南省偃师商城内，发现一个“池”，长约130米，宽约20米，现有深度为1.5米，四壁用自然石块垒砌而成，池底内凹，水池两端各有一条水渠通往宫城外，与城外护城河相通。专家们认为，水池的主要用途不是提供生活用水，而可能是帝王的“酒池”。

在阳谷景阳冈酒厂的酒道馆里，我见过一个商朝的酒具，主体为一女奴造型，她俯首躬身，全身赤裸，双膝跪地，双手好像被捆绑在身后，向上的背部是一个酒爵。

商代酒爵是一个赤裸女奴的造型

据现代人推测，由于当时的酒器多为青铜器，含有锡并能溶于酒中，使人饮后中毒，商人身体状况日益下降。生活奢侈，纵欲无度，整天酗酒，加上暴政，最终导致有着600年历史的商朝被周武王的西周所替代。

周武王死后，成王继位，周公摄政。作为新的胜利者，周公是清醒而且理智的，吸取商朝灭亡的教训，他不断警告自己，告诫子孙：要保持天命，就要保持民心，就要勤政爱民，修身敬德。他“制礼作乐”，创立了一套完整的封建社会伦理道德理论——周礼，“酒礼”与“酒德”由此得到大力提倡。

心头的“魔鬼”一旦出笼，后患无穷，要把它压缩到越来越小的范围内，只有靠“礼”。礼不仅是一种文化象征，它更具有社会控制的职能，通过规定人们的行为规范，可以维持尊卑、长幼、亲疏等社会差异，以及由这些差异所确立的社会秩序。

最早的“礼”萌芽于原始社会，也有人说源于大舜时期的东夷。大舜执政时，“宾四门，设五教，立五礼，五玉，三帛，二生一死贽”，这是最早的礼仪。大舜所处的岁月，正是原始社会末期，这是礼乐文化的初建期。经过夏商两代的逐步完善，到西周形成完善的礼乐文化，史称周礼。这也是孔子“仁”学思想的重要来源之一。

从图腾演化而来的原始宗教，信仰“万物有灵”，并成为主宰人们内心世界的唯一精神力量。古人认为，天、地、人是构成宇宙的基本要素，这也是原始宗教的崇拜对象。《礼记·礼运》称：“夫礼，必本于天，肴于地，列于鬼神。”《周礼·春官》记载，周代最高神职“大宗伯”就“掌建邦之天神、人鬼、地示之礼”。《史记·礼书》更是确切地说：“上事天，下事地，尊先祖而隆君师，是礼之三本也。”

在古人心中，天地之间是相通的。部落领袖、宗教教主和巫师具有贯通天地的能力，可以上见天神，而其手段就是祭祀。

先民们认为，灵魂可以离开躯体而存在，神也是一样的。人们用各种材料塑造神灵偶像，或在岩石上画出神灵形象，作为其化身，然后献上食物和其他礼物，并由主持者祈祷，祭祀者则对着神灵唱歌、跳舞。人们希望通过祭祀得到神灵的庇护；同时，更希望起到凝聚宗族、和谐人伦的作用。

“礼”是从祭祀中诞生的，祭祀是远古时期最重要的“礼”。《礼记·礼运》说，祭礼起源于向神灵奉献食物，只要燔烧黍稷并用猪肉供神享用，凿地为穴当作水壶用手捧水献给神，敲击土鼓作乐，就能把祈愿与敬意传达给鬼神。祭祀形式和习惯，对于礼的形成起到关键作用。《说文》称：“禮（即礼），履也。所以事神致福也。从示从豊。”而豊是一种行礼之器。

人通过祭祀这种形式与神沟通，必须有物质作载体，食物、玉帛、歌舞、鲜血，乃至活人，都成为人们献给神灵的礼品。

酒，作为一种稀缺产品，是神圣和美好的象征，必须首先给神灵和祖先享用。古人认为：“国之大事，在祀与戎。”战争决定一个部落或国家的生死存亡，出征的勇士，在出发之前，更要用酒来激励斗志。祭祀和战争都离不开酒。酒与国家大事的关系由此可见一斑。

此外，原始宗教起源于巫术，在中国古代，巫师利用所谓的“超自然力量”，进行各种活动，都要用酒。

班固在《汉书》里说：“舜祀宗庙，用玉斝。”玉斝是一种玉石制成的饮酒器具，这句话表明大舜倡导祭祀的礼仪。礼仪与酒具和酒有关。宋代朱肱在《北山酒经》里说：“天之命民，作酒惟祀”；“酒之于世，礼天地，事鬼神”。

从“舜礼”开始，酒与礼有了密不可分的关系，到周代，“酒礼”更为完善和规范。

周代把酒的主要用途限制在祭祀上。《周礼》对祭祀用酒有明确的规定。如祭祀时，要用“五齐”“三酒”共八种酒。

《周礼·大宗伯》说："以血祭祭社稷。"血祭的方法，据清人金鹗考证，古人把血和酒灌注在地上，是为了奉献给地神。《礼记·郊特牲》载："周人尚臭，灌用鬯臭，郁合鬯；臭，阴达于渊泉。灌以圭璋，用玉气也。既灌，然后迎牲，致阴气也。""臭"指香气，周人降神以香气为主，所以献神之前先灌鬯酒，用郁金香草调和鬯酒，浓郁的香气就能通达黄泉。

周代对于民间饮酒也有严格规定。周代乡饮习俗，以乡大夫为主人，处士贤者为宾。饮酒，必须尊重年长者并优待他们，"六十者三豆，七十者四豆，八十者五豆，九十者六豆"。酒礼彰显了尊老敬老的民风。

为了禁酒，周公发布了中国最早的禁酒令《酒诰》。在周公看来，商纣与夏桀亡国有极为相似的历史原因，那就是酗酒丧德。为了不重蹈商朝灭亡的覆辙，周公告诫周人"无彝酒"，即不要酗酒；规定"祀兹酒""饮惟祀"，只有在祭祀时才可用酒和饮酒；对官员实行"刚制于酒"的政策，强制禁酒。为了真正做到"祀兹酒""饮惟祀"，周初实行"酒酤在官"制度。《酒诰》认为酒导致大乱丧德，是亡国的根源，这构成了中国禁酒的主导思想之一。

表达着"礼"的酒，把人对天地的敬畏，对先哲的缅怀，对自我的剖析，深深地融进国人的血液，成为中华民族繁荣昌盛的催化剂和黏合剂。

在"非礼"与"礼"的此消彼长中，酿酒业昂首挺胸，走在历史的大道上。

其重要表现之一，就是夏商周时期，特别是商代青铜酒器的大量使用。我国是青铜文明最为发达的国家。龙山文化时期，山东就诞生了青铜器，是青铜器的重要发源地之一。山东出土的商周青铜器，既反映了明显的时代特征，又有浓烈的地域色彩。

在山东省博物馆展馆里、文物大展上以及很多收藏家那里，我多次见过那些精美的青铜酒器。青州苏埠屯商代遗址出土了几件酒器，一是饮酒器亚丑觚，其体形较大，上面的口像一个盛开的喇叭花，细腰部有精美繁密的纹饰，高圈足内有“亚丑”的铭文，整体像一个大花瓶。这件酒器说明“亚丑”是商代一个重要的地域方国。二是珙从盉，前有管状的流，后有龙头形状的柄，盖子下有一周饕餮纹饰，盖内与柄旁都有“乍珙从彝”的铭文。盉是一种调酒器，祭祀之前，把尊中的酒倒进盉中加水，进行调和，然后注入饮酒用的爵中。三是饮酒器从角，形状像爵，但又有区别，爵是前有流后有尾，而角大部分没有流；爵有两个立柱，角没有；爵一般没有盖，而部分角带着盖……

那些斑驳陆离的青铜器，闪烁着历史的光泽，很容易把人的思绪拉向远古。从彩陶、黑陶，一直到青铜器，酒器的种类越来越多。

据《殷周青铜器通论》一书介绍，商周的青铜器共分为食器、酒器、水器和乐器四大部分，共50类，其中酒器占24类。

商代在大型祭祀活动中都要用到酒礼器，不同器物会在不同的场合使用。酒礼器按用途可以分为盛酒器、饮酒器、储酒器、挹酒器等四类。盛酒器用于保存酒，类型很多，主要有尊、壶、斝、罍、觥、瓿、彝、卣等等。每一种盛酒器又有许多式样，以尊为例，有象尊、犀尊、牛尊、羊尊、虎尊等。饮酒器就是喝酒的工具，种类主要有觚、觯、角、爵等。不同身份的人使用的饮酒器都有不同，《礼记·礼器》篇曾规定：“宗庙之祭，尊者举觯，卑者举角。”即在宗庙祭祀仪式中，地位高者要使用觯，地位低的人则用角。储酒器不大量储酒，但负责向饮酒器中注酒，如刚刚提到的盉。挹酒器是指从盛酒器中取酒的工具。

青铜酒器也是信仰和精神的载体，其表面刻画的图像和纹饰，是当时人们崇拜的物象。

亚丑觚是一种饮酒器

珙从盉是一种调酒器

以公元前14世纪盘庚迁都为界，商代酒器表现出不同风格。从纹饰上看，早期较为简单，后期有了多层纹饰，底纹常用几何形，使用最多的是云雷纹，其上用高浮雕装饰，风格富丽繁缛。从题材看，前期主要以夔纹、兽面纹和云雷纹为主，同时也流行几何形纹；到后期纹饰动物纹样增加，有龙纹、虎纹、羊纹、蛇纹等，多数是生肖纹，其中最典型的是饕餮纹，呈现出一种神秘的威力和狞厉的美感。另外，早期纹饰布局简单，多呈带状分布，腹部有一圈纹饰；晚期所有空间都被纹饰填满，看起来烦琐华丽，工艺精美。

夏商周时期酿酒业发展的另一个重要表现，就是酒的种类越来越丰富，品质不断提高。

商代人所酿造的酒，品类开始增多，以黍酿成的黄酒在甲骨文中是“酒”，黑黍所酿的香酒称“鬯”，类似于啤酒的淡甜酒是“醴”，另外还有“酎”“醪”“醇”“醁”等品种。

鬯是以黑黍为原料、加入一种叫郁金香草的中药酿制而成的酒。这是有文字记载的最早药酒。鬯常用于祭祀和占卜，具有驱恶防腐的作用。《周礼》记载：“王崩，大肆，以鬯。”是说帝王驾崩之后，用鬯酒洗浴其身体，可较长时间地保持不腐。

“酎”是一种更高级的酒。《礼记·月令》中有：“孟秋之月，天子饮酎。”按《说文解字》的解释，酎是三重酒。从马王堆西汉墓中出土的先秦时代《养生方》中我们得知，在酿成的酒醪中分三次加入好酒，这很可能就是酎的酿造方法。

商殷时期，人们已经能大规模地制曲和用曲酿酒了。酿酒有两个重要的生物化学反应过程：一是淀粉糖化，二是酒精发酵。这两个过程必须由糖化菌、酵母菌来进行。国王武丁掌握了微生物“霉菌”生物繁殖的规律，已能使用麦芽、谷芽制成糵，作为糖化发酵剂酿造醴，使用谷物发霉制成曲，把糖化和酒精发酵结合起来，作为糖化发酵剂酿酒了。《尚书》就有“若作酒醴，尔惟曲糵”的记载。可见，我国是世界上最早以制曲培养微生物酿酒的国家。

西周王朝建立了一整套机构，对酿酒、用酒进行严格的管理。这套机构中有专门的技术人才，有固定的酿酒式法，有酒的质量标准。《周·天官》记载："酒正，中士四人，下士八人，府二人，史八人。"

据《诗经》记载，西周时除"旨酒"和杜康发明的"杜康"之外，还有春酒、醨、浆、黄流、酬、醑、醽等名目的酒。

最著名的当属"五齐""三酒"。"五齐"指"泛齐、醴齐、盎齐、醍齐、沉齐"。关于"五齐"，《周礼·酒正》郑玄注云："每月有祭祀，以度量节作之。五齐，为祭祀所用造酒分其清浊为五等也。""泛齐，糟滓上浮之薄酒。醴齐，汁滓相将之薄酒，曲少米多，一宿而熟，其味稍甜。盎齐，白色浊酒也。醍齐，赤色浊酒也。沉齐，谓糟滓下沉，稍清之酒。"

"五齐"应该是五种不同的酒。现代学者认为，这是指酿造过程的五个阶段："泛齐"是指发酵开始后，产生大量的二氧化碳，谷物随之浮于表面；"醴齐"是已产生酒精，并能嗅到酒味；"盎齐"是气泡很多，颜色开始转变；"醍齐"是落泡时期，颜色转红赤；"沉齐"是糟粕下沉，酿造接近完成，说明周人已能掌握酿酒的发酵变化规律。

"三酒"是指"事酒、昔酒、清酒"三种酒，大概是西周时期王宫内酒的分类。事酒是专门为祭祀而准备的酒，有事临时酿造，故酿造期较短，酒酿成后，立即使用。昔酒是经过储藏的老酒。清酒大概是最高档的酒，需要经过过滤、澄清等步骤，这说明酿酒技术已经较为完善。

这些形形色色的美酒，从历史的大树上滴落下来，泛着琥珀一样的光泽，并以固化的形式记录着历史。正如当代思想家徐复观教授指出：中国文化的尚道德、重人文精神的跃起，商朝与西周之间是一个划时代的关键。在周公时期，"忧患意识"和"人文精神"弥漫，中国文化出现了一个"质变"。酒，在其中扮演着怎样的角色啊？

美酒在齐，酣畅淋漓

在正统的史书中，我很难找到关于酒的记载。酒，只依附某个人或某件事，偶然露出自己蒙眬的面孔。就像在漫长的时空里去寻找一个人，你见不到他高大伟岸的身躯，但是你能闻到他强烈而浓郁的气息。

昂扬向上的年代，应该是一种充满阳刚和雄健的气息。酒，可以强化和激发这种意绪。开拓疆土，征伐强敌，指点江山，创立伟业……都需要血液沸腾起来，激荡起来，然后不顾一切，奋力向前，势不可当。酒，成了点燃我们的一把烈火，它最大限度地释放出我们身上的“正能量”，成就了很多名载史册的伟人和惊天动地的大事。

西周和春秋战国时期，酒就是齐鲁这片热土迅猛崛起的“兴奋剂”。

2012年仲夏，同事吕福明告诉我，他刚从山东高青回来，100多名海内外专家学者，经过3天的踏查研讨，认为于2008年开始发掘的陈庄西周城址，或许就是姜太公始建的齐国最早都城“营丘”。这里也是一个酒气氤氲的“酒都”。

历史就是这么神秘莫测，有时，它离你非常遥远，像一个神话，一种梦境；有时，它又鲜活再现，近在咫尺，与你对话。谁能想到，只在传说与文字中出现的齐国国都“营丘”和姜太公，会在3000多年后，被南水北调东线工程唤醒。

周灭商后，实行分封制。山东既是商部落的起源地，又是商残余力量的聚集地，位置十分重要。为了加强对该地区的控制，公元前11世纪，周武王将大臣姜尚和胞弟周公旦分封在这里，建立了齐鲁两个大国。齐国在周与东夷之间筑起一道坚强有力的屏障；而鲁则保存了西周文化的精髓。除齐鲁外，山东还先后存在过70多个小国。

姜尚，又称姜太公、姜子牙，他是炎帝或者蚩尤的后裔，是山东日照一带人，后流浪到渭水河畔，遇到周文王。传说中的姜太公，骑着瑞兽，鹤发童颜，文韬武略，协助武王伐纣，立下汗马功劳。用他来镇守不平静的东方，所谓“以夷治夷”。姜太公是齐国第一代国君，被封于“营丘”。营丘到底在哪里，这些年考古学界一直存在争议。

陈庄西周遗址的发现，可能解开这一历史之谜。

学者们初步认为，高青当是姜太公始封之地“营丘”故城。这一城址发现的14座大中型墓葬多呈“甲”字形，年代多属西周中期，个别早到西周早期晚段。首次发现的直立跪伏式陪葬车马，配饰精美，规格较高。其中，有两座一条墓道的甲字形贵族大墓，其墓主身份无疑是诸侯身份。而两组四马一驾殉葬马车的出土，也符合天子驾六、诸侯驾四的周代葬俗制度。考古成果表明，这里曾作为一处齐国政治文化中心城邑使用，中晚期后成为姜氏齐国诸侯的墓葬陵区。

这次发掘，还首次出土了带有“文祖甲齐公”等铭文的铜觥。考古界资深学者一致认为，这一发现，确认了传说中姜太公的存在。“齐公”即文献记载封于“营丘”的齐国第一代国君姜太公。根据金文通例，凡是“公”前加国名的，都应该是这个国家的第一任国君。

陈庄出土了30多件比较完整的青铜器，有盛酒器、饮酒器、盛食器、炊器等。青铜酒器是贵族之具，多用于皇室贵族间的宴飨、朝聘、会盟等礼仪交际场合，就像是一种高档的道具；而用于陪葬的青铜酒器，便如同铭功颂德的纪念物品。陈庄出土的青铜酒器，多属于陪葬用的礼器。这些数量较大的尊、彝、盉、觥等酒器，证明高青一带是山东最早的酿酒中心之一。

一件金黄色铜觥，宛如蹲卧着的小兽，尽管身上长满绿色的锈迹，但是仍然挡不住它的气度与风韵。这是一件盛酒器，流行于商代晚期至西周早期，一直沿用至西周中期，西周晚期消失。它的整体呈椭圆形，圈足，前有流，后有鋬，分为盖与器身两部分。盖的头部像一只昂起的兽首，高鼻梁，圆圆的眼睛凸出来，似乎在沉思什么，顶部有角，角两侧各有一只柳叶般的兽耳，属于典型的西周时期流行器物。

与它一起出土的还有一件酒具是“斗”，大小形制近似于烟斗，是用来舀酒的……

我曾经数次去过高青，感觉那里经济虽然不太发达，但是靠近黄河，自然环境很好，“天高水清”，而且有一股说不出的灵气所在。

西周初期，高青的酿酒业发达，饮酒之风盛行，主要有三个原因。

一是自然环境适合酿酒。据史料记载，济水是一条古老的河流，曾经与长江、黄河、淮河齐名，并称“四渎”。考古人员发现，陈庄西周城址所在的小清河附近区域正是古济水的河道。这里地处济水三角洲腹地，自古湖泊密布，湿地连片，沟渠纵横，林草植被茂密，各种珍禽异兽繁衍生息，有天然酒窖之称，适宜酿酒的菌类繁衍。据《高青县志》记载，陈庄、唐口村附近自古就是本地的重要渡口，直至近代随着陆路交通的发达才逐渐废弃。

高青陈庄西周遗址发掘出的铜觥

二是姜太公在高青建立齐都后，实施开放、进取、务实、灵活的治国方略，“通工商之业，便渔盐之利”，大力发展工商和贸易；“因其俗，简其礼”，在文化上对东夷人实施宽容政策；“举贤而尚功”，鼓励人民建功立业。如此一来，工商业和各种产业均得到大力发展，为酒的生产提供了雄厚的物质基础。

三是高青有酿酒和饮酒的历史传统。史称仪狄造酒而见疏于大禹，仪狄所在部落的首领防风氏被大禹斩首，他的后代即长狄人带着酿酒技术，来到今高青建立了鄋瞒国，都城设在狄邑（今高城镇）。这里遂成为中国北方最早的酿酒技艺传承地之一。古文载“文王饮酒千钟，孔子百觚”，而东汉思想家王充在《论衡》中对此表示怀疑，并拿长狄人说事。按王充的观点，文王要饮酒千钟，孔子要饮酒百觚，两人非有“巨无霸”般的身体不可，所谓“文王之身如防风之君，孔子之体如长狄之人，乃能堪之”。传说防风氏君主身材高大，一节骨头就能装满一车；长狄人身高五丈多。这显然是夸张的说法。不过，长狄人高大魁梧，性格桀骜不驯，应该善于饮酒。“高阳馆外酒旗风”是当时的一景，传说刘伶就醉死于齐古城西北。有古书记载：齐人田无忌酿千日酒，过饮一斗，醉卧千日，乃醒也。战国末期，高青出了个大英雄田横。出道之前，田家在狄城（今高城）以酿酒为业，聚集资财为一方豪强。后田横五百勇士激于义气而集体自杀，气干长天。

公元前851年，齐献公迁都，齐国的政治经济中心转移到临淄。此后的春秋战国时期，齐国更是国力大增，成为“春秋五霸之首，战国七雄之一”，酒的功能也发生变化，从主要用于祭祀改为民间享乐。

按照传说里的描述，姜太公应该是不怎么喝酒的。因为他初到营丘，那还是一个不富裕的地方，史书上说它“地泻卤，人民寡”。面临着发展的巨大压力，姜太公估计没有多少闲情逸致去喝酒。高青陈庄西周遗址出土的青铜酒器，被证明主要用途是随葬的礼器，而不是日常生活中饮酒所用。

齐国迁都临淄以后，迅速壮大起来。但是几个有作为的国君，都曾有过贪杯误事的不光彩经历。

姜太公的第十五代孙桓公小白，是春秋时期第一个霸主，喜欢作诗饮酒。在通宵达旦的畅饮中，他既能听到歌声如天籁般动人，又能感觉到自己顶天立地，力大无穷。有时竟然能醉到三天不上朝。宰相管仲多次通过各种方式进行劝诫。孔子称赞说："管仲辅助齐桓公做诸侯霸主，一匡天下。要是没有管仲，我们都会披散头发，左开衣襟，成为蛮人统治下的老百姓了。"在管仲的辅佐下，桓公没有在酒精里颓废，而是发扬光大祖宗之制，把国家推向一个新的发展高峰。管仲改革的理论基础，是以承认人性趋利避害的合理性为出发点的。他的经济改革包括两方面，一是首创盐铁专卖制度，一是实行"相地衰征、均田分力"的农业政策。齐国允许人民伐薪煮盐，4个月得盐36000种。管仲把盐铁的生产权放给民间，流通领域由官府掌握，使齐国财力大增，齐桓公可以"挟天子以令诸侯"，成为五霸之首。

齐国的另一位名相晏婴，在齐灵公时步入政坛。此时，齐国的霸主地位一去不复返了。经济衰退，政治昏庸。灵公死后，又有崔杼、庆封两人操纵王室，两人相继败亡后，晏婴出任相国，收拾残局。此时已是景公为君了。景公喜欢奢靡生活，常常用酒招待百官，唯独晏婴不太捧场。有一次景公在酒场上说只要快乐饮酒，可以不讲礼节。晏婴当着百官说，除去礼节，就是禽兽，并故意违反礼节，使景公幡然醒悟。依靠宰相晏婴呕心沥血，景公重振了齐国……

不光国君酷爱喝酒，就是普通百姓也好武尚酒。

齐人的性格深沉豪迈，主要呈现两个特点：一是"宽缓阔达而足智，好议论"，这里文化发达，教育普及，人们喜欢追求功名利禄；同时，民情复杂，士民有的夸夸其谈，党同伐异，言行不一，虚伪奸诈，不易于统治。二是"贪粗而好勇"，喜欢武术、蹴鞠和游戏。这样的性格，这样的生活，加上东夷先人遗传基因的作用，齐人爱喝酒是必然的事情。

我曾见过一张齐故城复原图，灰黄色的整体调子里，有一排排民居，人们熙熙攘攘，行走在街巷里，生活趣味盎然。春秋战国时，临淄的人口已经达到30万—50万。我不知道它是不是当时的天下第一大城市，但起码相当于现在的北京、上海，甚至是纽约了。

临淄地势平坦，临近淄水，多条交通要道通过这里。考古学家在临淄发现了大小两座古城。据勘探，临淄大城南北长约4.3公里，东西宽3.4公里，面积近15平方公里，城墙有20—40米宽，现在已探明有6个城门，7条交通干道。战国时期临淄极度繁荣，苏秦对齐泯王说："临淄之中七万户……甚富而实，其民无不吹竽、鼓瑟、击筑、弹琴、斗鸡、走犬、六博、蹋鞠者；临淄之途，车毂击，人肩摩，连衽成帷，举袂成幕，挥汗成雨；家敦而富，志高而扬。"7万户，按照每户6人计算，就是42万人。人们的衣襟连起来，就会合成一片大围帐；衣袖举起来，就会接成一个大帷幕；一挥汗就像下雨。可见这个城市的繁荣程度。就在这一时期，齐君在大城的西南角修建了一座小城，面积约3平方公里。大城是官吏、平民和商人的居住区，小城则是国君居住的地方，内有许多宫殿庙宇。

临淄工商业、手工业和农业都高度发达，经济、军事、体育、文化等事业昌盛，是一个著名大都市，号称"海内名都"。在这个城市里，人们过着奢华的日子，唱歌，狩猎，游戏，蹴鞠，住豪华楼台，穿丝绸新衣……

而这一切，都离不开酒的滋润。春秋战国时期，由于农业和手工业进一步发展，物质丰厚，齐国的制酒业非常发达，并出现了桓公狂饮、管仲正酒、景公嗜酒、孔子在齐以酒解忧、淳于髡豪饮一石等故事。据考证，春秋战国时代的齐国，是华夏酒文化最发达的地区之一，达官贵人贩夫走卒无不好酒，尤其齐国贵族阶层更是好饮成风。

齐国有一个特殊的贵族群体，这就是稷下学宫的文人学士们，他们在高谈阔论之间，把齐国变成天下的文化中心、思想圣地。齐宣王时，稷下学宫达到鼎盛时期，各派学者如儒家、法家、道家、阴阳家等都汇集在稷下，达1000多人，著名学者76人，主要有孟子、荀子、宋钘、尹文、慎到、邹衍、田骈、淳于髡、鲁仲连、邹奭等。据历史记载，稷下学宫饭食充足，但是唯独不备酒，只有在国家大事期间才可以在学宫里喝酒。这些学者中很多人都是豪饮之士，如果没有酒的魅力，那些思想怎么会如此自由奔放、汹涌澎湃、融会贯通？齐文化怎么会如此刚健有为，大气磅礴，充满自信和力量？

在山东临朐秦池集团，有一尊秦池酒祖田无忌的铜像，他正在伏案读书，背后是一副对联：挑灯夜读稷下学宫，酝酿曲成千日醉酒。

秦池酒业集团里的田无忌铜像

秦池酒业集团董事长胡福东讲了一段往事：百家争鸣，酒是媒介。稷下先生田无忌是一个酿酒大师，他把易学运用到酿酒上，认为人体和酒体具有相同的因素，人体由血、骨、肉三部分构成，酒由水、曲、粮三部分构成。水是酒的血液，决定酒质量的高低；曲是酒的骨骼，体现酒是否丰满；粮是酒的肉体，划分酒体的好坏……稷下学宫的人们都很喜欢田无忌酿的酒，他们中有不少饮酒、评酒、论酒的高人。正是由于他们的参与，齐国酿酒业达到炉火纯青的地步。

晚年，田无忌来到沂山脚下的老龙湾畔，这里气候温润，植被丰厚，无数精灵般的泉水从地下涌出，汇成幽深的水潭。其中有一个神池，周围翠竹环抱，云遮雾绕，泉水甘洌清纯、丰厚柔软，田无忌喝过之后神清气爽、五体通泰。他使用这种神水和团曲，酿出美酒“千日醉”。他还从前来探访美酒的百姓中选出20个壮汉，尽情豪饮，有人饮用一升，醉眠百日；有人饮过一斗，3年才清醒过来。后来，齐国把它定为国宴用酒，饮酒时伴以韶乐演奏。上至朝堂君臣，下至黎民百姓，无不争相尝饮。“千日醉”美名传遍齐鲁大地，田无忌被称为“东方酒神”……

稷下学宫存在了150年，稷下名士们强烈的参政意识和忧国忧民、拯救天下的历史责任感，不畏权势、刚正不阿的大丈夫气概，以及高尚的独立人格，自强不息、积极有为的进取精神，厚德载物、博大宽容的广阔胸怀，对中华民族精神的形成起了巨大作用，也在世界文化史上写下辉煌一页。

酒，总算让人看到它酣畅淋漓、激昂向上的一面！

近年来，临淄也出土了一批酒器，反映了齐国青铜铸造业的发达和国人嗜酒的习俗。其中最有名的是一件金银错镶嵌铜牺尊，高不到30厘米，长不到半米，有十几斤重。整体像一只变形的牛，筋骨坚实，肌肉健硕。头顶和双耳间镶嵌着绿松石，眼球饰以墨精石，全身镶银丝，组成菱形图案，纹理间以绿松石和孔雀石镶饰。背部的盖子是一个扁嘴长颈禽，禽颈反折，巧成半环形盖纽，羽翎以孔雀石铺填，玲珑剔透，珍贵秀丽，是全国文物精品，被称为“国宝牺尊”。

还有一个酷似竹竿的汲酒器，高约60厘米，在柄部和圆球形的底部各有一个小孔。它巧妙利用物理学原理，把酒液从底部圆孔吸入，用手指按住柄部的一个方孔，酒液就不会从底部圆孔流出，松之即流。流与不流，随心所欲。

小小酒器，反映出齐国“泱泱大国”的风采。但是到战国后期，齐国国力衰落，公元前221年，被秦国所灭。

孔子：唯酒无量不及乱

同样的酒，在不同时代、不同地域、不同的人，都会喝出不同境界。

在齐国人把酒喝得轰轰烈烈、气壮山河之时，在泰山的那一边，一个伟大的思想家横空出世，在孤独的体味和思索后，他从酒中品出了思想和精神，不仅为后世喝酒的人们规定了“酒德”，也树立起信仰和精神的路标，照亮了中华民族思想的天空。

这个人就是伟大的思想家孔子。

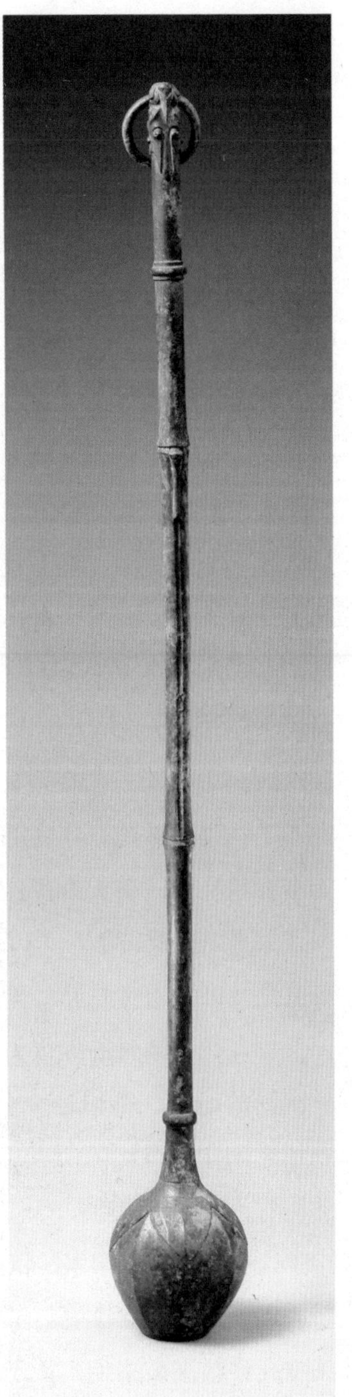
齐国的汲酒器

为了追随孔子，这些年我数次朝拜曲阜，“三孔”、古城、尼山……都曾留下足迹。最近一次是去尼山，参观夫子洞，这是传说中孔子诞生之地。那个看似简陋的石洞，像一只张望的眼睛，就那么直视我们已经不安静的心灵。不远处的泗水，无声地流动，夫子当年站在河边，轻轻喟叹：“逝者如斯夫，不舍昼夜！”时间之水，奔流了2500多年，我们仍然能清晰地看到夫子手中端着的酒杯，那上面写着一个大大的“礼”字。

孔子也喝酒，他不光是思想家、哲学家、教育家，还是一个极具生活趣味的人，传授“六艺”，热爱体育和武术，痴迷音乐……这样一个人肯定是个酒的爱好者。

在一些野史中，孔子被描述成酒量很大的人。有“孔家杂记”之称的《孔丛子》一书，有这样一段话，“平原君与子高饮，强子高酒，曰：‘有谚云：尧舜千钟，孔子百觚，子路嗑嗑，尚饮十榼，古之圣贤无不能饮，子何辞焉？’子高曰：‘以予所闻，圣贤以道德兼人，未闻饮酒。’”还有一个传说，公元207年，天下大饥，曹操为节约粮食，颁布了一道禁酒令，因为酒是用粮食做的。孔子的二十世孙孔融多次上书表示反对，在《难曹公表制酒禁书》里，他写道：“尧不千钟，无以建太平。孔非百觚，无以堪上圣。”在孔融看来，尧和孔子如果没有好酒量，也许成就不了大事业。

也许孔子酒量的确很大，但是无论正史还是野史，都没有他酗酒和醉酒的记录，哪怕是一个字。因为孔子一辈子都在追随“礼”字，并用它固守住自己的所有思想和言行，所谓“非礼勿视，非礼勿听，非礼勿言，非礼勿动”。

这和鲁国整个国家的氛围有关。周公的长子伯禽前往鲁国赴任时，带去周朝大批典章文物，故有“周礼尽在鲁”之称。周公去世后，周王室允许鲁国破格使用天子的礼乐，这为周礼在邹鲁之地的扎根打下坚实基础。到春秋战国时代，随着周王室衰微，只有鲁国完整保存了西周以来的典章制度和文物。鲁国传承34代，前后870年，客观上担负起中华文明传承的历史重任，而孔子是鲁国文化的代表性人物。

孔子生活在春秋时期，相对于西周，此时已“礼崩乐坏”，人心不古。他想以一己之力改变现状，克己复礼，所以青少年时拼命学习“礼”的所有知识，到青壮年时，又在鲁国做官，并周游列国14年，希望通过从政实现自己的政治宏图，却碰了一鼻子灰，于是返回故乡，一边整理古籍，一边大规模招收弟子，传播儒家思想。在这一过程中，他把“礼”的理念升华到了“仁”，并使之成为儒家思想的核心与本质，成为我们民族的世界观和价值观。

“仁”是孔子哲学思想的最高范畴和道德原则。什么是仁？“克己复礼为仁”(《颜渊》)。克制自己，一切都照着礼的要求去做，这就是仁。

仅仅从喝酒这一件小事上说，孔子也在严格按照“礼”和“仁”来要求自己。

第一，即使一个人吃饭喝酒也要讲原则，有规矩。《论语·乡党篇》对孔子的衣食住行有详细记载：“食不厌精，脍不厌细。食饐而餲，鱼馁而肉败，不食。色恶，不食。失饪，不食。不时，不食。割不正，不食。不得其酱，不食。肉虽多，不使胜食气。唯酒无量，不及乱。沽酒市脯不食……”为什么市场上买回来的酒孔子不喝？可能是因为“沽酒”破坏了西周初年制定的“酒酤在官”制度，不符合“礼”的要求。至于“唯酒无量，不及乱”则表示饮酒应该适度，不能没有节制，醉酒和酗酒都是失礼的行为。

第二，在社会交往中，酒更是“礼”的载体，要通过酒表达对长者和贤者的敬意，营造良好的邻里关系和社会氛围。《论语·乡党篇》还记载：“乡人饮酒，杖者出，斯出矣。”是说孔子在参加乡邻举行的酒宴时，要等老人们都离席之后，自己才会出去。《论语·为政篇》还说，“子夏问孝。子曰：‘色难。有事，弟子服其劳；有酒食，先生馔，曾是以为孝乎？’”子夏问孔子什么是孝顺，孔子回答：“对待父母和颜悦色是最难的。有事情替父母去做了，有美酒佳肴让父母兄长先吃，难道这就算是孝顺了吗？”在这里，孔子是想说，仅仅让父母前辈满足简单的生活需求是远远不够的，还应该关注他们的精神生活。

第三，在孔子眼里，酒还关系到国家秩序和礼仪。在周礼中，使用饮食器具和酒器是有严格身份区别的，比如，鼎作为衡量社会身份等级的标志物，使用多寡有严格规定：国君用九鼎，卿用七鼎，大夫用五鼎，士用一鼎或三鼎。当孔子看到不符合西周礼制的酒器时，发出“觚不觚，觚哉！觚哉！”的强烈质疑。觚，是一种贵族用的青铜饮酒器，过去大概是方形的，到孔子时代是圆形的，像一个盛开的喇叭花。觚都不像是觚了，还能叫觚吗？还能叫觚吗？这是孔子“君君、臣臣、父父、子子”思想的一种诠释，是对周礼的竭力维护和渴望。据说孔子还整理过《诗经》，305篇诗歌中有50多篇涉及酒。《小雅·宾之初筵》中描述，违背礼制的酒宴，宾客丑态百出；而合乎礼仪的酒宴，食器食物摆放整齐，宾客有序入座，举杯敬酒，场面雅致、有序和欢洽……

孔子喝酒的实践，体现了“礼”“仁”“和”与“中庸”的思想。不喝酒没有情绪，没有气氛，显得对客人、朋友、师长不够热情；而过度喝酒，则丢了礼仪，乱了法度，迷醉了心智，只有“唯酒无量，不及乱”，才恰到好处，是文质彬彬的君子。

对于当代喝酒的人而言，这是一种难以企及的境地。

孔子是不是真能饮酒百觚？为什么他敢豪言“唯酒无量”？

这让我联想到另一个问题——“鲁酒薄”。

历史上有一些典故，称“鲁酒薄”，甚至把鲁酒当成劣质酒的代名词。

这种误解源于《庄子·胠箧》“鲁酒薄而邯郸围”的记载。关于

至聖孔子
遵依中國孔子基金會向海內外發佈的孔子標準像敬繪
丙戌年季秋 於武聖孫子故里山東濱州惠民
羅俊文
王為平
哲人孔子
一代哲人萬代宗古今遐邇仰威名
舊日崇隆川流逝去粕存精慎繼承
戊子年
駱承烈詩

罗俊文等绘制的孔子像

"鲁酒薄而邯郸围"，《庄子·胠箧》只有这么简单的一句。唐代陆德明的《释文》解释说：楚宣王朝诸侯，鲁恭公后至而酒薄。宣王怒，欲辱之。恭公不受命，乃曰："我，周公之胤，长于诸侯，行天子礼乐，勋在周室。我送酒已失礼，方责其薄，无乃太甚！"遂不辞而还。宣王怒，乃发兵与齐攻鲁。梁惠王常欲击赵，而畏楚救。楚以鲁为事，故梁得围邯郸。邯郸因为鲁国的酒薄，不明不白地做了牺牲品。

另一种说法来自《淮南子·缪称训》，许慎注曰：楚会诸侯，鲁、赵俱献酒于楚王，鲁酒薄而赵酒厚。楚之主酒吏求酒于赵，赵不与。吏怒，乃以赵厚酒易鲁薄酒，奏之。楚王以赵酒薄，故围邯郸也。当时鲁、赵两国争相向楚王献酒。楚国的主酒吏垂涎于赵国的酒味醇而美，便索贿于赵。被赵王的使者拒绝，便心怀嫉恨。于是就将赵国的好酒与鲁国的薄酒调了包，并向楚王进谗说："赵国进薄酒，分明是对大王不敬，亵渎我楚国神威。"楚王一气之下就发兵围攻邯郸。

陆德明和许慎二人所述在细节上有一些出入，但都说邯郸遭到围困，其主要根源在于"鲁酒薄"，并且楚人不喜欢这种酒。

"鲁酒"不明不白成了普通酒或劣质酒的代名词。《稗史汇编》附会说："中山人善酿酒，鲁国有人取其糟回来渍以成鲁酒，冒充说是中山酒，被中山人发觉，所以酿酒味薄称鲁酒。"庾信在《哀江南赋序》中称："楚歌非取乐之方，鲁酒无忘忧之用。"刘筠《秋夜对月》中有"欲消千里恨，鲁酒薄还醒"的诗句，都是借用鲁酒薄的含义来泛指味薄之酒的。

不过，在饮酒方面，人们毕竟各有爱好，对于酒之"薄""厚"自然也是如此。楚王和楚国主酒吏不喜欢鲁国"薄酒"，并不一定就意味着"鲁酒"就是质量低劣的酒，这里不可排除楚王和楚国主酒吏个人的喜好。

孔子研究院院长杨朝明是儒学研究专家，对于"鲁酒薄"，杨朝明有着独特见解，他曾经在《天津师大学报》发表文章指出：古时，酒本来就有厚、薄之分。所谓"厚酒"，浓度较高；而"薄酒"则浓度较低。《说文解字》说："醇，不浇酒也。"段注曰："浇，沃也。凡酒沃之以水则薄，不杂以水则曰醇，故厚薄曰醇浇。"由此看来，酒之厚、薄只在于是否加水或者加量的多少，而不是酒之优劣的区分。古时厚酒、薄酒还分别有专门的名称，如"醹"和"醲"，《说文解字》均谓之"厚酒也"，"酎"为"三重醇酒"，"醪"为"汁滓酒"，也属于厚酒之列；而"醨"则是"薄酒也"。所以段玉裁在"醨"字下注曰："薄对厚言。""醪、醇、醹、酎皆谓厚酒，故谓厚薄为醇醨。"同处，段玉裁又引屈原赋曰："何不餔其糟而歠其醨。"据《楚辞·渔父》篇，此乃是渔父在"众人皆醉"的情况下所说的话，可知"薄酒"对人的刺激较轻，不易使人陷于醉态。与"厚酒"相比，"薄酒"对人体要有益得多。

杨朝明认为，从更深层次上看，"鲁酒薄"是因为周礼和周公的影响。

周公在周初分封卫国时，曾作《酒诰》告诫康叔，使之不致因酒误政。周公的这一思想必定对鲁国也有影响，因此，鲁国在酒的酿造过程中，很可能已经注意到，酒的浓度不能过高，味道清淡。这就是人们所谓的"薄酒"。

《酒诰》是周公告诫弟弟康叔的，康叔被封于卫，周公担心他年龄较小，于是告诫他商纣之所以亡国，其原因在于"淫于酒"，商纣之乱始于"酒之失"。商纣酗酒，卫国的封地在殷都旧地，故而染恶尤甚。周公以其地封康叔，故作书诰以教之。在《酒诰》中，周公希望康叔总结商朝灭亡的教训，不要沉湎于酒，以致荒怠政事。康叔在卫，教化臣民不要经常饮酒，若饮须以不醉为量，即《酒诰》中所说："饮唯祀，德将无醉。"与之相似，伯禽在鲁，也用了很大气力改变当地人的风俗。鲁近夷地，与之紧邻的郲国便"杂有东夷之风"，而夷人本"喜饮酒"；另外，鲁地原称奄，曾为殷商旧都，这里肯定受殷商"率肆于酒"的风习熏染很深。伯禽在变更当地人的旧有习俗时，可能对这种风尚也有所限制。后来，孔子说的“唯酒无量，不及乱”，与《酒诰》中所要求的以德相扶持，无使至醉，其精神是一致的。

从先秦典籍中，还找不出鲁人沉酒误政的记载。自从“日耽于酒”的周幽王被犬戎杀死于骊山下之后，周室彻底衰微下去，而作为姬姓“宗邦”、诸侯“望国”的鲁国却成了各国殷勤执礼的对象。在这种情况下，鲁国更牢记周公之训，在传播宗周文明方面以表率自居。这样，鲁国在酿酒时，为了防止饮者沉醉，而有意使其味道清淡便容易理解了。

这就是“鲁酒薄”的历史原因。

兰陵：充满浪漫气息的美酒圣地

“兰陵美酒郁金香，玉碗盛来琥珀光；但使主人能醉客，不知何处是他乡。”这是当年李白路过苍山兰陵古镇时写下的诗句。我理解，这不单纯是指兰陵美酒，而可能是指三种酒，兰陵酒、美酒和郁金泡出的药酒。至于说琥珀光，我问过地质学家，什么颜色的都有，三种酒都是琥珀光也很正常……

因为工作关系，我经常到苍山去走访。2013年12月，苍山县改名为兰陵县。那里历史底蕴厚重，民间艺术享有盛誉，农业发达，盛产蔬菜，特别是大蒜，号称是上海的“大菜园”。有一次，我们到一个小镇上，专门喝羊肉汤。羊肉汤很鲜美，据说是用羊的36个部位，做成36种汤，这是清宫里的做法，乾隆下江南时带到苍山一带。边喝羊肉汤，边喝高度的兰陵王白酒，以为这就是兰陵美酒了。当地人说，兰陵美酒是一种黄酒，营养丰富，现在还在生产。

后来，随着对苍山和兰陵的认识越来越深入，我才知道，兰陵美酒应该是兰陵所有酒的源头。据史料记载：兰陵美酒从商代开始酿造，商代甲骨文武丁卜辞就有“鬯其酒”的字样。前文我们已经表述过，“鬯”是以黑黍为原料，加入郁金酿制而成的。郁金是一种古代用于配制祭祀用酒的植物。中华书局发行的《辞海》称：郁金“冬时自地下茎采黄色粉状之染料，用以染食品及织物……古以此物浸酒，用于祭祀，谓之郁鬯”。1979年版的《辞海》称：郁金，姜科。多年生草本，地下有块茎及纺锤状肉质块根，断面黄色，有香气。我国南部和西南部都有分布，也有栽培。中医学上以块根入药……功能和血散瘀、行气解郁。主治胸胁腕腹疼痛、痛经等症。

兰陵美酒是最早的药酒之一。商周时期，因为这种酒香气浓郁，人们把它敬献给神。两汉时期，兰陵美酒已成贡品。

当今社会，文化不仅是资源，还是一种产业，所有的名人和名品都有几个地方在争。江苏常州丹阳等地也声称是兰陵美酒的发源地。不过，考古发现却不断证明：兰陵美酒就源于苍山兰陵镇。新中国成立初期，在兰陵镇修公路时，曾挖掘出带有“鬯”字的商代酒器。1995年秋，在江苏省徐州市狮子山楚王墓的发掘过程中，沉睡了2148年的兰陵美酒被发掘出土。经专家鉴定，这是目前世界上出土年代最

兰陵镇的太白楼

早、保存最完好、直接印有贡酒名称的酒品，它的发现震惊了酿酒界和考古界，成为中国1995年度十大考古发现之首。

这座楚王陵以石成墓，在墓室庖厨间的一个陶制球形坛内，放着三大缸兰陵美酒，盖着红色封泥，泥封上钤印有“兰陵贡酒”“兰陵丞印”（有作“郾印”者）“兰陵之印”三种戳记，保存完整无缺。打开封泥后，缸内酒体仍然可以流动，一股浓郁的酒香溢出。经国内外考古专家鉴定，与今日兰陵美酒同为一宗，印证了兰陵美酒3000年的酿造历史。

兰陵位于山东省最南部，与江苏徐州毗邻，春秋战国时期，既是鲁国属地，也曾被吴越楚等国占领，与楚文化有渊源。在楚王墓里发现产于苍山的兰陵美酒，一点也不令人感到意外。

除了考古成果的佐证，兰陵美酒至今还在进行工厂化和民间作坊式生产，有着鲜活的生命力。“人法地，地法天，天法道，道法自然。”专家称中国有两大名酒带，一个是长江美酒带，一个是淮河名酒带，兰陵正好位于淮河名酒带上。兰陵历史上是古运河的冲击地带，既有山陵，又有平原，地下蕴含着大量铁矿石，含有多种微量元素，利于微生物的生长和培育，从环境角度看很适合造酒。兰陵镇地下水分碱、甜两种，碱水含有多种矿物质，人不能饮用，专门用于造酒。据化验，兰陵酒厂的几口深井，井水纯净甘洌，为一般井水所不及。明代医学泰斗李时珍，饮兰陵美酒后，从医学的角度给予高度赞赏，在他的《本草纲目》中写道：“兰陵美酒，清香远达，色复金黄，饮之至醉，不头痛，不口干，不作泻。共水秤之重于他水，邻邑所造俱不然，皆水土之美也，常饮入药俱良。”王渔洋在《寄任同年》一诗中写道：“阳羡六班茶，兰陵十千酒。古来佳丽区，遥当王湖口……”这里不仅赞美了兰陵美酒的名贵，更显示出兰陵自古以来就是一个美丽富饶的地区。

兰陵集团董事长陈学荣认为，除了环境因素，兰陵美酒的高品质来自独特的原料和酿造工艺。兰陵美酒呈琥珀光泽，晶莹明澈；酒质纯正甘洌，口味醇厚绵软，至今还在沿用古代工艺，以大黄米为原料，以麦曲糖化发酵，加郁金、玫瑰等多种中药陈酿而成，需经整米、淘洗、煮米、凉饭糖化、下缸加酒、封缸储存、起酒等制作过程。美酒用曲必须是储存期较长的中温曲，曲香浓郁，糖化力在35%以上。美酒与白酒的生产有别，其成本比白酒高，生产50公斤美酒，需要耗费30公斤黏黍米、9公斤曲、1.5公斤大枣，酿造周期最少为120天。与古代不同的是，今天的兰陵美酒在酿制过程中需要添加白酒。兰陵美酒含有人体必需的17种氨基酸、6种维生素、11种微量元素，是一种具有养血补肾、舒筋健脑、益寿强身功能的滋补黄酒。“名驰冀北称好酒，味压江南一品香。”这副曾于20世纪40年代张贴在酒厂大门口的对联，就是兰陵美酒最好的广告语了。

在高脚杯中倒入酒精度为18度的兰陵美酒，一股浓郁的酒香弥散开来，琥珀一样橙黄色的酒液，轻轻地在杯中荡漾。几杯酒下肚，恍兮惚兮，我仿佛来到春秋战国时期。山东真是一个海纳百川、圣贤辈出的好地方，除了刚健的齐文化，内敛的鲁文化，浪漫的楚文化、吴越文化等，也在这里留下曼妙的身影。

在兰陵美酒里，我品出了楚文化的悠长味道。

兰陵这个地名很可能和屈原有直接关系。

兰陵在夏商周时期属于曾国故地，春秋时期，鲁国在这里设置“次室”邑。因鲁国“三桓”之一的季孙氏家族长期专权，次室成为鲁国南部疆土上并行于“公室”曲阜的行政管理机构，并建有宫殿式建筑次室亭，留下了次室女忧君爱国的凄婉故事。齐楚争霸，鲁国衰微，次室为楚国控制，成为其与吴越争霸北方的阵地。兰陵、临沂、莒县这一东北至西南的狭长地域，成为楚国新开辟的东北边疆。

公元前319年，屈原任楚怀王时的“左徒”一职，他兼管楚国内政外交事务，受到怀王的信任，权重一时。这年秋天，为了合纵连横，攻打秦国，屈原首次出使齐国。公元前314年，屈原因上官大夫之谗而见疏，被罢黜左徒，任三闾大夫。公元前312年，为缓和楚齐两国的对立局面，楚怀王起用屈原再次出使齐国，齐楚复交。此时楚国占有“次室”已达60多年。次室是和鲁国公室曲阜相对应的地理名称，带有浓郁的鲁国色彩，楚国要在鲁国旧地建立行政机构，必须废除“三桓”专政遗留下来的“次室”，要用儒家理念治理鲁国旧地，还要打上楚国政治的印记，拟定一个充满地域和时代色彩的新地名，这个任务就落到屈原身上，应该是他主管民政外交时，“次室”被改成“兰陵”。

那么，屈原为什么将楚国东北边疆的一个小镇命名为兰陵？从表象来看，是因为自然环境使然。在这里他看到这样一幅美景：温润的气候下，森林密布，绿色遍地，高地上开满美丽的兰花，馨香，高洁，清雅，那一刻，他的思绪应该像鲜花一样绽放开来，“兰陵”两个字在脑海中清晰浮现。

这是我的一种合理假想。

其实，以“兰陵”作为地域名称，充满理想色彩和浪漫王者气息，是屈原封建治国理念的体现。兰是一种草本植物，原产于中国，其根、叶、花朵、果实和种子都有一定的药用价值。在先秦时期，自然界兰花的香郁被先民推崇为王者之香。兰陵镇东北8公里处有一个“作字村”，传说是仓颉造字的地方，当地有很多关于仓颉造字的故事。仓颉创造的“兰”字，犹如一幅美丽的画，门前绿草如茵，门内有请帖寓意的“柬”字，中间明月映照。孔子把兰花化身为理想化的人格：“兰为王者香，今乃与众草为伍。”“与善人处，如入蕙兰之室，久而不闻其香，则与之俱化。”兰花没有媚俗之气，“不以无人而不芳，不为困穷而改节”，具有优雅崇高的品德。左丘明说“兰有国香”，将兰提升为君子的高尚品德，孟子又将君子德行上升为“王道”理想，那么，屈原是否要在兰陵建设一个儒家境界中的圣地？屈原时期，楚国朝野崇尚兰花，宫苑内广植兰花，楚怀王给儿子起名“子兰”。屈原在《离骚》《九歌》《九章》等诗篇中，把兰比作“美女”“君子”“贤人”等崇拜之物。

从古至今，兰花都被称为“花中君子”，其骨骼清奇，味道幽香四溢。弥漫在兰陵大地和天空中的兰花气质，熏陶出一个伟大的人物，这就是荀子。

荀子是战国末期赵国人，我国杰出的思想家、教育家，是孔孟之后著名的儒学大师，先秦思想的集大成者。他曾两次出任兰陵县令。

在战国末期的百家争鸣中，荀子讲学于齐、仕宦于楚、议兵于赵、议政于燕、论风俗于秦。荀子早年游学于齐，因学问博大，“最为老师”，曾三次担任稷下学宫的“祭酒”，主持稷下讲坛长达24年。公元前255年，荀子受战国四公子之一的楚国春申君黄歇之聘，两次出任楚国兰陵令，前后达18年之久。在任期间，荀子勤于国政，施惠于民，政平民安，国强民富。公元前238年，春申君被害，荀子遭到罢免。于是定居在兰陵，专门进行讲学，著书立说，著名的韩非、李斯等皆为其弟子。他约在公元前230年逝世，享年84岁。

在兰陵镇东南约1公里处，空旷的田野中间，至今仍有一座荀子墓，东西长约10米，南北宽约8米，周围有一些树木孤独地挺立着。据说荀子墓原来比较大，后遭到人为破坏，有3/4被平为耕地。1990年苍山县人民政府筹资进行重修，墓地占地面积6400平方米，在封土周围用青石垒砌，高1米，周长1570米。

荀子墓前竖立着两块石碑：一块是清道光二十一年（1841年）所立，碑额篆书为“补建荀子墓碑”，碑文及署名已模糊不清；另一块是光绪三十年（1904年）山东巡抚周馥所立，上面刻有“楚兰陵令荀卿之墓”。据碑文记载，宋徽宗政和年间（1111—1117年）曾修过此墓。宋徽宗赵佶非常敬重荀子，曾下令建造荀子庙，后经兵燹，年久失修，早已倾圮。明朝诗人李晔来兰陵拜谒荀子墓，曾赋诗一首：“古冢萧萧鞠狐兔，路人指点荀卿墓。当时文采凌星虹，此日荒凉卧烟雾。卧烟雾，秋黄昏，苍苍荆棘如云屯。野花发尽无人到，惟有蛛丝罗墓门。”诗中流露出无限的惆怅和感慨。

其实，诗人也大可不必遗憾。圣者如兰，即使在深山幽谷，也照样散发着持久而强烈的清香。这是思想的味道。

荀子看到儒家思想丰富深厚的内涵和它的不切实际，决心完善和提升它，他深入研究儒家经典，也从诸子百家中汲取营养，把“畏天命”改造为“制天命而用之”，把“食色，性也”阐发为“性恶”说，主张必须要由圣王及礼法的教化，来“化性起伪”使人格提高。

荀子以自己的身体力行，给儒家思想打造了一个新的出发点，后来儒家思想被汉武帝以“罢黜百家，独尊儒术”所尊崇，以至后来成为历朝统治者的思想理论基础，荀子功不可没。他以孔子的“仁”为核心，重视“礼”，重视人为的努力，重视圣人对世人的教化，并反对神秘主义，反对墨家的鬼神之说，这些都是儒家思想的精华。如果没有荀子对孔孟思想内圣化倾向的扭转，没有荀子的隆礼重法，没有荀子把儒家思想与现实政治结合起来，没有荀子对儒家经典的传授，也许就没有儒家思想的今天。

荀子的学生韩非子以“法、术、势”而集法家思想之大成，成为秦始皇开天辟地的立国之本。他的另一位学生李斯更直接参与了中国历史上第一个集权国家的建立。荀子不是法家，但他的思想开法家之先河。

荀子晚年在兰陵总结百家争鸣的理论成果和自己的学术思想，创立了先秦时期完备的朴素唯物主义哲学体系，其思想集中反映在《荀子》一书中，经刘向整理为32篇，后由唐杨倞编定《荀子》一书，流传至今。

当年的这位县令，又在兰陵美酒中品出了何种人生滋味！

第三章
山东进入“白酒时代”

出秦入汉：禁酒令背后的世俗盛宴

在山东省胶南市区西南约26公里的大海边，有一个山丘拔地而起，这就是著名的琅琊台。它三面环海，东北部是一个月牙形的海湾，沙滩上铺满金子般的沙粒。从这里眺望大海，碧波荡漾，船帆点点，好一派迷人的风光。

胶南琅琊台秦始皇遣徐福入海群雕

秦始皇雕像

这里，曾经是秦汉文化极为发达的地区，只可惜在西汉末年毁于一场强烈的大地震，直到20世纪80年代初才被重新开发。一组组秦汉风格的建筑，讲述着这里昔日的辉煌。

沿着386个台阶登上琅琊台，有一组秦始皇派遣徐福入海求仙的群雕。共有石像14尊，依此为秦始皇、徐福、胡亥等。它讲述了这样一个故事：徐福因第一次入海求仙不成，害怕秦始皇迁怒于自己，就再次上书。他说：蓬莱仙山上的长生不老之药求不到，是因为被海中的大鲛鱼阻拦而致，请求配备善射的武士一同前往。华盖下的秦始皇眉头微蹙，面含愠色，手握酒杯，遥指东海，似乎在询问什么。在秦始皇身边，还有一个擎着酒壶的人，好像随时准备给他斟酒。

秦朝是禁止民间饮酒的，我从秦始皇端着的酒杯里，闻到另一种气息。

公元前221年，秦军攻灭齐国，俘获齐王田建，从此山东成为秦朝统治的地区。秦统一中国后，在全国设36郡，其中在山东设置了临淄、琅琊、东海、薛、济北等郡，并把齐国的旧贵族和富豪迁至咸阳、南阳，以及巴蜀等地，以削弱他们的政治经济实力。秦始皇还下令拆除齐长城，修筑国都咸阳直达山东的驰道。

据统计，秦始皇在位期间曾经5次出巡，其中在11年时间内3次来到山东，可见山东在他心中的位置。

公元前219年，他离开咸阳，第一次出巡就来到山东，先到峄山，然后北上，登泰山举行“封禅”大典，对于避雨有功的大松树封为“五大夫”松，并令刻石歌颂秦朝功德。继而东行，经济南、淄博、黄县、芝罘、牟平，直达山东半岛最东端的成山头。接着，南行到琅琊，停留3个月，筑琅琊台。公元前218年，秦始皇东巡第二次来到山东，途经今河南省阳武博浪沙，遇到韩国贵族张良及其刺客袭击，秦始皇继续前行，东到今山东烟台芝罘山，登高望远，成仙长生成了他心中的渴求。公元前210年，他最后一次出巡，从南方北上，经琅琊到成山头，登芝罘而返。归途中，在山东德州附近染病，后死于河北沙丘。

在山东很多地方，秦始皇都留下深刻的文化遗迹。文登因秦始皇“招文人登山歌功颂德”而得名，至今还有一座文山。在成山头，秦始皇拜祭日主，想搭一座桥过海。有一个神人欲把石头赶下海去，为他造桥，石头走得太慢，神人就鞭石出血，变成七色。在寿光，1958年深翻土地时挖出秦始皇修筑的驰道遗址50米，得知当时车宽应为2米，即6尺，用马6匹，护卫车辆分左右，出行共36乘……

秦朝是我国历史上第一个中央集权政府，秦始皇在咸阳过着极其奢靡的生活，他为什么甘愿冒着被刺杀的风险，不辞辛劳，跋山涉水，频频东巡齐鲁?

首先因为他的根在东方。秦始皇名嬴政，这个“嬴”姓就来自东夷人。

在山东省莱芜市羊里镇城子县村东北方向，有一个“嬴城”遗址，南北长近800米、宽约400米，其中有一段5米高的城墙保存完好。专家们认为，嬴秦族的发祥地就在城子县村。据传说，东夷人的领袖之一少昊因为居住在“嬴水之滨”所以姓嬴。嬴水全长86公里，是汶河上游三大支流之一，流经城子县村。嬴秦的始祖伯翳是舜、禹时代的一个著名人物。他帮助大禹治水有功，被大舜赐予嬴姓，并帮助大舜训练鸟兽，驾驭技术十分高超。大禹的儿子启夺权后，杀害了伯翳，嬴秦人陷入低谷。商朝兴起，因伯翳的后代竭力帮助殷商有功，“故嬴姓多显，遂为诸侯”。秦人借着商王朝的政治势力进入关中。商末，他们来到渭水和西汉水上游地区。周武王伐纣取胜之后，东夷嬴族秦人被流放到甘肃，开始艰苦的创业之路。秦人忍辱求生，把东夷文明和戎、狄、周文化融合，发展壮大自己，最终推翻了周人800年的统治，建立起统一的秦帝国。

也就是说，东夷文化是秦朝的母体文化，秦始皇的躯体里流着东夷人的血液，思念祖居之地，导致了他的“寻根之旅”。这种“寻根之旅”，或许还有更深层次的意味。

秦始皇做了几件大事，一是重农抑商，二是焚书坑儒，三是抗击匈奴，这些举措都与齐地的方士有关。重农抑商是秦的一项基本国策，这一政策为秦统一中国创造了物质条件。秦始皇更把这一政策推向极致，他甚至想把商业完全废除。

一个典型的农业社会，自然应该选择儒家思想作为官方意识形态，然而，秦始皇却反其道而行之，采取焚书坑儒的举动，并推行“以法为教，以吏为师”的文化专制政策，引起社会的剧烈动荡，加速了秦朝的灭亡。

从表面看，秦朝采用法家作为统治思想，以压制“百家争鸣”的风气，维护大一统王朝。但是，荀子的儒家思想、齐人的阴阳五行学说，甚至正统的儒家思想仍然在起作用。充满霸气刚烈色彩的秦始皇身上，也有柔弱和幻想的一面。

秦始皇东巡齐鲁，也许是想在商鞅的法家思想之外，寻找一种治理国家的新思想。

秦始皇东巡还有一个直接目的，就是寻找“长生不老”药。孔子的儒家太现实主义了，他对灵魂生死和宇宙结构问题，甚至对人自身的生理结构都不感兴趣，使人没有多少遐想的余地，而中国人又是那样富有孩子般的想象力。除了理学家，即使最现实的中国人，都在内心渴望能长生不老。秦始皇一生都在想延长自己的生命，而齐地有宗教文化传统，并表现出自然神崇拜的特征，其指向是向外的。历代帝王寻求与天和海的沟通，到泰山封禅祈求“天”的认可，而到沿海一带追求的是“方外世界”。

秦始皇第一次来山东时，遍拜齐地八神。他来到沂山祭天，地方官员献上“千日醉”作为祭品。金樽中散发出一阵阵酒香，使秦始皇不能自持，欲先饮而后快。祭祀完毕后，地方官呈上“千日醉”，浅尝浓香绝佳，爽透心扉；豪饮五腑舒泰，气血畅快。秦始皇龙颜大悦：“此乃酒中珍品，可与天帝琼浆玉液媲美，朕惜时所饮佳酿概不能论。”他来到老龙湾畔，只见这里幽雅如仙境一般，泉水像龙喷蛟吐，池塘似坛犹壶，真是天设地造，当即挥毫题词“神池”。他还给地方官下令，每年进供“千日醉”五十坛，专门用于祭拜天地。这段故事在《东镇遗记札·杂说》有记载，秦已丑岁，始皇东巡，人进斯浆，醉而赞曰：“非神泉之液，少康之术，难令朕醉。”遂御名神池。因泉名为秦始皇所赐，后人把“神池”称为“秦池”，把“千日醉”改称“秦池酒”……秦池集团有一个广场，耸立着秦始皇古铜色的雕像，他一手擎着酒尊，一手拿着毛笔，脚踏象征36郡的石头地面，仿佛要把整个天下揽入胸怀。面对的广场上，一个巨大的酒碗，清水流出好像美酒飘溢。秦始皇的最后一站是来到四时主所在的胶南琅琊台。在这里他遇到了胶南人徐福，徐福把蓬莱、方丈、瀛洲三座神山描绘得活灵活现，说那上面长满了仙人和仙药，吃后能够长生不老。结果，秦始皇派徐福两次从琅琊出海，寻找仙药。最后一次是公元前210年，秦始皇不仅派人在山东沿海射杀鲛鱼，还给了徐福三千童男童女。这次出海，徐福再也没有回来，据说他去了日本。我看到一篇文章，说秦始皇让徐福找的“长生不老药”是野生猕猴桃。而荣成人则说，这种药就是遍布荣成沿海的海带……

在青岛，朋友拿来一种名叫“琅琊台”的高度白酒，70度或者71度，一口下去，好像有一条火蛇，从喉咙一直蹿到胃里。不一会儿，整个人就像变成了一团迷雾，袅袅娜娜地升腾。我喝醉了，嘴里却有一种醇厚甜美的感觉。

这个“琅琊台”和秦始皇当年指点江山的琅琊台有关系吗?

当然有！起码文化渊源和精神气质上，二者是一脉相承的。

青岛琅琊台集团公司的人告诉我们这样一段历史：琅琊台酒的酿造始于战国时期的越王勾践。《山海经·海内东经》记载：“琅琊台在渤海间。”并注明“海边有山嶕峣特起，状如高台，此即琅琊台也”。战国时期，越王勾践于公元前472年攻灭吴国，为称霸中原，扩张北上，就迁都到琅琊，始建琅琊台，台顶上建有“望越楼”，以便南望会稽。《吴越春秋》称：“越王勾践二十五年，徙都琅琊，立观台以望东海，遂号令秦、晋、齐、楚，以尊辅周室，歃血盟。”琅琊台是当时一处战略重地和经济、政治、文化的中心。勾践卧薪尝胆，酒起了重要作用。公元前492年，勾践被吴国打败，带着妻子到吴国去当奴仆。诸位大臣送至江边，文种敬上一杯酒说：“请大王干掉这杯酒，你永远是我们的万岁之君。”有了这杯酒垫底，还有什么苦酒不能喝？勾践忍辱负重，韬光养晦，并等来讨伐吴国的时刻，父老乡亲向勾践献酒，他把酒倒在河的上游，并与将士们一起俯身河畔，迎流共饮，士气大振，一举消灭吴国，历史上称之为“箪醪劳师”。勾践把吴越之地的酿酒方法传到琅琊。琅琊人按照他传授的酿酒方法，取当地山泉水精工酿制成酒，献于勾践。勾践连声称赞胜过吴越之酒，并取名“琅琊红”。每逢庆典节日，越王都要大宴臣民于琅琊台上，君民豪饮千杯不醉。在越王的影响下，喝酒成为琅琊郡的一种时尚，极大地带动了酿酒业的发展。

秦朝设36郡，琅琊郡是其中之一。秦始皇3次东巡，都到过琅琊。

随着国家的统一，经济的繁荣，秦朝酿酒业更加兴旺起来。统治者提倡戒酒，禁止民间卖酒，明文规定住在乡村中的农户，不得用剩余粮食酿酒，以减少五谷的消耗，并由各地管理农业事务的“田啬夫”和各乡的“部佐”监督实行，违禁者要治罪。但最终仍是屡禁不止，这是否和秦始皇带头饮酒有关？

第一次到琅琊，秦始皇举目四望，但见群山竞秀，海天一色，波涛汹涌，这令他心旷神怡，流连忘返，一住就是3个月。他下令从内地迁来3万户百姓，削平重筑琅琊台，一是像范文澜称，为“表扬勾践尊周，鼓励南方越人向内”；二是把台筑得更高更大，超过勾践，方能显出始皇帝的权威。重修后的琅琊台，总面积约4万平方米，台高3层，每层高3丈，总高约30米。夯土每层6—8厘米，至今断层纹络边缘仍然十分清晰。这是秦王朝在函谷关外规模最大的一个宫殿群。

琅琊台最珍贵的文物是秦刻石。据《史记》载，始皇令筑琅琊台后，“立刻石，颂秦德，明德意”，刻石立于琅琊台上，故名“琅琊刻石”，全文496字，其中正文289字，记述了秦始皇统一宇内的丰功伟绩，附文207字，记录了李斯、王绾等10个随从大臣的名字及议立碑刻的事迹。据传，碑文出自李斯的手笔。

秦始皇三次巡游，促进了琅琊经济和酒文化的繁荣。在古代，人口稀少、生产力贫乏是造成经济不发达的主要原因。秦始皇迁来3万户百姓，还免除了他们12年的徭役，使人民得以休养生息，劳动力富足，大片因战争荒芜的土地重新被开垦利用，农业出现了前所未有的繁荣局面，国库盈满，家家余粮，为大规模酿酒提供了坚定的物质基础。

琅琊台集团的人还称，神秘的徐福，除了是一个方士外，还是一个酿酒师。他的祖上为越王勾践酿酒，到徐福，酿酒技艺已单传八代，历经250年。徐福在继承先人酿酒技艺的同时，还学习了天文、地理、医学、巫术及航海学，成为秦代著名的杂家大师。为实现自己远航海外的愿望，他上书秦始皇，称海外三座神山上有仙药，以药入酒，喝了之后就能长生不老。徐福还献上自己酿制的美酒，诈称是按神人传授的方法酿制，饮之可益寿延年。秦始皇品尝之后，感觉酒香浓郁、清冽甘甜、沁人心脾，于是定为宫廷专用酒，并命名为“琅琊台御酒”。此后每逢观沧海、祈长生、宴群臣非琅琊台御酒不饮，并对徐福所说海外有仙山一事深信不疑。

秦始皇一方面令徐福培训酿酒工匠，建设酿酒作坊，扩大生产规模，酿造更多的琅琊台御酒；一方面加紧楼船的建造工作，积极为出海寻仙做准备。没想到徐福一去不复返。秦始皇在齐地的寻仙活动，成为道教产生的重要推动力之一。

民间传说，从徐福开始，琅琊台御酒的秘方得以流传，自秦汉以后，民间酿酒师们利用琅琊山泉和优质粮食，不断改进酿酒技艺，使琅琊台酒逐渐形成独特风格，成为历史名酒。秦汉文化，成为琅琊台酒的灵魂。

西汉末年，一场大地震让琅琊台变成废墟。此后这里沉寂了两千多年。新中国成立后，考古学家在琅琊台及其附近发掘出300多件文物，其中酒具30多件，包括爵、尊等，充分说明秦汉时期琅琊地区酒文化的繁荣。1993年以来，人们在琅琊台发现5处古陶管。陶管直径30多厘米，壁厚5厘米，节节相套，中间缝隙用当地棕色黏土黏合。管道从山顶直达山下，经考证，很可能是取山泉水用于酿酒的输水管道。

酒，作为农业社会物质产品的精华，犹如甘露，兼具物质与精神两种属性，属于奢侈品，直到秦汉之交，中国进入大一统时代，曾作为庙堂祭礼的酒，才逐渐“飞入寻常百姓家”，成为俗世享乐生活的组成部分。

在山东多地发现的“庖厨图”汉画像石刻，生动地反映了先人酿酒和喝酒的热闹场面。

两汉时期的山东，和我国其他地区一样，行政区域中既有郡县，也有诸侯王国，犬牙交错，互相制约。这里农业发达，经济繁荣，是汉帝国最为繁华的地区之一，尤其是纺织业和冶铁业领先全国。西汉设立50处铁官，山东就占12处，汉武帝在莱芜“嬴城”设铁官，生产农具铁范，“嬴铁”从此闻名于世。山东的临淄、定陶和亢父是汉代三大纺织中心，为丝绸之路提供了大量丝织品。

在秦汉盛世，特别是汉代，山东饮食迎来了春秋战国之后的第二个高峰。那些散布在山东各地的汉画石像，就生动地记录了这一点。山东有60多个县（市）出土了汉画像石，其中大部分分布于鲁南与鲁中地区。山东汉画像石题材内容丰富，堪称全国之最，其中又以社会生活类最多，诸如车骑出行、聚合拜谒、战争、宴饮、农耕等，主要表现死者的社会地位、生平经历、享乐生活以及拥有的财富，同时也反映了劳动者的生产生活状况。

这些画像石精致，夸张，繁简得当，充满想象力和动感。

在山东诸城前凉台，出土了一幅汉画像石“庖厨图”，刻画了当时的宴饮场面。该石高1.52米，宽0.76米，描绘了贵族家庭的厨事活动。全图由半成品食物架、宰牲、烹制、酿造等部分组成。

值得注意的是，这个“庖厨图”的下部，描绘了酿酒的全过程：一人跪着正在捣碎曲块，旁边有一口陶缸用于曲末的浸泡，一人正在加柴烧饭，一人在劈柴，一人在甑旁拨弄着米饭，一人负责曲汁过滤到米饭中去，并把发酵醪拌匀。有两人负责酒的过滤，还有一人拿着勺子，大概是要把酒液装入酒瓶。下面是发酵用的大酒缸，都安放在酒垆之中。大概有一人偷喝了酒，被人发现后，正在挨揍。酒的过滤大概是用绢袋，并用手挤干。过滤后的酒放入小口瓶，用于进一步陈酿……

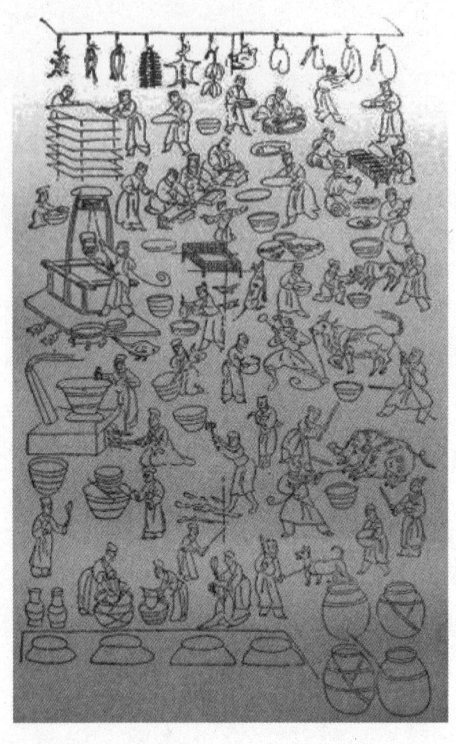

诸城前凉台庖厨图

在嘉祥的汉画像石上也有酿酒图。一个酿酒者，赤膊露腿，双手捧着一个大酒尊在品酒。在他面前，是一个酿酒架，上面一个漏缸，下面一个大缸。露缸中装有酒醪，酒液从小缸底孔中流入大缸，剩余糟粕在小漏缸中，这种方法叫“沥酒”。汉代不会制作烧酒，而是用多次过滤的办法，来获得好酒。在嘉祥洪山村的另一块石头上，除了酿酒的人以外，还有一个佩剑、戴斜顶高冠的人，站在一旁观看，似为监工。

汉画像石中的场面，真实反映了两汉时期的酿酒工艺。

先秦时代酿酒，兼用曲、糵两种酒母，到了汉代，以糵酿造的醴逐渐消失。汉人制曲，多以麦为原料，有大麦、小麦、细饼等多种酒曲。制曲过程分为两个阶段，首先将加湿的曲料在竹席上平面摊开，以便繁殖菌体，称之为“溲曲”，然后把曲料制成饼状。曲的质量提高了，用量就大为减少。

按照《汉书·食货志》中的配方，酿酒过程中曲与谷物的比例为“一酿用粗米两斛，曲一斛，得成酒六斛六斗”，出酒率220%，这是中国酿酒技术史上酿酒原料和成品比数的最早纪录。酒曲的用量很大，占酿酒用米的50%，说明糖化发酵力不高。

到东汉末年，随着酒曲质量的改进，谷物与酒曲之配伍上升到12∶1。

据说，曹操发现家乡已故县令的“九酝春酒法”新颖独特，所酿之酒醇厚无比，就把此方献给汉献帝。“九酝春酒法”就是在一个发酵周期中，先浸曲后，第一次加一石米，以后每隔三天加入一石米，共加九次原料。这个方法被称为补料发酵法，现代称“喂饭法”，这是我国黄酒酿造的最主要加料方法，沿用至今。

汉代谷物酒的种类繁多，度数较低。按照原料命名的有稻酒、黍酒等；根据所配香料命名的有椒酒、桂酒、菊花酒；用各类花卉配酿的有百末旨酒等。凡是酿造时间短、用曲少、酒液混浊的，称为“醪”，其表面往往浮有一层米滓或曲滓，状若浮蚁，反之酒度较高、酒液清澈的被称为“清酒”。

两汉之际，青铜酒器渐渐退出历史舞台，而被漆制酒器所替代。漆制酒具继承了青铜酒器的形制，有盛酒器具、饮酒器具。人们饮酒时一般席地而坐，酒尊放在中间，里面放着挹酒的勺。

这些年，临淄、曲阜、巨野、长清、济宁、济南等地都发现了汉代诸侯王墓，这些汉墓的发掘表明，汉代经济快速增长，文化不断发展，雄浑瑰丽，是一个富有传奇色彩的辉煌时代。汉代的饮酒风尚从简朴走向奢靡，与之不无关系。

汉代最早也采取禁酒策略，特别严禁群饮。一方面，因为秦末天下大乱，土地荒芜，粮食严重不足，而酿酒需要消耗大量粮食；另一方面，从政治上考虑，要稳定政权，防止反对力量借酒滋事，所以汉初萧何颁布法律规定“三人以上无故群饮酒，罚金四两”。这是继承了西周及秦制。汉初实施的与民休息政策，使经济得到恢复和发展，禁酒令慢慢引起老百姓的反感。汉宣帝执政时，下达诏书：“夫婚姻之礼，人伦之大者也；酒食之会，所以行礼乐也。今郡国二千石或擅为苛禁，禁民嫁娶不得具酒食相贺召。由是废乡党之礼，令民亡所乐，非所以导民也。”这是公开提倡老百姓在婚礼上设酒宴庆贺。此后，汉代酿酒业发展迅速。

据《汉旧仪补遗》记载：太官控制官营酿酒和国事用酒，手下有三千人。《后汉书·邓皇后纪》记载："旧太官、汤官经用岁且二万万。"可见官营酿酒的经费开支很大。因酿酒利润巨大，到汉武帝时，初"榷酒酤"，即官府控制和垄断酒类商品的流通，这是我国酒类专卖制度的开始。榷酒制度增加了国家财政收入，但阻断了生产者与消费者之间的联系，伤害了酿酒者的积极性，导致酒的质量严重下滑。在执行了18年之后，于汉昭帝始元六年（前81年），"罢榷酤官，令民得以律占租，卖酒升四钱"，即从酒类专卖转向从量计征的税酒政策。

随着政策的宽松，经济的发展，制曲技术的提高，汉代中期以后，市井酒肆数量急剧增多，饮酒从王公贵族向寻常百姓普及。

在酒量供应充足的情况下，汉代酒风以一饮而尽为荣，称为"饮满举白"，好客待酒的风尚发展到极致。贵族和官僚将饮酒视为"嘉会之好"，每年正月初一，皇帝在太极殿大宴群臣，"杂会万人以上"，场面极为壮观。太极殿前有铜铸的龙形铸酒器，可装满四十斛酒。曾任河南郡太守的陈遵，为了让满堂宾客不醉无归，甚至命家丁将大门关上，并把来宾车轴上固定车轮的销钉全部投入井中。大量饮酒被认为是豪爽的行为，《汉书·盖宽饶列传》记载，盖宽饶赴宴迟到，主人酌酒罚他，他说："无多酌我，我乃酒狂。"

对于普通百姓来说，婚丧嫁娶、送礼待客、节日聚会是畅饮的大好时机。

西汉男女可以同桌共饮，男客来访，女主人可以出面备酒陪饮，汉诗《陇西行》中就有"好妇出迎客，颜色正敷愉。酌酒持与客，客言主人持"的诗句。汉武帝开通西域后，长安成为国际大都市，西域商人使节往来不绝，一些具有异国情调的酒肆应运而生，时称"酒家胡"。辛延年《羽林郎》中"胡姬年十五，春日独当垆……头上蓝田玉，耳后大秦珠”的诗句，描写了异域妙龄女子当垆售酒，引发京中纨绔弟子关注的情景。汉代还有乡饮的仪式，一般选择吉日举行。成帝永始二年（前15年）春，三月博士行“乡饮酒礼”。每年三月学校在祭祀周公、孔子时也要举行盛大的酒会。

汉代人喝酒的场面极为热闹，常常有投壶、猜拳、下棋、弹琴、歌舞等娱乐活动助兴。在曲阜“东安汉里”石椁画像石上，一女子在挥袖起舞，另一女子拍掌作和，地上放着一个酒尊，左右各有两个女子跪坐观赏，她们身边放着尊、勺、杯盘等……

如此豪放的酒风，会不会导致混乱和不理智？据称，汉建国初期，群臣饮酒争功交恶，以致朝堂之上混乱不堪，连日常的朝政都受到严重影响。此后民间酗酒闹事者也不在少数。这就迫切需要有一种强大的思想来制约人们的行为。

汉初推行黄老政治，虽然对经济的恢复发展起了积极作用，但也引来一些弊端。于是汉武帝与董仲舒“罢黜百家，独尊儒术”，将儒学推上统治思想的宝座。经过董仲舒改造的儒学，影响着社会发展的各个方面，源自齐鲁之邦的礼仪开始成为全民的行为准则，对稳固大一统的中央集权统治起到重要作用，儒学成为中国宗法农业社会最适宜的意识形态。

秦汉以后，酒文化中“礼”的色彩愈来愈浓，酒礼严格。

叔孙通制定了一整套的饮酒礼仪。汉高帝七年（前200年）十月，长乐宫落成，文武百官与诸侯王依据礼制，按照尊卑次序站起来向皇帝祝颂敬酒。共斟酒九巡，中间有御史监察来回巡查，审视群臣有无失礼举动，一改汉室初创之日群臣目无君上、喧哗吵闹的景象。高祖刘邦喜出望外：“吾乃今日知为皇帝之贵也。”

汉代的酒礼，对座次和饮酒姿态有着严格的规定。

按照当时宴饮的礼俗，主人居中，客人分列左右。大规模宴饮还分堂上堂下，以区分贵贱。级别相同的人并排坐在一起。如果某人与他人级别都不相同，则独占一行席位。最尊贵者东向而坐。

喝酒时，人们席地而坐，一人一席，要求“跣而上，坐之宴”。下级向上级敬酒，必须两手捧着酒杯向前上方高举。此时，敬酒者上身竖直而双膝着地，是为“膝席”。上级向下级敬酒，下级必须离开席位，跪伏感谢，表示不敢当，是为“避席伏”。而且无论敬人还是被敬，必须把酒杯倒满，还要一饮而尽，如果发现杯中尚有残余，就会被强行罚酒。

喝酒不仅是人们追求高尚生活的方式，而且形成以酒会友、情感交流为主要内涵的聚饮形式，酒的文化功能从献谀神灵和祭祀祖先，扩展到调和人伦，上升到维护家庭和谐、社会稳定的社会规范，这就是“礼”的最高境界了。

《齐民要术》：世人皆醉我独醒

听山东琴书竟然感觉醉了。

朋友阴军在济南颐正大厦搞了一个山东快书俱乐部，每月有两次义务演出。有一晚，他请到山东琴书传承人姚忠贤。老人家年近七旬，穿一身红丝绸的民族服装，白裤子，精神矍铄，济南话味道很重。与他同台演出的是一个穿黑旗袍的女子。他们唱了一曲《刘伶醉酒》，悠长的韵味，幽默的语言，质朴的风格，博得满场喝彩。

我像品尝陈年美酒般聆听着这天籁之音。琴书描述了这样一段故事：魏晋时期的名士刘伶，在杜康开的酒店里喝了三杯酒，跌跌撞撞回到家就死了，其妻子号啕大哭一顿，把他埋掉。3年后，杜康来讨要酒钱，打开棺材一看，刘伶脸色红润，刚好睁开惺忪睡眼，伸开双臂，深深打了个哈欠，吐出一股浓郁酒香，陶醉地说：“好酒，真香！”二人携手升天当神仙去了。杜康和刘伶是两个不同时代的人，把他们捏合在一起，无非是表示刘伶喝酒的疯狂程度。

这段琴书至今在我心中萦绕，回味无穷。从此之后，我记住了刘伶这个名字，并在一个专门的品鉴会上细细品尝了“刘伶醉”酒。

从东汉末年一直到魏晋南北朝时期，社会动荡不安，政治变故频繁，人的生命都难以保障，心灵处于极度恐惧、压抑和渴望之中，灵魂无处躲藏，此时，酒就成为百姓的“救命稻草”，文人更是把它作为精神生活的重要内容。汉魏文学史研究专家王瑶认为，士人放弃了祈求生命的长度，便不能不要求生命的密度。放浪形骸的任达和终日沉湎的饮酒，是由同一认知推导出的两种相关行为。

东汉末年，学阀名士之间聚会，都是以酒为媒，号为“江表八骏”之一的荆州牧刘表，制作了三个酒爵，“大曰伯雅，次曰中雅，小曰季雅”，其容量分别达到7升、6升与5升。

雄踞河北的袁绍，为了在盛夏三伏避暑，召集属下在山水幽静清凉处昼夜酣饮，“极醉于无知”。为了请经学大师郑玄出任左中郎将，他大摆宴席，请300位宾客排着长队给郑玄敬酒。郑玄校注了60余种儒家经典，为弘扬儒家思想作出极大贡献。他的学问大、酒量也大，300杯酒下去，依然是“秀眉明目，容仪温伟”“温克之容终日无怠”，实在是海量。

我在景芝“酒之城”景区里看到郑玄的塑像，说明里介绍说郑玄是景芝东乡人，曾在《周易注》中界定“饮酒礼”。

曹操颁布禁酒令，并借口杀掉反对禁酒的孔融，但是留下了“对酒当歌，人生几何？譬如朝露，去日苦多。慨当以慷，忧思难忘。何以解忧？唯有杜康……”的诗句，为喝酒找到最好的理由。

景芝酒之城中的郑玄雕像

韦辛夷作品：竹林七贤

到刘伶所在的魏晋时期，文人喝酒更加怪诞和惊世骇俗。

刘伶是“竹林七贤”之一，曾官至建威参军。其人豁达洒脱，非同一般。当时流行说“天下好酒数杜康，酒量最大数刘伶”，他的一生与酒同在。作为一个文人，其最大本事就是喝酒，传世的作品也只有《酒德颂》。关于刘伶的故事，至今仍在坊间流传。魏晋名士讲究仪容风度，个个玉树临风，风流倜傥，刘伶却是个矮子，身高一米五，且“貌甚丑悴，而悠悠忽忽，土木形骸”，尽管他才气过人，还是自惭形秽，寡言少语，直到遇到阮籍、嵇康这几个大酒鬼后，才解开心结，跻身名流之辈。阮籍“本有济世志，属魏晋之际，天下多故，名士少有全者……”所以最后选择了“不与世事，遂酣饮为常”。因为步兵军中厨营有佳酿三百斛，他才毅然出仕，担任步兵校尉；而同为“竹林七贤”中最年轻者，与阮籍为忘年交的王戎，也是阮氏放诞饮酒风格的忠实追随者。

在酒的世界里，走得最远的还是刘伶。

他常乘坐一辆鹿车，携一壶酒，命仆从手持荷锸跟随，任意而行，

叮嘱其“死便埋我”。他醉酒之后给老婆要酒，老婆摔了酒壶酒杯，并哭着劝告。刘伶称无法自己戒掉，必须面向鬼神祈祷发誓，才能戒掉。老婆准备了酒肉。刘伶跪下之后，这样发誓：“天生刘伶，以酒为名；一饮一斛，五斗解酲；妇人之言，慎不可听。”一手拿肉，一手拿酒，边吃边喝，直至烂醉。在家里饮酒之后，刘伶经常是一丝不挂。有人看见后嘲笑他，他反击道：“我以天地为栋宇，屋室为裈衣。诸君何为入我裈中？”《酒德颂》中他这样描述自己：“衔杯漱醪，枕曲籍糟”“无思无虑，其乐陶陶”“兀然而醉，豁尔而醒，唯酒是务，焉知其余”“静听不闻雷霆之声，熟视不睹泰山之形。不觉寒暑之切肌，利欲之感情”……这些都反映了他以饮酒为荣、唯酒是德的饮酒思想。

宋人叶梦得说：“晋人多饮酒，至于沉醉，未必真在乎酒。盖时方艰难，唯托于酒，可以疏远世故而已。陈平、曹参以来，已用此策……传至刘伶之徒，遂欲全然用此，以为保身之计……饮者未必剧饮，醉者未必真醉耳！”也就是说，这些魏晋名士，要通过酒精的作用，逃避现实，浇灭心中的“垒块”，达到老庄“形神相亲，造化同体”物我两忘的境界。

到东晋末年，饮宴之风不再以乖戾放诞为主题，而强调恬淡与接近自然。著名诗人陶渊明，不“为五斗米折腰”，辞去彭泽县令之职，“躬耕自资”，根据统计，陶渊明现存诗文146篇，涉及饮酒者共56篇。其中饮酒诗20篇，成为中国传统文人诗歌中咏饮的典范。据说为了表达自己的隐士之风，陶渊明特意不用器皿滤酒，直接用头上所戴葛巾，“葛巾漉酒”，成就了饮酒史上的一段佳话。

那个时代，名士们似乎变成一缕缕酒气，飘荡在世间。让整个世界变得醉意蒙眬。就在这种大气候下，有一个山东人异常清醒，他逆着酒风，奔走在大地之上，让双脚插进泥土，吸取民间的营养和智慧，担当起传承与弘扬文化的重任，让自己成长为历史原野上的一棵常青树。

他就是《齐民要术》的作者贾思勰。

在山东省沂源县高山上的一个农场里，我听说了这样的故事。在这附近几公里远的地方，有一个凤凰山，那里风景迷人，植被丰富，空气清新，当年，贾思勰就是在这座山上写成了《齐民要术》。大雨如注，激起一股股烟雾，依稀之中仿佛能看到远去的历史身影。贾思勰真的在这里写过《齐民要术》吗？起码史书上没有明确记载。但是农场主一定要把自己的农场命名为“思勰农场”，这就是一种愿望的表达了。

贾思勰是山东寿光人，一本《齐民要术》使他成为世界级的农学大家，也使他名垂青史。但是，在所谓的“正史”中，并没有关于他的记载，在寿光也没有他留下的任何遗迹。专家认为，这主要是因为《齐民要术》是一部科技书，而在封建社会，统治者鄙夷、漠视自然科学技术，不仅使大量科学技术得不到系统整理和推广，而且那些热爱科学、为发展科学技术献身的杰出人物，十之八九也得不到尊重，致使他们的姓名、身世、事迹等失传，在史籍中只能见到一星半点的痕迹。贾思勰就遭到如此的命运。《魏书》《北史》都没有为他立传，甚

泉城广场上的贾思勰雕像

至没有片言只句的记载，其他各类史料也不见涉及，因而关于他的生平事迹，后人知道的很少。

好在农学巨著《齐民要术》流传至今，上面明确说明此书由“后魏高阳太守贾思勰撰”，这就透露出一个极为重要的信息，就是说贾思勰曾经在高阳做过太守。根据现在学界一致认可，贾思勰生于魏齐之间的寿光，山东大学教授张熙惟考证：当时的高阳为青州高阳郡较为可信，高阳郡治所在今山东临淄西北一带，现临淄还建有贾思勰纪念馆。据说，贾思勰经常下乡询问老农，共同研究农作物的种植和加工技术，还曾到今山西、河南、河北等地考察过农业，因而对我国北方，尤其是黄河中下游的农业生产有较深了解。他坚持“食为政首”的主张，“采捃经传，爰及歌谣，询之老成，验之行事，起自耕农，终于醯、醢，资生之业，靡不毕书，号曰《齐民要术》”。

我的书橱里珍藏着一本影印版的《齐民要术》，厚厚两大本，并附有一本解释其中疑难字的小册子。作为我国现存最早的一部农学专著，《齐民要术》全面系统地总结了近400年间黄河中下游地区的农业技术和手工业等技艺，尤其是以今淄博、青州、寿光为中心的齐地农业科学技术。全书内容丰富翔实，共10卷，92篇，11万多字。在世界农学史上，具有极其重要的地位。达尔文关于“物种的起源”的理论，就是从《齐民要术》中得到了启示。其中，关于酿酒的工艺与技术是《齐民要术》的主要内容之一。

在我珍藏的《齐民要术》一书中，关于酿酒的内容厚达60页左右，其中第七卷第六十四章至第六十七章，共计1万余字，详细介绍了8种制曲方法和40多种酿酒方法。

墨香飘溢，有一种神秘感和神圣感充斥在字里行间。古人的制曲和酿酒实在是过于烦琐和故作玄虚。曲被称作“神曲”，除了对麦子、黍、米有要求，还要用洁净的小孩团曲，要给“曲王”送酒肉，不能让鸡狗看见神曲，另外制曲人每次都要读三遍《祝曲文》：

> 东方青帝土公、青帝威神，南方赤帝土公、赤帝威神，西方白帝土公、白帝威神，北方黑帝土公、黑帝威神，中央黄帝土公、黄帝威神，某年、某月、某日、辰，朝日，敬启五方五土之神：
>
> 主人某甲，谨以七月上辰，造作麦曲数千百饼；阡陌纵横，以辨疆界，须建立五王，各布封境。酒脯之荐，以相祈请，愿垂神力，勤鉴所领：使虫类绝踪，穴虫潜影。衣色锦布，或蔚或炳。杀热火焚，以烈以猛；芳越薰椒，味超和鼎。饮利君子，既醉既逞；惠彼小人，亦恭亦静。敬告再三，格言斯整。神之听之，福应自冥。人愿无违，希从毕永。急急如律令。

每读一遍，还要叩拜两次。我在景芝“酒之城”一块古朴的竹简上，读到完整的《祝曲文》，知道了制曲是一件多么严肃认真的事情。

酒之城小儿踩曲图

根据《齐民要术》的介绍，当时块曲的制造已经使用专门的曲模，并加入桑叶、苍耳、艾叶等药材。而此书中的造酒法则多达43种，虽然工艺大体相同，属米酒酿造，但在曲种选择、原料比例、入酿时间方面各不相同。贾思勰首先提出时令与季节的重要性：“河南地暖，二月作，河北地寒，三月作。大率用清明节前后耳。”对于酿酒用水的质量，贾思勰也有基于作坊经验与地理考察所得出的结论：“初冻后，尽年暮，水脉既定，收水则用。”从现代角度看，十月冬水，水温偏低，水中浮游生物与有机杂质数量低，水质清澈，降低了酒体酸败的可能性。在强调了水质对酒体的重要性后，贾思勰继而指出，开春气温转暖后，是酿酒的最好时机：“皆须煮水为五沸汤，待冷浸曲，不然则动。”首次提出了连续将水烧沸五次，杜绝微生物的原始间歇性灭菌法。在当时科学技术非常不发达的情况下，能掌握到十分准确的微生物生长时间，确实不易，以至于后人在评价贾思勰对酿酒技术的贡献时，称其是酿酒大师，是历史上记述造曲酿酒的第一人。

《齐民要术》记载了一种酎酒酿造方法：不是采用常见的浸曲法，原料也不是采用常见的蒸煮方式，而是先磨成粉末，再蒸熟。曲末与蒸米粉拌匀，入缸发酵，几乎近于固态发酵。酎酒酿法的又一特点是酿造时间长达七八个月，而且基本上是在密闭条件下进行发酵，即当米粉加曲末用少量的水调匀后，即装入瓮中，更加以密封，不使其漏气。由于基本上隔绝了外来氧气的介入，发酵始终处于厌氧状态，十分有利于酒精发酵。这种方法酿造的酒，颜色像麻油一样浓稠……

能够撰写出如此伟大的农书，除了贾思勰本人的素养外，还与当时的社会大环境有关。

贾思勰生活的时代主要是在北魏后期。北魏是一个以拓跋鲜卑为主体、经过长期发展而建立起来的少数民族政权。统一的北魏政权建立后，鲜卑贵族逐渐转化为地主，畜牧业退居成次于农耕的行业。为了恢复和发展被战争破坏了的农业，当时，除采取均田制等政策措施外，总结农业历史的经验，辅以农业技术的推广是非常必要而有效的。从游牧民族到农耕民族的转变过程中，农学应该是应运而生的一门“科学”。

另外，从史前一直延绵不绝的酿酒和喝酒基因，在当时的齐地仍然产生着作用。到北魏孝文帝变法后，社会稳定，百姓安居乐业，齐地受传统风气的影响，酿酒业及饮酒风气盛行不衰。贾思勰出生和任职的高阳郡，水系密布，水质良好，是一个出美酒的好地方。

也许就是因为贾思勰留下的基因，寿光人骨子和血液里对农业就有一种爱好，所以才成了远近闻名的中国“大菜园”。寿光还出产过一种“齐民思”白酒，据说就是沿用《齐民要术》中神曲酿酒的方法，从原料选择、大曲制作、窖地发酵、蒸馏、陈储等，都采用传统工艺，融现代科学除杂等高端技术于一体，产品曾经风靡酒桌。

动荡的岁月，山东的人口结构开始发生改变。种族之间的融合，使本来就高大的山东人更加魁梧，有了“山东大汉”之称，喝酒自然就更加海量了。

从东汉末年一直到唐朝初年，中国经历了长时间的分裂，是社会最为动荡不安的时期。从公元220年曹丕称帝，到公元581年隋代北周，整个魏晋南北朝时期，除西晋有过短暂的全国统一外，基本处于连年战乱局面。山东先后处于魏、西晋、后赵、前秦、南燕等10多个政权的统治之下，战乱迭起，所受到的危害最大，并从这一时期开始走下坡路。

公元8年，王莽夺取西汉政权，改国号“新”。吕母在山东日照一带起义，公元18年，琅琊人樊崇在莒县成立赤眉军，转战各地，纪律严明，作战勇敢，很快发展到十几万人，王莽派十万大军前去镇压，官军到处烧杀抢掠，残害百姓。

东汉末年，黄巾起义规模很大，有十几万人。在黄巾起义的打击下，东汉政权名存实亡，军阀割据，山东成为各军事力量激烈争夺的主要地区之一。当时，在山东一带角逐的主要有占据兖州的曹操，占据徐州的陶谦和吕布，占据河北冀州、势力达到青州一带的袁绍。在激烈的竞争中，曹操以兖州为依托，迅速崛起，消灭了袁绍之子袁谭，夺取青州，继而控制了整个山东。公元192年，曹操在济北（今长清南）诱降了30多万黄巾军，将其精锐改为“青州兵”，成为他以后南征北战的主力部队。公元200年，曹操与袁绍进行官渡之战并取得胜利，奠定了统一北方的基础。

战争把平静的生活彻底打碎了，人们对自己的命运难以把握，心里充满了迷惘，精神陷入眩晕状态。孔老夫子的“仁”与“礼”似乎已经难以满足人们的思想现状。自从汉代董仲舒提出“独尊儒术”并被汉武帝吸收之后，融合齐文化和鲁文化精华的齐鲁文化，从区域文化成为中国文化的核心和主干，儒家思想成为中国文化的统治思想，对塑造中国人的文化心理结构起了重大作用。

汉族人以儒家思想为宗教，只要世俗的生活能过得去，就会非常满足，安于现状，不会造反，但是，残酷的现实使他们的精神被压缩到很小的空间，他们需要新的精神寄托。佛教恰好在东汉末年传入中国。不需要向别处寻找，一切众生都有佛性，通过修炼自己就可以成佛。也同样在东汉末年，道教产生，山东是其诞生地之一。道教的思想体系中包含了儒家所缺乏的因素，它普遍而又巧妙地关注到人的敬惧、神秘和惊异等感觉，关注了人的情感、情绪和情趣，这些因素在现实生活中是至关重要的，又是儒家所缺乏的。

除了寻找新的精神空间之外，中原地区包括山东的人们还纷纷南逃，躲避战乱。

从秦汉之后一直到宋元，中国历史上最少有3次重大的人口迁徙，分别发生在公元3—6世纪的“匈奴—鲜卑时期”，公元936—1125年的“契丹—女真时期”，以及公元1279—1367年的“蒙古人时期”。这3次重大的人口迁徙，时间之长，人口之多，影响之深远，都对中国的人种构成产生了重大影响。在南逃的人群中，山东人占了相当比例，山东文化的发展形成一个低谷，这样恰恰有利于外来文化的进入。

第一次大的人口迁移发生在魏晋南北朝时期。西晋晋惠帝时，匈奴人攻破洛阳，杀士兵百姓3万余人，史称“永嘉之乱”。大量中原人为避战乱迁往长江中下游，形成“衣冠南渡”。十六国与北朝时期，山东先后置于9个北方游牧民族建立的政权统治之下，战乱不断，几无宁日。大量金发碧眼的白种胡人进入山东。据说，大约80%的北方人移居南方，剩下20%的北方人与大批涌入的胡人杂居。

少数民族南下山东，而山东人也在向南迁移。西晋末年动乱之后，山东的一些世家大族实力逐渐壮大，琅琊王氏、泰山羊氏、清河崔氏、清河房氏等闻名全国，形成庞大的社会群体。琅琊王氏在南迁后成为江南实力最强的名门望族之一，并培养出王羲之和王献之这样的书法大家。中国酿酒业也随人口南迁，由于南方相对稳定，物产丰富，承平日久，逐渐成为中国经济新中心和酿酒新基地。

北人南侵，中原人南移，加上汉代以来中原多次与匈奴、鲜卑等族通婚，促进了外族血统的扎根，从而增高了山东居民的身材，由此产生了“山东大汉”的称号。这里的“大汉”，除人高马大的形态学特征外，还指骁勇善战和所向披靡，是故“大汉”又为“豪杰”。历史学家陈寅恪在《论隋末唐初所谓“山东豪杰”》一文中指出：北魏时期，“连川敕勒谋叛，徙配青、徐、齐、兖四州为营户”，这“四州”充当“营户”的地方恰是今天的山东一带。又说，“北魏祖宗本以冀、定、瀛、相、济、青、齐、徐、兖等州安置北边降人，使充营户”，这一带除了现在的山东外，更有河北、河南等地。“总之，冀、定、瀛、相、济、青、齐、徐、兖诸州皆隋末唐初间山东豪杰之出产地，其地实为北魏屯兵营户之所在。由此推测，此集团之骁勇善战，中多胡人姓氏（翟让之‘翟’亦是丁零姓），胡种形貌（如徐世绩之类）……”

这样的山东大汉，不仅酒量惊人，酒风也应该十分豪放粗犷。因为处于战乱年代，社会财富积累较少，人们不过分强调酒器的奢华，只追求喝酒过程的快乐。至于王羲之在大醉之后写下《兰亭序》，则是一个不可复制的案例了。

在景芝：中国白酒起源于何时？

在景芝酒厂招待所，我们吃到了几种极有当地特色的农家菜肴，芝畔村的猪头肉，香菜和芹菜炒肉丝，凉拌茼蒿。边吃边聊，几杯景芝美酒喝下，话题就渐渐多起来。景芝酒厂的一位李总告诉我说：这个地方是风水宝地，北宋景佑年间，当地发现了大量灵芝生长，被视为吉祥之兆，故取地名“景芝”。前几年酒厂一个老职工在野外发现了一朵很大的灵芝，像九朵祥云。我们吃的猪头肉来自芝畔村，这个村盛产灵芝，有灵气，还出了一个跟着孙中山闹革命的名人刘大同……

感觉一股股暖流从心底升腾，酒也越来越甜。我的意识似乎有些模糊起来，好像自己化成了液体的酒浆，与整个房间的人融为一体了。

我到景芝，是为了寻找白酒之源的。在相当长的一段时间内，我都以为白酒自古就有，即使夏商周时期夏桀和商纣王喝的也是白酒，否则怎么会酒气熏天？后来才知道，宋代和辽金之前，由于技术的限制，人们只能用酿造术制造出黄酒等米酒，几千年来，祖先们喝的都是米酒和果酒等。确凿的考古发现证实，宋辽时期真正意义的白酒才诞生出来，它是用蒸馏技术制造而成。

很小的时候，我就知道景芝，这里以盛产景芝白干闻名。景芝小镇的地貌和北方一般乡镇没有很大区别，大平原上，有一个个村落，一排排农舍，田野里四季交替生长着小麦、玉米和高粱，土得像个山东庄稼汉，其貌不扬。可是为什么这里会出产风靡山东乃至全国的景芝白酒？

景芝酒厂董事长刘全平说，景芝镇是整个山东半岛上凹进去的一块，西边是丘陵，东边是山区，中间是肥沃的沼泽平原，渤海与黄海的季风交叉吹过，使这里的气候湿润，距景芝北约5公里的地方就是山东最大的淡水湖——峡山水库。弥漫在景芝镇上的大陆性半湿润空气，有益于多种酿酒微生物的生长，成为丰富白酒香气成分、提高酒质的天然保障。常言说：名酒产地，必有佳泉。景芝处于潍河、浯河、渠河三河并流地带，富含有益的微生物菌群，特别适于酿酒。这种优越的地理环境赋予景芝酒特有的品质……

刘全平的一席话，道出了景芝出美酒的奥秘。原来白酒和米酒一样，对水源、粮食和空气等有着严格的要求，只是科技和工艺水平更高。

首先是水要好。水是生命之源，古代人逐水而居，所有出好酒的地方必有好水，景芝也一样。一位在外闯荡的安丘人这样说："我的故乡是昌潍平原上一个平常而僻静的村庄。村南有条浯水河，村北有条鸿沟河。在远离故乡的游子心中，那是一幅美妙的双龙戏珠图。河中有汩汩清流，水边有茂密的青草绿蔓。夏日，我常约小伙伴们到河里去捞鱼摸虾。有时会从泥穴石缝中掏出青绿青绿的大螃蟹……听大人们说，顺河下行20里，有座集镇叫景芝，镇里有72家烧锅，那可是个热闹好玩的大地方啊。”

景芝镇东边有一条潍水，西临浯河。潍水清澈透明，盛产金鳞鲤鱼和青壳甲鱼，糖醋鲤鱼和黄焖甲鱼，是当地的名菜。西面的浯水，是一条轻轻流淌的小河，河底细沙如毯，水质清冽甘甜，水草随微风起伏摇曳，河畔的草地和树林里出产灵芝。“三产灵芝真宝地，一条浯水是酒泉”，这副对联就是景芝大环境的生动写照。

最好的造酒用水，是酒厂里大松树底下的一口“松下古井”。古时候，一酒贩到景芝推酒，行至镇西甘泉岭，体力不支。这时有位老者过来说：“你让我喝酒，我帮你拉车，如何？”酒贩欣然应允。不料，老者搬起酒篓一饮而尽，而后倒头便睡。酒贩正叫苦不迭，忽见老者嘴里吐出一红豆，飞向空中。老者开口道：“跟着它去找酒吧。”酒贩随之东去，涉浯河，过集市，来到一棵大松树下。红豆盘旋片刻，转眼不见了。酒贩顿时觉得酒香扑鼻，循着香味来到一口井边，探头一看，井壁长满灵芝，井里美酒荡漾。原来那老者正是主管凡间酿酒的“酒仙”。从此，“松下古井”名扬天下。据说，这口井清凉甘芳，用这口井的水来酿酒，不仅味醇，而且产量也高。更为奇特的是，大旱之年，所有的井水枯竭，而这口井的水却取之不竭，越汲越旺。

这些带有神秘色彩的传说，也被科研成果所证实。地矿部门所得地质资料显示，景芝地处沂沭断裂带上，具备生成优质矿泉水的自然条件。经分析化验，景芝地下水含有锶、锌、碘等10多种微量元素，尤其锶和偏硅酸含量达到国家标准，被定名为“山东景芝饮用天然矿泉水”。据说同样的烧酒班子，离开景芝到别处烧酒，质量和数量就大为逊色，故有“景芝水里含三分酒”的传说。

酒烧出来后，原酒有七八十度以上，必须掺入适当的水进行“勾兑”，使之降到六十度以下，才能饮用。勾兑用水也必须用景芝当地的水，如用别处的水酒就会变味，这也是“水含三分酒”的另一含义。

当地有这样一首民谣：

> 出的门来往正北，见一老汉砸乌龟。我问砸它为什么？为他卖酒掺凉水。

酒不兑水不能喝，但兑水多了酒味薄，缺少醇香味，不能解酒瘾。这首民谣骂的就是兑水过多、欺人贪利的奸商。

其次要有优质的红高粱。在刚刚研制出蒸馏酒的时候，人们也不知道用什么原料酿酒最合适。经过长时间的比较，高粱脱颖而出。一是它耐旱，喜欢阳光，生命力顽强，虽然口感不佳，不宜食用，但是酿酒的利润大于普通农作物；二是高粱中除含大量淀粉、适量蛋白质及矿物质外，还含有一定量的单宁。适量的单宁对发酵过程中的有害微生物有一定抑制作用，能提高出酒率。单宁产生的丁香酸和丁香醛等香味物质，又能增加白酒的芳香风味，所以中国名酒多是以高粱做主料或做辅料配制而成。在古代，高粱烧酒受到交口称赞。清代中后期成书的《浪迹丛谈　续谈　三谈》说：“今各地皆有烧酒，而以高粱所酿为最正。北方之沛酒、潞酒、汾酒皆高粱所为。”清代中后期至民国时期，高粱酒几乎成了烧酒的专用名称。

在我国传统的“五谷”中，没有高粱的身影。那么，高粱来自何方？

高粱原产于非洲，在我国也有野生高粱被发现，但是正统的农业史观点认为，高粱是在公元前10世纪的西周时代，通过埃及、印度这一途径传入我国的。之后经过栽培驯化，形成独特的中国高粱群。中国高粱又名蜀黍、秫秫、芦粟、茭子等，植物学形态与农艺性状均明显区别于非洲高粱。中国高粱与非洲高粱杂交，易产生较强的杂种优势，它地下根系发达，耐旱，耐涝，耐盐碱。有关出土文物及农书史藉证明，高粱最少也有五千年历史了，如《本草纲目》记载："蜀黍北地种之，以备粮缺，余及牛马，盖栽培已有四千九百年。"

景芝镇东边的潍河两岸，是一片洼地，当地人称其为"东洼"，非常适合高粱生长。到了雨季，河水泛滥，大片洼地里积水长期不能退去，在这样的环境下，只有高大、粗壮而且耐涝的高粱能够成活。即使长期被水浸泡也不影响其生长，"漂着盆子收高粱"是北方农村的一大景观。夏秋两季，河两岸一望无际，尽是密密匝匝的高粱地，像一片红色的海洋，蔚为壮观。景芝东乡一带的农民，与高粱结下不解之缘。高粱秸在当地又称秫秸，是农家一宝。在当地民谣中，也有不少与高粱有关的内容。有一个谜语这样说："一棵树，高不高，上面挂着杀人刀；一棵树，长不长，漂了一洼秫粟头。"形容高粱宽大张扬的叶子和成熟之后的果实。还有一首歌谣《十八诌》："说我诌、道我诌，八月十五立了秋。大年五更发大水，漂了满洼秫粟头。拾起个小的打担二，拾起个大的打八斗。"这些民间歌谣形象地反映出高粱种植业的发达。据说电影《红高粱》里的一些镜头，就是在靠近河边的一片青纱帐里拍摄的。方圆几十里盛产高粱，成为促进景芝酿酒业发展的物质基础。

景芝地处诸城、高密和安丘三县交界之地，新中国成立前属于高密和安丘两县管辖。所以，籍贯高密的诺贝尔文学奖获得者莫言写的《红高粱》，充满了红高粱的影子，以及像红高粱酒一般淳朴、炽烈、狂野、燃烧的中华民族精神品质。这是不是受到景芝美酒的浸润与滋养？

《红高粱》讲了这么一个故事：在出嫁的路上，新娘被赶跑劫匪的轿夫余占鳌所吸引。三天后新娘回门，与余占鳌在红高粱地里激情相爱。丈夫被人杀死，新娘勇敢地主持了酿酒厂。九月初九，酒作坊烧锅生火的日子，红红的高粱酒从酒槽中流出来，新娘感到无比新鲜和

景芝酒厂的松下古井

传说中被美酒醉倒的酒贩

喜悦。一首《酒神曲》唱得人们热血沸腾："九月九酿新酒，好酒出在咱的手。好酒！喝了咱的酒，上下通气不咳嗽；喝了咱的酒，滋阴壮阳嘴不臭；喝了咱的酒，一人敢走青杀口；喝了咱的酒，见了皇帝不磕头……"

在这里，红高粱或许只是一种象征，日本侵略者杀死我们那么多同胞，也许高粱就是被他们的鲜血染红，但更多的高粱还在原野里挺拔着，带着烈酒的原始野性和质朴强悍，面对苍天，旺盛生长，自由奔放。

激动之下，我在景芝酒厂招待所喝了3杯酒，严重的后果是：起初感觉全身软得像面条，只剩下一个大脑袋和一张嘴，嘴里滔滔不绝，而之后大约6小时记忆消失了，不知道怎么就回到济南。高速公路恍若一条飘带，上面留下一片片时间的黑洞。第二天，我的嘴角就起了一小串水泡。

恨自己酒量太小，羡慕古人的海量。

有人这样说：古代人能喝，因为喝的是米酒和黄酒。宋代科学家沈括认为，汉代的酒"粗有酒气"，意思是刚刚有点酒味，喝得再多也不会醉。用粮食发酵的办法酿酒，到10度左右时，酵母菌的繁殖受到抑制，度数就上不去了。在汉唐，没有通过蒸馏方法得到的白酒，只有低度数的压榨酒，这也就解释了为什么古人的酒量，看上去比今人大得多。2003年，在西安北郊一座汉墓中，发掘出一大罐52斤西汉美酒，分析结果让人失望：酒精含量只有0.1%，就和白开水差不多了。更何况，古代的度量衡比今天的小，而且每个时代的标准不统一，喝酒用的斗、石，更和今天的不可同日而语。

到宋代以后，人们的酒量似乎突然变小。除了宋朝"重文轻武"之外，还有一个技术上的原因，这就是宋代有了蒸馏法和蒸馏器，酒从米酒变成白酒，度数从几度十几度变成四五十度以上，人们自然不能像喝水一样去喝酒了。

那么，白酒究竟是不是在宋代出现的?

有一种观点认为，蒸馏酒起源于汉代。要生产出高度白酒，必须使用蒸馏技术，利用酒液中不同物质具有不同挥发性的特点，把最易挥发的乙醇蒸馏出来，将酒液的酒精浓度提高。蒸馏器在东汉时已经出现，上海博物馆陈列着一个蒸馏器，为青铜所制，通高53.9厘米，分为甑体和釜体两部分。甑体有储料室和凝露室，还有一个导流管，可使冷凝液流出蒸馏器外，在釜体上部有一入口，大约是随时加料用的。经过青铜专家鉴定它是东汉早期或中期的制品。用这个蒸馏器做实验，蒸出了20.4—26.6度的蒸馏酒。安徽滁州黄泥乡也出土了一件青铜蒸馏器。虽然有了蒸馏器，但是蒸馏酒起源于东汉的观点没有被广泛接受，因为仅有蒸馏器很难说明问题，它还可以用于蒸馏水银及花露水等。另外，这一理论没有被考古成果和文字资料证实，我国至今未发现东汉的蒸馏酒以及造酒作坊。

唐代，文献里反复提到“烧酒”一词，比如白居易留下诗句“荔枝新熟鸡冠色，烧酒初开琥珀香”；陶雍也写道“自到成都烧酒熟，不思身更入长安”；李肇在唐《国史补》中罗列的一些名酒中有“剑南之烧春”。根据这些名词，有人认为白酒诞生在唐代。

毋庸置疑的是，唐代酿酒技艺有了长足进步，首先出现了以大米为原料、直接由曲母培养而成的红曲，糖化力和酒精发酵力更强了。在收酒之后，唐人还发明了加灰法，即在酿酒发酵过程中的最后一天，加入适量石灰降低酒醪的酸度，防止酒液变酸。发酵酒成熟后，还有“取酒”环节，滤去酒糟渣滓，过滤后的液体称为“生酒”，可以饮用，为了抑制其中的活性微生物继续酵变，唐人开始尝试低温加热处理的“烧酒”法。唐代《投荒杂录》记载了这种低温烧酒法：将生酒装满酒瓮，以泥土糊其盖，以小火慢慢加热，不时揭开盖子，适当散发热气，避免温度过高，破坏酒质。显然这还不是蒸馏法，唐代已有蒸馏的烧酒一说难以成立。

还有一种说法，蒸馏酒是在元代从国外传入的。有人说：烧酒原名“阿剌奇”，元朝出征西欧时，曾途经阿拉伯，将蒸馏法带回中国。李时珍在《本草纲目》中这样说：“烧酒非古法也，自元时始创，其法用浓酒和糟入甑，蒸令气上，用器承取滴露，凡酸败之酒皆可蒸烧。近时唯以糯米或黍或秫或大麦蒸熟，和曲酿瓮中十日，以甑蒸好，其清如水，味极浓烈，盖酒露也。”

元代其他文献中也有蒸馏酒的记载，在无名氏编撰的《居家必用事类全集》中，专门列有《南蛮烧酒法》一节，详细介绍了蒸馏器的安装与操作方法：将随意种类的原酒装入口径为八分的瓮类陶瓷器具甏，在上方斜放另一只空甏，两甏甏口相对，在上方空甏旁开一个小孔，安装一支竹管导流至第三个甏，再把三个甏的口沿用纸浆封好，放入一口充满纸灰的大缸，用木炭两三斤慢慢加热，将第一个甏中的原酒水分蒸发，其酒精成分通过这个自制蒸馏装置被第三个甏所吸纳，最终得到“色甚白，与清水无异”的浓烈好酒。

2002年6月，位于江西省南昌市进贤县的李渡镇，发掘出一所元代至明代酿酒作坊遗存，拥有一座圆形地缸发酵池，以及水井、晾堂、蒸馏设施、炉灶等遗迹，从而证明自元代起，烧酒酿造即进入普及发展阶段，改变了传统的单一发酵模式。

元代已经有了通过蒸馏得来的高度白酒，那么，白酒是不是就起源于元代?

2012年5月，新华社发布了一则消息，称“辽金酿酒遗存出土，我国白酒起源将改写”。消息说，吉林大学考古专家5月14日宣布，吉林省大安市一处古代遗址经发掘和研究，确认为辽金时期白酒酿造作坊遗址，这是全国已发现的最古老的白酒酿造作坊遗迹；首次出土了极其珍贵的成套烧酒器具，对复原古代酿酒工艺具有独特价值。

据大安酿酒总厂总经理孔令海介绍，2006年6月，这个厂在进行老厂房改造时，挖出了两件大铁锅，两件小铁锅，一件铁承接器，一件大瓷瓮，还有大约300件炉灶石块。吉林大学研究人员对这些遗物进行研究分析，并在老厂房里进行小范围的考古发掘，认为大安酒厂老厂区应为一处辽金时期酿酒作坊遗址……

大安发现的辽金时期酿酒遗存，其时代应接近中国白酒起源的最初时间，把我国白酒起源可信的历史推到辽金时期，比目前公认的元代提前了至少两百年。

在宋代，我国黄酒及米酒的制曲和酿酒技术都有很大突破。《北山酒经》成书于北宋末年，全面总结了黄酒的酿造技术。它共分为三卷，上卷为“经”，总结了历代酿酒的重要理论，中卷汇集了以前的制曲技术，并收录了十几种酒曲的配方及制法，下卷论述的是酿酒方法和技艺。

更大的突破在于白酒。北宋田锡的《曲本草》中有“蒸馏酒度数较高，饮少量便醉”的记载。关于宋代蒸馏器的史料目前至少有三条，分别代表了两种不同的器型。《丹房须知》描述的蒸馏器“抽汞器”，下部是加热用的炉，上面有一盛药物的密闭容器，在下部加热炉的作用下，上面密闭容器内的物质挥发成蒸汽。在这个容器上有一旁通管，可使内部的水银蒸汽流入旁边的冷凝罐中。南宋周去非在《岭外代答》中记载了一种广西人升炼“银朱”的用具，这种蒸馏器的基本结构与《丹房须知》记载的大致相同，所不同的则在于顶部安一管子。南宋张世南的《游宦纪闻》记载了一例蒸馏器，用于蒸馏花露，可以推测花露在器内就冷凝成液态了。

《宋史》记载，所谓“腊酿蒸胃，候夏而出”，也就是在寒冷的冬天下料，采用蒸馏工艺，从蒸熟糊化并且拌药发酵以后的酒槽里“烤”出酒来。冬随秋至，新鲜高粱被送到酒坊作为酿酒的原料，由于气温低，微生物繁殖缓慢，要使酒料谷物充分发酵，必须创造一个稍高于外界气温的恒温环境，需要使用酒窖较长时间地进行持续发酵才有可能。

景芝酒厂的一位工作人员说，就是从宋代开始，我国的蒸馏技术开始成型，此后虽然不断有材料、技术、工艺、品牌的改进，但是酿酒的大体方法没有改变。西方酿酒，采用的是液体发酵，就是把原料破碎后，搅成糊状液体，然后发酵、蒸馏出酒，流出来的是酒精。我国采用独特的固体发酵工艺，要先将原料破碎后，用适量的水拌匀，半湿半干地入池发酵。

至于我国的蒸馏器，则更具有鲜明的民族特征，其主要结构分为四大部分：釜体部分，用于加热，产生蒸汽；甑体部分，用于酒醅的装载；冷凝部分，在古代称为天锅，用来盛冷水，酒汽在盛水锅被冷凝；酒液收集部分，位于天锅的底部，根据天锅的形状不同，酒液的收集位置也有所不同。如果天锅是凹形，则酒液汇集器在天锅的正中部位下方；如果天锅是凸形，则酒液汇集器在甑体的环形边缘内侧。

泰池集团展示的青铜鲤鱼尊是一种酒器

新中国成立前，景芝酒厂采用这样的生产工艺：

将土池子和大缸内发酵到期的酒醅，用木锨装进甑桶，甑桶下面是盛水的大铁锅，锅下是加温的地炕炉火。甑桶上面放锡锅，因为铁锅在下被称作“底锅”，锡锅在上称“浮锅”。浮锅相当于现在的冷却器和甑盘，其外形好像是一个无盖的圆筒，桶底如半个皮球，球面外凸朝上，凹底朝下，凹面周边又有卷沿的沟槽，浮锅上装冷水，随着地炉生火，甑内酒醅升温，酒汽上升至锡锅球面，遇冷时，酒液沿锡锅球面下流至沟槽，顺着出酒口流入酒篓。原酒就这么产生了。

在景芝，酿酒的现场叫“烧锅”，一个烧锅有十多个工人，酒把头也得带头干活，并指挥工人各司其职，从酒醅出池、入池、凉糟，环环相扣，非常紧凑。

新酒出来后，工人们会趁热往店家送酒。两人抬着一个酒篓，重约200斤。顿时，一股股浓烈醇厚的酒香，就会弥漫在大街小巷，让人们直流口水。这种酒香的味道，成为一个小镇的永久记忆和标志。

我国蒸馏酒产生于辽宋时期已毫无疑问，那么，景芝白酒起源于何时呢？我个人认为，景芝白酒诞生于宋代。

按照传说，景芝因在北宋景佑年间发现了大量灵芝而得名，那么，它究竟是靠什么支撑而成为一个名镇的呢？答案应该是酿酒。

隋唐时期，山东人口约占全国的10%，经济发展水平一直位居全国前列，呈现出一派盛世景象。

隋朝在全国设立13个部州，山东分别属于青州、徐州、兖州和豫州。唐朝贞观初年，把全国分为10道，山东的黄河和济水以南属于河南道，以北属于河北道。北宋时期改道为路，全国分为24路，山东分属京东东路和京东西路。金大定八年（1168年）置山东东、西路统军司，治所在益都（今山东青州），统辖山东地区。至此，“山东”正式成为一个行政区的名称。

无论行政区域怎样变化，一个地方的繁华都要靠经济的支撑。隋唐时期，山东丝绸业发达，是国家纺织品的主要供应地，在全国贡赋中央政府的绢帛中，山东占30%以上，并成为陆上“丝绸之路”的源头，在海上丝绸之路中山东也占有非常重要的地位。宋辽时期，山东的另一个特色产业是陶瓷业，瓷器生产遍布各地，齐鲁成为“东方瓷都”，商品经济极为发达。

这一时期，山东酿酒业也得到极大发展。宋朝自始至终实行专利榷酒政策，鼓励多酿多销，“唯恐人不饮酒”，酒楼、饭店空前繁盛。史载，宋朝开国皇帝赵匡胤南征北战，多次途经山东高青，留下了“扳倒井”“衮龙桥”等古迹。赵匡胤对扳倒井水酿制的酒大加赞许，封扳倒井为“国井”。2012年4月，济南市在考古发掘中发现了一“济南酒使司”瓷片，从残片推断，原为一件白釉四系瓶，其腹部残片上，以黑釉写成的“济南酒使司”5个字基本完整，书法洒脱大方，它确切说明金代时期的济南设置有这样一个机构，专门管理酒的经营、酿造等……

景芝从一个默默无闻的地方，迅速崛起成一个繁华之地，依靠的就是在山东已很普及的酿酒产业。

北宋时期，在密州任知州的大文豪苏东坡，写下《水调歌头·丙辰中秋》，表达对亲人的浓烈思念，同时写出代表他豪放派风格的《江城子·密州出猎》，这两首词里都有酒的描述，间接说明苏东坡对酒的迷恋。那么，苏东坡当年喝的是什么酒呢？中国人民大学教授、苏轼研究学会专家朱靖华，经过多年的考察和潜心研究，发表了《苏东坡与景芝酒》一文，从历史、地理、人文、社会等多个角度9个方面作了论证，“认为苏东坡在密州上任所饮之酒，当是景芝烧酒”。

综合朱靖华和诸多专家的意见，苏东坡是喝着景芝美酒，留下千年文章。这从另一个角度证明，景芝在宋朝已经生产蒸馏白酒。

第一，苏东坡任职的密州城方圆数百里内，只有30公里外的景芝自古以来盛产美酒，又属于密州府管辖。诸城现在的酒厂还是新中国成立后景芝派技术人员去帮助修建的。当年运输条件有限，白酒的销售半径不大，附近地区要喝酒，大多是从景芝用酒篓挑运过去。可见在密州喝好酒，只能是景芝酒了。

第二，当时酒分黄酒和白酒两个主要品种，而且可能是以喝黄酒为主到喝白酒为主的过渡期。据《山东通志》记载：黄酒，黍米所酿，蓬莱、即墨为盛，烧酒以安丘景芝镇为最盛。东坡在密州诗中屡屡提到所喝之酒是“白醅”“白酒”，如《谢郡人田贺二生献花》云：“玉腕揎红袖，金樽泻白醅。”《玉盘盂》其二云：“但持白酒劝嘉客，直待琼舟覆玉彝。”而景芝烧酒就是白酒。

雕塑：景芝人家

第三，苏东坡在《超然台记》以“撷园蔬，取池鱼，酿秫酒”描述自己超然的心态与生活，秫酒就是用高粱酿造的白酒，而景芝烧酒正是用高粱酿制。

在景芝醉酒的经历让我想到另一个问题：白酒出现在宋朝还有特殊意义，就是为人们被压缩的精神世界打开一个释放空间。

从两汉之后，源于齐鲁大地的儒家思想成为正统；道教不断衰败，到金末元初才迎来第二个发展高峰；佛教尽管在魏晋南北朝和隋唐时期都得以长足发展，却也不得不适应中国的“水土”。唐宋之后，儒家凭借自己在中华民族的心理习惯、思维方式等方面根深蒂固的影响，以及王道政治与宗法制度方面的优势，把释道二教的有关思想内容纳入自己的学说体系和思维模式中，基本上吞并掉释道，建立起一个冶三教于一炉、以心性义理为纲骨的理学体系。“程朱理学”讲究“三纲五常”，强调封建伦理，“去人欲，存天理”，把儒家思想发挥到极致，束缚了人们的思想。甚至有人这样认为，我国从宋朝开始衰落，程朱理学是罪魁祸首。

白酒此时应运而生，它就是另一片生存空间，浓烈而炽热，激越而狂放，超越了程朱理学的束缚与说教，营造出浪漫主义的精神世界。

最能喝酒的山东人喝的是什么酒?

山东人到底能喝多少酒?

为什么没人寻找戒酒的药?

中篇　酒的性情

第四章

山东饮酒地图

白酒像个山东汉：水的外形，火的性格

不知道从什么时候起，山东人成了能喝酒的代名词。只要一听说你是山东人，别人不灌你酒，或者你不灌别人酒，似乎都有点不太正常。据我的亲身经历，我国东北西北西南边疆、北方河南河北山西等地的人，酒量都不比山东人小，甚至远远超过山东人。但是，大家还是以各种形式，把“喝酒冠军”的头衔戴在山东人头上。

有一年春节期间，某知名网站发起“全民记录每日酒生活”活动，28万余网民反馈的数据显示，山东人每日饮酒中所含纯酒精数量为83.1毫升，相当于3.8两45度白酒，或4瓶500毫升瓶装啤酒，排在全国第一。据一位网友分析，成年人的肝脏每小时只能分解15毫升酒精，每日喝下83.1毫升酒精完全分解需要5个半小时，可见山东人肝脏和肠胃的负担是多么沉重。山东是胃癌高发区，和山东人嗜酒不无关系。

网站的数据显示，在春节这个合家团聚的传统节日里，我国74%的网友将白酒视为第一选择，其次是喝啤酒的占21.5%，喝红酒的占8.8%。在销量最大的五种白酒中，山东的消费均进入前三名。

最能喝酒的山东人喝的是什么酒？显然是白酒。

这是一个根深蒂固的理念。20世纪六七十年代之前出生的山东人，只要说到酒这个词，脑海里自然浮现的就是白酒。我记得70年代末之前，农村只有白酒和果酒。在胶东农村，妇女和小孩是不能上席的，除了封建思想影响，还有一个原因是上席要喝酒，而酒实在是太少了，连男爷们也不够喝的。那时候，家里没有酒可存，如果需要了就去供销社里买一两瓶。一般节日农村家庭不喝酒，好像除夕夜大人可以喝一点，其余只有碰到红白喜事，才会象征性地上一点酒。酒杯很小，像一个大拇指，倒满了也就有几钱酒，所以酒鬼和醉汉不多。真正的酒鬼经常会光顾供销社，那里有一个很大的坛子，盛满散装白酒，有一种劣质地瓜干味道。一些单身汉和感情失意者，整天依偎在柜台边，几分钱的白酒可以喝一整天。偶尔喝多，就成了一场闹剧，为精神生活贫乏的乡亲们增添了茶余饭后的话题。

我已记不清什么时候喝了第一口白酒，大概是刚上小学的时候，过年走亲戚，被热情地劝着喝了两口白酒，辛辣的味道呛得我眼泪直流，之后就东倒西歪地在大街上睡着了，一副小醉汉的形象，并被乡人传诵。一直到1980年考上大学，我再也没有喝很多白酒的记忆。上高中时，一份5分钱的菜汤都舍不得喝，吃一根两分钱的冰棍也很奢侈，哪有钱喝酒？在济南上大学，日子充实而清苦，喝酒的场合也不多。一直到1993年，我在西藏工作近10年后回到山东工作，才真正掉进白酒的海洋。而且酒海无边，有一种怎么也爬不上岸的感觉。

改革开放40多年来，因为物质极大丰富，生活条件明显改善，中国人喝的酒比几千年来的总和还多。有人开玩笑说，每天全国喝掉的白酒两个西湖盛不下。据业内人士保守估计，山东人一年能喝掉价值200亿元的酒，消费量达400万千升，全国首屈一指。从西藏回山东休假，遇到两个小时候的哥们儿，一定要敬我三杯白酒。我说只能喝啤酒，他们说招待客人不喝白酒别人会笑话，啤酒还是酒吗？

这三杯白酒让我印象深刻。因为它给了我一个概念性的东西，这就是“白酒才是酒”。重要的场合，重要的客人，重要的节日，重要的时刻，必须拿出白酒来。第一次见面，一定要喝白酒。如果你酒量有限，那也得先喝3杯白酒再换成别的酒。如果你一定要喝啤酒或红酒，那要按照1∶3、1∶6或者1∶9的比例进行。在酒的家族中，白酒就是一位德高望重的长者，是族长、家长或者是嫡长子，其他酒类不过是他的儿孙罢了。所以他要端坐在任何场面的中心，让大家围绕着他转，颐指气使，霸气十足。

山东人喜欢喝白酒，究竟是为什么？第一，除了黄酒之外，白酒的历史最长，且文化含义最丰富。白酒成熟于封建社会的成熟期和鼎盛期，这一时期酿酒技艺达到巅峰，在中国的诸多酒种中普及程度最高，至今为止我国仍是世界上蒸馏酒产量最大的国家，从某种角度上可以说中国的酒文化是白酒文化。第二，白酒有极大的实用功能。中国人以仁为本，办事最讲究面子和关系，“酒是粮食精，此物最有情”，与其他酒精类饮品相比，白酒不但度数较高，口味也相对浓烈，适合消弭陌生人之间的生疏感，拉近人与人之间的距离。有人说，山东人凡事喜欢用酒来解决。再难的事，上了酒桌，只要喝爽了，基本都能搞得定。第三，白酒外形如水，性格似火，最符合山东人的性格。山东人身上兼具齐鲁两种文化品格，刚柔相济，既厚重包容，热情朴实，中庸守成，又开放务实，智慧灵动，创新进取。这一切都像白酒，山东人自然把白酒作为喝酒的第一选择了。

山东人是什么时候喜欢上白酒的?

这还得从根源上追溯。辽宋时期，白酒刚刚诞生，非常难得，享受白酒是少数人的特权。到了元代，白酒得以普及和发展，受蒙古游牧民族豪放之气的影响，汉人的酒风也从宋朝的文弱细致变得粗犷猛烈起来。明清时期，我国酿酒业得到大发展，制曲业发达，从传统麦曲中分化出一种大曲，专门用于蒸馏酒的发酵；酒类生产品种基本定型，出现了黄酒、白酒、果酒、露酒并存的格局；并且逐渐形成明显的地域流派与风格，即北酒与南酒，前者以京晋冀鲁豫为核心区，后者则囊括江浙、两广与四川等地。

尽管有了蒸馏技术，在相当长的一段时间内，北方仍以酿造黄酒为主导，清朝康熙后向白酒全面倾斜。原因可能是白酒度数高，有利于在酷寒的严冬暖身壮体，李时珍在《本草纲目》中记载：烧酒“北人四时饮之，南人止暑月饮之”。起初，北酒在酿造工艺上较之南酒有明显优势，灵动的南方人，大胆采用新技术和新工艺，生产出“茅台”和“五粮液”等名酒，后来居上。

作为北酒的代表性地区之一，山东酿酒业得到突飞猛进的发展，在一些区域表现得尤为突出。

第一类是有着悠久酿酒历史和传统的地区，像景芝、临朐、兰陵、阳谷和高青等。

景芝白酒起源于宋元时期，到元末，烧制白酒的小烧锅初具规模，至明朝酒的产量和质量更是名冠齐鲁，据《中国地名大词典》记载：远在明万历年间，景芝镇就“商业繁盛，产白酒颇著”。《安丘志》记载：明清景芝“年缴纳酒课税银一百锭四贯”。清朝乾隆八年（1743年）十一月六日，山东巡抚喀尔吉善奏报查禁烧酒踩曲情形，明确涉及景芝，这份奏章现存于中国第一历史档案馆。《山东通志》记载：“民国四年，酒，各地皆有，烧酒尤以安丘景芝为最盛，醇香如醴，名驰远近。已发展到72家烧锅，张家口外的酒商贩络绎于途。”“出酒十万篓，财帛连北斗”，这是当地的民谣，一篓若按200斤计算，十万篓当是一万吨。据《胶济铁路沿线经济调查汇编》记载，1933年，景芝镇“各业交易总值五十万元，而酒之交易占其多半数”。该书又载，当时“合计全县酒之产量400万市斤”，景芝一镇约占半数。那时的景芝，大街两边是一排排酒店，酒幌子上的红丝绸在风中翻飞，新酒陈酿飘溢着诱人的醇香，醉了来来往往的酒贩子们。景芝酒除畅销本省之外，还远销东北三省、蒙古及江南等地，大街上，车载、畜驮、肩挑者络绎不绝；来自蒙古的骆驼队里不时传来一阵阵清脆的驼铃声。

在高青，明清时期，一些酒坊使用扳倒井井水，用圆井形窖池酿酒，生产规模名列山东前茅。人们在酿酒时发现，接触窖泥的糟醅产酒格外香浓，就特意用竹篮子盛老窖泥放置糟子中间，也就是"井芯"，酒中芝麻香的成分大增，利用传统技艺生产芝麻香型白酒的方式开始出现。

在苍山，兰陵酒仍然受到赞美。李时珍在《本草纲目》中说："兰陵美酒，清香远达，色复金黄，饮之至醉，不头痛，不口干，不作泻。共水秤之重于他水，邻邑所造俱不然，皆水土之美也，常饮入药俱良。"

第二类是京杭大运河山东段沿岸地区，像德州、临清、聊城、阳谷、张秋、济宁、枣庄、滕州等地。

到宋代，中国经济中心逐渐转移到南方，北宋时期国都在今开封，元明清时大部分时间在北京。1282年，元定都北京后不久，决定把隋朝时拐弯到开封的大运河拉成一条直线，动工开挖自济宁到东平的济州河。1289年，又从济州河向北经寿张、聊城至临清开出一条人工河，长250里，与御河接通。这样，大运河南北全线基本贯通，在山东段的长度近千里。就是这一条大河，给鲁西南带来了机会。财富，像水一样滚滚而来。运河水在不经意的流淌中，在农耕文明发达的鲁西，播下商业文明的种子，也带来酿酒业的繁荣。

宋朝酿酒传人王炳彦

公元1289年，会通河开通后，阳谷的张秋成为鲁西商业中心之一。酒坊增至数十家，好酒随运河商船载往南北。此时，即有“南有苏杭北有临张（即临清和张秋镇）”之说。

明朝，由于政府开放酒禁政策，山东运河区域的制酒业迅速发展。到明后期，这一区域的民间酿酒、售酒已十分普遍。与此同时，山东人的嗜酒善饮也开始有了名气。据地方志记载，山东沿运河州县分布着被称作“烧锅”“酒房”的许多酿酒作坊。万历《兖州府志》称：“酒醪醯酱，中人以上皆自储蓄，不取诸市。”酿酒“以黍米麦曲，不用药，味近泉诸邑……芳烈清甘，足称上品”。为销售获利而生产的酒也遍布各州县，如东昌府武城县有“菊酒”；在平县丁家冈出产的“丁块酒”，用泉水酿造，甘洌清美，“号为天下第一”。酿酒需用酒曲，制曲贩卖可获厚利，所以沿运河产麦州县，制曲的作坊很多。临清在明代是著名的粮食运转中心和加工地，制酒售曲，蔚然成风。

明朝酿酒传人李黑龙

清代山东运河区域的酿酒更为普遍，康熙年间，每年麦收之后，富户客商在水陆城镇地方开店收麦，立春踩曲。每一春收麦多可数千石，少亦不下几百石。乾隆年间，山东巡抚喀尔吉善向皇帝所上的那份奏章说：“阿城、张秋、鲁桥、南阳、马头镇、景芝镇、周村、金岭镇、姚沟并界联江苏之夏镇，向多商贾在于高房邃室，踩曲烧锅，贩运渔利。”这些被巡抚视作酿酒制曲据点的镇子，大多集中在山东运河两岸的产麦区。清代中期山东运河区域的酿酒之风有增无减，烧制出许多名牌酒品。寿张县所产的“三白、桑洛不亚于南酿”；济宁州的酒坊能酿出40余种酒，其中的玉芙蓉、满庭芳、醉仙桃、菡萏香等，成为一方名酒，声名远播。山东人以其精良的酿造技术和优质名酒打开了京城的酒类市场。

第三类是省府济南及其周边区域，像潍坊、淄博等地。

济南是一座历史文化名城，城区基本定型是在明代，现在的济南人称之为“明府城”。它建于明朝洪武四年，即公元1371年。当时济南城进行了一次彻底的整修，由土城变成砖城。修建的济南城周长12里48丈，高3丈2尺，共有四门，分别为东门齐川门、西门泺源门、北门汇波门、南门舜田门，这是济南自古以来规模最大和最完善的一次城建活动，直到清末济南城的变化都不大。明清时期，济南一直是山东省的首府，统辖如此之多的美酒产地，山东人又素爱迎来送往，酒自然成为重要礼品，被进贡到省城。济南的饮食文化发达，巡抚各衙门、官宦人家、驿站会馆等都离不开厨子，各地厨艺也会聚于此，形成鲁菜三大分支之一的济南菜。美酒伴佳肴，济南人过着自得其乐的小农生活，其喝酒之风也带动了周边地区的酿酒业。章丘共有烧酒作坊110余家，每年产酒100余万斤……

美酒是给人喝的。什么样的人喜欢喝酒？侠义的，刚猛的，豪爽的，直率的，忠烈的，大气的，尚武的……这样的人最喜欢喝酒，而山东人这一群体恰恰具备如此性格特征。

山东人的“白酒性格”又从何而来呢？

山东在地理上处于南北方的过渡地带，有着多样化的地形，高山、长河、大海、丘陵、平原，错落起伏，这肯定对山东人的性格产生了重要影响。另外，山东一手牵着黄河，一手拉着太平洋，受黄土文化和海洋文化的双重影响，所以具有南北方人的双重性格，一方面儒雅精明，另一方面豪爽冲动。

除了地理因素，还有几方面的原因造就了酷爱烈性酒的山东人。

一是由于改朝换代，人口迁移，对山东人种变化产生了重大影响。

自从魏晋南北朝山东人出现第一次南迁高潮之后，到唐朝安史之乱及黄巢起义，北方人开始逃亡南方的第二个高峰期。这一时期被称为“五代十国”，存在了短短54年时间，北方出现5个朝代，而南方相继出现10个割据政权。这一时期的特点是政权屡有更迭。李白有一句诗这样描述当时的情景：“三川北虏乱如麻，四海南奔似永嘉。”第三次则是北宋灭亡之际，民族迁徙达到高潮，从而使山东一带南人北人的比例出现大幅逆转。全国的政治中心也由秦汉时期的关中，经过洛阳，一步步向东南转移。到元朝，蒙古人南下，他们生活在多寒多风的大漠，长于骑射，以肉食为主，酒是抵御严寒的必需品，在礼仪、祭祀、节日等场合也都要饮酒，喝酒的人多，造酒业也就更发达。他们把剽悍的酒风带到山东。

二是从东汉末年开始，在山东地区各种战争、动乱、移民频繁，灾难像熊熊燃烧的炉火，锤炼着一代又一代的山东人，使他们的刚性像闪闪发光的锋利宝剑，被藏在刀鞘中，一旦出鞘就寒光凛冽。山东可能是封建时代发生农民起义最多的地方。细细数来，东汉末年有赤眉军起义、青州黄巾起义。隋末有王薄领导的长白山起义，这个小山在山东邹平境内，还有窦建德、孟海公、杜伏威、刘黑闼等人领导的农民起义。唐末的黄巢大起义历时长，影响大，推翻了唐王朝的统治。北宋末年有宋江农民起义。明代有唐赛儿、徐鸿儒起义。清中叶以前有于七、王伦等人领导的起义。近代则有幅军起义和捻军的斗争，山东还是义和团运动的发源地……

元明更替，以及明朝的靖难之役，山东成为主要战场之一。那时候，山东的水灾、瘟疫、蝗灾接连不断，村庄城邑多成荒墟，甚至出现了“千里无鸡鸣”的悲惨境况。

从明到清，山东起码发生过两次大的移民过程，一次是从山西流向山东，“大槐树下是我家”，成为山东人对故乡的记忆；一次是从山东流向东北，形成“闯关东”大潮。

有人说，是战争造就了高大雄壮的山东大汉。无数的战争，残酷的杀戮，把弱小的人全部淘汰掉了，留下的都是剽悍善战之人。他们身上优越的资质，遗传给了下一代。战乱让儒家教化势力受到很大削弱，深藏在底层民众中的文化力量得到发展，在反抗封建统治的过程中，“山东大汉”初露锋芒，而好汉总是以“大碗喝酒”的形象出现在世人面前的。

三是自然环境的恶化和变迁。自古以来，位于黄河中下游的山东，气候温润，植被茂密，森林遍布，野兽出没其中。由于过度的农业开发，到唐宋时期，植被砍伐严重，黄河水土流失加剧。元明清时期，在山东西部，京杭大运河高大绵长的堤堰阻碍了这个地区的自然排水，造成运河以南数年不断被淹，滞留的积水自然蒸发后形成盐分积聚，造成土地盐碱化。而在干旱季节，清政府为保持闸河内的水位，不允许放水灌田，使这一带的土地日益盐碱化、板结化，严重损害了农业种植环境。

经济文化中心南移，北方蒙古人种融入，天灾人祸频仍，生存环境不断恶化，整个山东人的性格也越来越刚烈。山东东部齐地人本来就有这种性格基因，而西部孔孟之乡百姓的性情，也由敦厚温良变得劲悍刚武起来，动荡艰辛的日子或许更需要酒的刺激，嗜酒之风在齐鲁大地越刮越烈。

明清以来，山东人的豪饮之风开始闻名全国。运河两岸的人们嗜酒善饮更是其他地方难以匹敌的。在明清的笔记中，有很多鲁西人嗜酒的趣事，朱国桢在《涌幢小品》中记载了一个“东昌府夏津人粟祁”，他“饮量甚洪”，一连喝了十几斤白酒，竟然面不改色。清代人也称山东人“不好茶而好酒”“朋辈征遂，唯饮酒，酒多高粱”。喜欢喝酒，喝白酒，喝烈性的高粱酒，是山东人的群体特征。

迷离的五彩灯光，照射在聊城东昌湖上，宛若一个美丽的梦境。我们乘坐一艘游艇，飘荡在湖面之上，一帮朋友喝起了白酒。游艇上放着一个长长的条形餐桌，桌面中间摆着两个很大的火锅，热气腾腾。比火锅还热烈的是喝酒的气氛，大学同学刘加顺，聊城的朋友张本华、师恒军、刘兵等，还有一群日照的客人，互相敬酒，碰杯的声音乒乒乓乓，老乡情，同学情，同事情，边疆情，各类话题如运河之水滔滔奔流。想不到白酒能让感情变得如此黏稠、醇厚、悠长、甘甜……

酒逢知己千杯少啊！

水汽袅袅，醉眼蒙眬。这样的场面，在济南，在青岛，在烟台潍坊威海淄博聊城日照滨州枣庄莱芜，我曾经历过多少啊。

游艇荡出一圈圈波纹，如我激昂的思绪。在40多平方公里的聊城城区，水域面积达13平方公里，占1/3还多。聊城最大的水面是东昌湖，它是中国北方最大的城市内湖，面积足足是济南大明湖的7倍，看上去有烟波浩渺的感觉。东昌湖连着古运河，聊城把8公里的古运河改造成一条景观带。乘坐船上，感觉水汽扑面而来。放眼望去，只见夜色中两岸青石砌岸，白玉护栏，依依垂柳中，仿古建筑依稀可见。这滔滔河水，就像历史的血脉，一直流淌在我们民族的意识中，一刻也不曾停息，并掀起一层层波浪。

由于有着深厚的底蕴，到新中国成立初期，山东的酿酒业仍然比较发达，1949年至1985年期间，白酒产量一直居于我国酒类总产量之首。山东是“地瓜干酒时代”的代表性地区，首先在白酒酿造中使用麸曲，并从1955年确立了以麸曲和酒母为核心的《烟台酿酒操作法》，科学地总结出“麸曲酒母，合理配料，低温入池，定温蒸烧”的16字真经，成为当时降低粮耗、提高出酒率的法宝，成为我国白酒生产的主要操作方法之一，构建了新中国白酒行业的技术基石。新中国成立之初，粮食奇缺，“麸曲”的产生不仅提高了出酒率，并使薯类白酒生产成为可能。山东利用这一技术在全省范围内扩大瓜干酒的生产，节省了大量粮食。就是这样的地瓜干酒，陪着我的乡亲们度过了物质极度匮乏的岁月，给他们一丝慰藉和希望。但是因为薯类酒的口感和品质与粮食酒有较大差距，在坚持薯类酒生产近30年后，鲁酒不得不进行结构调整，从生产瓜干酒向纯粮酒转化。

对于酿酒业来说，1985年是一个不寻常的年份。这一年，由于啤酒的发展，白酒退居酒类产量第二位。但新建的白酒厂却以跳跃式的速度不断增加，据称当时山东的白酒厂就达到五六百家，酒厂成为地方财政收入的重要来源，所以才有“要当好山东的县长，先经营好酒厂”之说。这些酒厂以生产粮食酒为主，一是恢复并扩大老窖数量，强化自身发酵能力的提升，如景芝、兰陵、泰山、扳倒井等企业；二是依据产业分工原理，从四川省购买原酒，以自身高超的勾兑技术完成粮食酒的后期加工，比如曾经火爆一时的“秦池”等。鲁酒有着高超的勾兑技术，这种技术与优质纯粮原酒结合在一起，构建起鲁酒在白酒降度领域的话语权，并把低度鲁酒强力推向全国各地市场。

1997年，“秦池标王事件”爆发，即使是优秀的勾兑技术也被舆论和民众认为是“造假”，鲁酒企业深受重创。此后10年，鲁酒忍辱负重，卧薪尝胆，进入一个新的调整期。

2009年，鲁酒崛起之年。这一年，泰山和扳倒井两家企业带领鲁酒进入销售业绩的“十亿时代”；以景芝为代表的企业在芝麻香酿造技术方面取得重大突破，芝麻香型白酒的“国家标准”获得通过，芝麻香原产地、芝麻香地理标志产品落户山东，这是景芝等鲁酒企业努力了几十年的结果。所谓芝麻香，就是把类似焙炒芝麻的复合香气渗透在酒体之中，其博采了浓、清、酱三香之长，醇和细腻，酒体协调，芳香四溢，成为中国白酒第四大香型。

2011年，景芝“芝麻香”被国家批准为中国芝麻香白酒第一镇和中国芝麻香生态酿造产区。

目前山东的浓香型单粮和五粮酿造技术日臻成熟，低度浓香型白酒和“芝麻香”型白酒已发展成为鲁酒的优势酒种，产品风格基本稳定。山东曾加大“芝麻香”型白酒推介力度，力求使之成为覆盖全国市场的重量级知名品牌。

近年来，山东一直在谋求“鲁酒振兴”，从政府到社会都憋着一股劲儿。山东白酒产量在全国排名第七，形成了以景芝、泰山、古贝春、扳倒井、花冠、兰陵王、琅琊台等“九大集团”为首的地方龙头企业。他们一方面要巩固低度浓香和芝麻香产品的独特优势；另一方面也在积极进军酱香酒市场。除了云门春、古贝春、秦池和曾经的赖茅，与茅台有着天然联系；景芝、花冠等也已经生产酱香酒产品。鲁酒企业正瞄准中高端市场，集体发力。

和白酒生产呈相同趋势的是，山东的白酒消费也在从低端浓香转向高端酱香，兼容其他。我们曾做过一个民间分析，山东人喝掉中国1/10的白酒，其中70%来自省外产品。高端市场中，茅台供不应求，汾酒、五粮液、国窖1573等势头强劲，洋河、二锅头、古井贡等，也在山东有一席之地。大家都在研究山东人口味的变化，所谓“得山东者得天下”。

啤酒：让山东人找回“大碗喝酒”的感觉

我是海边长大的人，总觉得身体机能很适合边吃海鲜边喝啤酒。直到有一天，体检报告称尿酸过高、近乎风湿病之时，我才觉得关节隐隐作痛，这是长期吃海鲜喝啤酒的结果。

每个个体的人，都是群体和时代的缩影。在我身上，西方文明撞击着老祖宗留下的传统观念，而来自西方的啤酒又和东方躯体发生了小小矛盾！

记得小时候从一个伙伴嘴里，我第一次听说“啤酒”这个名词。他的姥爷从青岛退休之后，回村里养老，住在一个深宅大院里。院子的墙特别厚实高大，给人一种极其神秘的感觉。小伙伴说，姥爷一天喝一瓶青岛啤酒。当时，一瓶啤酒的价格大概是几毛钱或是一块钱，且要限量特供。每天喝一瓶啤酒，那得花多少冤枉钱啊。“啤酒”这个新名词激发起我们的好奇心，不过小伙伴偷偷喝过几次啤酒，说有一股“马尿味道”，实在不怎么好喝。

于是，在少年时期，我基本把啤酒淡忘了。直到20世纪80年代，到济南上大学之后，才开始在同学聚会时偶尔用保温瓶去打散装啤酒，一大杯啤酒下肚，我就会迷迷糊糊，看来自己的酒量有限。那时候啤酒已经开始进入山东农村市场，人们怀着尝试的心情，开始接触这一“洋玩意”。放暑假回家，听说村里几个小伙子喝了一“炮弹”啤酒，大约20斤，躺在大街上洋相百出。大学毕业之前，同学们想到要各奔东西，不知道何年何月才能相见，百感交集，在最后一次大规模聚餐时，用脸盆端来一盆盆啤酒，一醉方休，喝得那叫一个酣畅淋漓。

大学毕业之后，我来到西藏拉萨工作，没想到那里喝啤酒的高手比比皆是。去采访一个获得亚运会标枪冠军的藏族运动员，在一座漂亮的藏式碉房里，他用高脚杯倒上一杯啤酒，我才发现金黄色的啤酒那么赏心悦目，如透明的琥珀，喝下去醇香爽口。也才知道原来不用吃什么菜，可以直接像喝饮料那样喝酒。高原生活近十年，看惯了那种边喝边唱的场景，也从一个清纯的大学生变成成年人，酒量似乎也在变大。记得一次朋友在家中聚会，从楼下的小卖部背上来一兜又一兜啤酒，整个地面都被酒打湿了，醉汉们站起来就会被滑倒。啤酒的气味，半个月都没散去。

1993年，我回到济南工作，对啤酒产生了更加深厚的钟爱之情。跑遍山东大地，几乎都是“啤酒之旅”。从季节上说，我最愿意在夏天喝啤酒，到济南的第一年，自己买了几箱“趵突泉”，每天晚上下班回家喝上一瓶，种种不如意就会忘得一干二净。结果，很快从一个瘦得不行的人变成大胖子。从地点上来说，我更喜欢在有野趣的地方喝啤酒，很多大宾馆和酒店的美食忘掉了，却记着在济南临沂莱芜山区的飞瀑流泉边、在青岛威海烟台海风吹拂的大排档纵情豪饮的场景。

如美酒一样熏陶我的，还有博大精深的齐鲁文化。在山东的日子里，我对源自骨血的文化和形形色色的人物产生了浓厚兴趣，包括酒文化现象。我发现，在世界范围内，最早生产啤酒的地区有两个，一是中国大陆，一是“两河”流域。我国用谷芽酿造“醴”，这应当是一种原始的啤酒，巴比伦人用麦芽做啤酒，二者同时出现于新石器时代，但彼此之间是否有联系现在还无从考证。

到青岛参加啤酒节的柏林酿造技术学院院长弗兰克博士说：自从8000年到1万年前，人类不再游牧，开始饲养牲畜和种植谷物时，啤酒的酿造工艺就开始了，比葡萄酒酿造早了许多年。

在中国，一直到西汉之前，“醴”这种啤酒还存在并且很流行。甲骨文中分别有“酒”和“醴”两个字，分别叙述，互不相混，说明这是两种方式酿造的酒。造啤酒要用发芽的谷物，古代称“蘖”。首先是蘖的生产，卜辞中有蘖粟、蘖黍、蘖来（麦）等的记载，说明用于发芽的谷物种类比较丰富；其次是“作醴”，把谷芽浸泡在水中，使其进行糖化、酒化；再接着是过滤，卜辞中还有“新醴”和“旧醴”之分，新醴是刚刚酿成的，旧醴是经过贮藏的。周朝《书经·说命篇》中有“若作酒醴，尔唯曲蘖”的记载，从文字对应关系来看，可以理解为曲酿酒，蘖作醴。

西汉时期，蘖的生产还未停止，醴仍是酒精类饮料的一部分。《汉书》记载：有一个叫穆生的人，不善饮酒，参加酒宴，主人都为他准备“醴”，后来穆生受到冷落，就不再为其设醴了。贾思勰的《齐民要术》中，关于制蘖的方法相当成熟，整个过程分为三个阶段。第一阶段，渍麦阶段，每天换水一次；第二阶段，待麦芽根长出后，即进行发芽，为维持水分，每天还浇以一定量的水；第三阶段，是干燥阶段。抑止过分生长，尤其是不让麦芽缠结成块。这例小麦蘖的制造工艺，与啤酒酿造所用麦芽的制造完全相同。明代宋应星在《天工开物》中说：“古来曲造酒，蘖造醴，后世厌醴味薄，遂至失传，则并蘖法亦亡。”也就是说，原始的啤酒“醴”，由于度数较低、味道寡淡，被喜欢热烈和浓厚的先辈们渐渐遗弃了。

而在西方，啤酒经历了从原始到现代的过渡。原始的啤酒，有的是将发芽的大麦，加水贮于敞口容器中天然发酵而成；有的是先将大麦、小米等制成面包，粉碎后置于水中发酵而成；还有人将发酵后的酒液加入香料，煮热后再饮用。

公元786年，德国一个修道士尝试把啤酒花用于啤酒生产，使啤酒的质量得到改善。德国啤酒和修道士们的关系密不可分，在中世纪只有修道士受教育程度最高，他们很快学会啤酒酿造技术，并用文字记录下来。15世纪，酒花被正式确定为啤酒的香料。1850—1880年间，法国的巴斯德确立了微生物的生物学观点，并创造了著名的巴氏灭菌法。1878年，罗伦茨·恩茨格尔研制出一种过滤装置，这种装置可除掉啤酒中的混浊物质；1881年，丹麦人艾米尔·克里斯蒂安·汉森发现了大量的发酵菌种，不久后成功地培养了这些菌种。随后，冷冻机也开始应用于啤酒工业。这些新的技术使啤酒酿造转入工业化、规模化的新阶段，现代啤酒基本定型。

清代末期开始，国外的现代啤酒生产技术引入我国。新中国成立后，尤其是20世纪80年代以来，啤酒工业得到突飞猛进的发展。而啤酒，也得到越来越多山东人，尤其是青年人的青睐。

现在，由于身体的原因我几乎不再喝啤酒，但是，每当遇到脾气相投的好朋友、遇到心情极度兴奋的时候，我都想如古人般端起大碗，痛饮一场。

啤酒最符合我的性格。喝啤酒的过程就是袒露心胸、真心交流、与朋友心神融为一体的时候。

在中国，如果要选一个最有啤酒气质的城市，我会毫不犹豫地把票投给青岛。

有人说，在国外，青岛的名字比山东省名气还大，而青岛啤酒的名声比青岛还大；有人说，青岛是漂浮在两种泡沫上的城市，这两种泡沫一是指大海的浪花，一是指啤酒的泡沫；还有人说，外国人认识中国，一个是通过2500多年前的孔子，再就是青岛啤酒。

这些话语可能过于夸张，但却说明了一个事实，就是青岛是一座国际化程度较高的都市，啤酒文化很发达，青岛人对啤酒近乎狂热地热爱，甚至血液里都流淌着一种金黄色。

喝啤酒、吃蛤蜊几乎成了青岛饮食的代名词。青岛人无论男女老少，都喜欢喝啤酒。这里的啤酒新鲜，爽口，喝一杯下去，透心的凉。青岛有一大怪“啤酒装进塑料袋”。一个朋友说：夏季，烈日炎炎，下班以后，到路边小摊上打两扎青啤，用塑料袋提回家，猛喝一口，从里到外透着爽劲。这种塑料袋是经消毒特制而成，很卫生；而扎啤一块多钱一斤，普通百姓消费得起。青岛的大街上，随处可见啤酒周转桶，也叫“炮弹”。至于为什么叫“炮弹”，一位青岛市民说，因为青岛过去没有装啤酒的容器，找旧军营的炮弹洗刷一下，用于装啤酒，这一称呼沿用至今，今天的“炮弹”一桶能装40斤，多了不敢说，在青岛找几个能喝下一“炮弹”啤酒的人不是难事。

每年8月举行的啤酒节，就是青岛全体市民的“狂欢节”，那几周，上百万人涌向啤酒城，要喝掉五六百吨啤酒，那场面真叫壮观。有一次的啤酒节还评出了“啤酒女神”。当地的市长身穿花衫，用大木锤把一个啤酒桶上的木塞砸开，啤酒像阳光一样四溅，整个城市的狂欢就开始了。

啤酒已经成为青岛的城市符号。一个专家指出：“一个产品能够给予一座城市莫大荣誉和价值的，在中国实不多见。从第一届青岛国际啤酒节以来，青岛的社会价值和经济价值以及国际影响力与日俱增。青岛啤酒不仅为成就城市的光荣与梦想搭建了一个巨大平台，更重要的是从中折射了一种文化之力。”

每次去青岛，如果时间充裕，我还会跑到登州路，去青岛啤酒博物馆感受啤酒的历史与文化。

在这里，青岛啤酒一厂和啤酒博物馆连为一体。一走进啤酒博物馆大门，一股浓浓的酒香扑面而来，似乎在时刻提醒你，这是一个生产美酒的地方。除生产车间外，厂区里的一切都与啤酒有关。厂区左侧，有一只巨大的啤酒瓶雕塑，两三米高，周围有5个啤酒杯，也有半人高，这都是石头雕刻成的，正喷着象征啤酒的清水。向左一拐，就是啤酒博物馆第一展区，这座红色二层小楼的博物馆本身也是一段历史，它是在1903年德国人建厂时修造的，为青岛市目前保留不多的典型德式哥特建筑之一。路边，有一个青铜颜色的酒神雕像。

青岛啤酒博物馆展出面积为6000多平方米，共分为百年历史和文化、生产工艺、多功能区三个参观游览区域。

年轻的导游告诉我说，青岛作为地名出现最早是在明代，1891年6月14日青岛正式建置，清政府在此设防，称这里为胶澳。青岛的诞生史，就是一部列强入侵的殖民史。德国借“巨野教案”抢占胶澳，并强迫清政府签订《胶澳租界条约》。1903年，德国占领青岛，他们带来了这种叫“啤酒”的东西，同时使青岛成为中国第一个有规划的城市。英德商人在登州路开办了啤酒厂，起名为“日耳曼啤酒公司青岛股份公司”，1906年这个公司生产的青岛啤酒在慕尼黑博览会上获得金牌奖。1914年第一次世界大战爆发，日本人占领青岛后，将德国人的啤酒厂购买下来，更名为“大日本麦酒株式会社青岛工场”，并进行了较大规模的扩建。在青岛啤酒博物馆里，陈列着德国厂长使用过的煤油灯和煮咖啡用的煤油炉；还有日本厂长使用过的电话和打字机。展厅内还有4个很大的紫铜质地糖化锅，当年由德国人制作，从1903年一直沿用到1995年，外壳依旧闪闪发光。那时，这个酒厂每年生产啤酒仅有两千吨，相当于现在青岛啤酒一两天的产量。如此少的产量，

青岛啤酒博物馆里的老式广告

青岛啤酒博物馆的老广告《桃园三结义》

怎么会给老百姓喝呢？梁实秋在《饮酒》一文里记录了20世纪二三十年代的青岛，文人们“三日一小饮、五日一大宴”，但他们喝的都是花雕，偶尔可以喝到啤酒。他还在《忆青岛》一文中描述：“一份牛排，佐以生啤酒一大杯，依稀可以领略樊哙饮酒切肉之豪兴。”对啤酒之喜爱，溢于言表。老百姓能喝上啤酒是近几十年才有的事。改革开放后，青岛啤酒才开始实现跨越式发展……现在，青岛啤酒的产量已连续多年位居世界第一。

在这个博物馆里，我还看到两幅旧广告，右边是一个穿旗袍的美女，她坐在凳子上，身边的桌子上放着一瓶青岛啤酒，是那种老式瓶子，咖啡色，很笨重的感觉；左边是“桃园三结义”，刘关张三位兄弟也在喝啤酒，刘备居中，左边是关羽，右边是张飞，他们每人都拿着一个巨型酒杯，开怀畅饮。导游很会开玩笑：“这两个广告是说，英雄和美女都要喝青岛啤酒，反过来说，喝了青岛啤酒都会变成英雄和美女。”这一句玩笑话，让我窥见了青岛人的内心。

在糖化车间的门口，我见到一辆运输啤酒瓶的电轨车，上面有麻袋装着酒瓶子，日语称这样的车辆为“古鲁玛”，我们就翻译成“轱辘马”。进门有一台黑色的电机，导游说这是1896年西门子生产的，德国人准备出20万美元把它买回去，啤酒厂没有同意。为重现历史原貌，在老糖化车间的老发酵池设置了工人生产劳动雕塑，复制出老实验室场景和工人翻麦芽场景。

参观到中途，有一个小酒吧，可以让游客品尝新鲜的原浆啤酒，我常常在这里喝得微醺，眼神开始迷离，情绪开始激荡。导游会不失时机地推介青岛啤酒。她说：酵母是啤酒的灵魂，每一个酵母都是有生命和血统的，当年，创立青岛啤酒的奥古特先生从德国带来的所有原料中，最重要的就是一块酵母了。那时没有冰箱，酵母用甘油法保藏，这块酵母一直由德国专家严格把持。直到20世纪末，酵母的操作方法始终坚持师徒密授不外传。冰箱出现后，这块传世酵母一直保存在零下45摄氏度的超低温中，保管的钥匙由两人同时保存。奥古特带来的不仅仅是珍贵酵母，还有严格得近乎苛刻的酿制工艺。德国啤酒讲究传统，现存所有5000多种德国啤酒的酿造方式，全部是按照《德意志啤酒纯酿法》进行，要经过1800道关口的严格检测，绝对的“纯净化酿造”……

人们经常喝啤酒，但酿造啤酒的原料不少人都没见过。博物馆向游客展示了大麦、焦麦、啤酒花等原料。导游说，无论青岛啤酒在哪里设厂，啤酒的主原料大麦都是从加拿大、澳大利亚和法国等国家进口，品种纯度、酿酒性能及稳定性等方面全球最优，这就保持了啤酒口味的纯正。

最后，我们去参观现代化的流水线作业。偌大的车间没见到几个工人，厂里的人介绍说，流水线上，每一分钟可以生产出600瓶啤酒，或者是1200罐啤酒。刚刚入罐的啤酒像一条溪流在飞奔，速度极快，怪不得叫“流水线”啊。在第三展区多功能区域，我们前去购买各种精美的纪念品，并再次品尝青岛啤酒。

据说，啤酒代表一种激情，代表青岛的一种文化。有人说，青岛是一种海派文化，它在不俗也不雅的层面像啤酒一样晃荡着。啤酒是一种洋饮料，进入了青岛百姓家，这不能简单地称其为俗，但它始终不能像花雕和红酒一样，引起人们雅致与浪漫的联想，也不能称为雅。所以青岛的文化特征就是不俗不雅。

有一次参加网络媒体看青岛活动，我们吃过新鲜的海参，野生的大对虾，各种珍贵的鱼类，但是最难忘的还是大排档上喝啤酒吃蛤蜊。

那一晚，完成采访任务已是晚上10点，青岛网管办的朋友们非要请我们到大排档体验一下青岛风情。我们点了几道当地有名的小吃，辣炒蛤蜊、烤黄花鱼、海米拌黄瓜、白菜拌海蜇……还搬来几桶青岛生啤。那原汁原味的啤酒和蛤蜊，有一种非常爽直鲜美的感觉，在嘴里久久回味。我忽然有一种当神仙的感觉。中国饮食文化，吃的是一种精神，色香味俱全。你可以把啤酒、海鲜运到全世界任何一个地方，但是你不可能把这片海也运过去，这里的海风海浪，盛开的樱花，红楼绿树，八大关，讲一口青岛话的人，都是饮食文化的一部分……喝着吃着，你就觉得身心渐渐透明，心情随海浪荡漾起来。

其实，不仅仅是青岛，山东很多地区都生产啤酒，济南趵突泉、烟台啤酒、泰安克利策、淄博绿兰莎、临沂银麦、莱芜广寒宫，乃至我们老家的莱州和光州啤酒，都曾各领风骚三五年。现在，一些酒厂已被大集团兼并，但是也有啤酒厂家在局部范围内销售业绩极佳。目前，山东成为中国啤酒生产大省。2019年啤酒产量达到483.3万千升，约占全国总产量的1/8。青岛啤酒成为世界知名品牌。支撑着山东啤酒产量高速增长的，是越来越大的销售量。喝啤酒的习惯，早已从青岛和烟台等沿海城市，蔓延到山东全省。山东是全国最大的啤酒消费地区之一。而且在向中高端市场转型。2019年，青岛啤酒已占全国高端市场的1/4。

从山东世纪传奇啤酒股份有限公司的朋友周爱华那里，我得知“精酿啤酒”已成为山东人消费的新趋势和新时尚。她说：目前，中国中产阶级崛起，啤酒消费由喝饱转向喝好。精酿啤酒不同于传统的工业啤酒，在新鲜度和口感上更胜一筹，体现了小众、个性、自由和创造性文化，为啤酒消费升级奠定了精神基础。我第一次喝精酿啤酒，是应齐鲁工业大学朋友于明梓之邀，到他们的啤酒坊里喝的。酷热的盛夏，一杯精酿的啤酒下肚，胜似琼浆玉液。据说这里是中国精酿啤酒的发源地，1992年就诞生了第一条生产线，日产鲜啤500升。整个济南城为之轰动。2012年被誉为中国精酿啤酒元年。传统工业啤酒销量呈下降趋势。高端啤酒时代已然来临。济南、青岛等大城市里精酿啤酒屋如雨后春笋出现。我品尝过周爱华公司生产的“世纪传奇”精酿啤酒，口感新鲜，饱满，醇香，口味悠长，而且第二天神清气爽，异常轻松。周爱华说，她们的啤酒花和大麦都是进口的，把关极为严格；生产周期一般在二十六七天，所以酒质极好。

白酒代表了老派山东人，啤酒则反映了现代山东人的精神特质。

首先，啤酒与山东人粗犷豪放、热情好客的性格相吻合。喝白酒，一两斤就是大酒量；喝干红，价格一般人承受不起；唯有这啤酒，你可以放开肚皮，尽情狂喝，而且可以一边喝，一边消化掉。古人讲究“大碗喝酒大块吃肉”，享受的是喝酒过程，体现的是率真性情。

在青岛，百年啤酒文化养育出一批“铁杆酒迷”，他们性格豪爽，喝酒也豪爽。青岛人的“啤酒情结”从日常生活细节里可以体现出来。一小伙子，开了间啤酒屋，有一个老人，连续3天，从早晨开门，喝到晚上12点关门，期间只吃了一盒梭鱼罐头，鱼吃不完，就寄存在啤酒屋。一些中年男子，来了先喝上几扎，抹抹嘴巴，再拎上两袋，可能是怕老婆不让喝酒，乘出来买酒的机会，偷偷满足一把酒瘾。更有

这张漫画把青啤的质量文化表达得淋漓尽致

精明的人，计算得很精确，空罐头瓶子一样的粗杯子，盛酒最少要少10%，而细长的高脚杯盛酒最多，连一丝泡沫也不会浪费，所以他们选择用高脚杯喝啤酒。

每年举办饮酒大赛，各个项目获奖者以山东人和青岛人居多。很多外省的酒神酒仙酒鬼酒王们想来一试身手，均落败而归，于是发出“撼山易，撼青岛人难”之感叹。济南的夏天，人们喜欢在小摊上喝扎啤吃羊肉串，只见一个个山东大汉，赤裸上身，满头大汗，端起大啤酒杯，一杯杯倒进肚子里，让人觉得好像武松和李逵之辈又回到世间。

其次，喝啤酒体现了山东人的时尚和浪漫情怀。在山东，济南和青岛的城市之争一直存在。我曾说过，济南像一个成熟稳重的长者，而青岛是一个风情万种的大嫚儿，追求时尚是再自然不过的事。

有人给我描述过享用上等啤酒的过程，那是相当优雅、细致和考究的。倒入啤酒前，要把杯子浸泡在冷水中，让所有杂质荡然无存。啤酒的温度要保持在8摄氏度，温度太低会影响味道。开启前，先要把酒瓶静立几分钟，等酒液充分安静下来，确保酒液麦香的最大饱和度。倒入时先将酒杯倾斜至45度，倒入一半后把酒杯放正，再把另外一半啤酒倒入，这样可以减少碳酸，催生泡沫。泡沫的挂杯性，是啤酒好坏的重要标志，上等啤酒的泡沫像是依依不舍的恋情，留下美好和感动，回味绵延。

一位青岛哥们儿这样描绘喝啤酒的感受：喝啤酒就像在和情人幽会。啤酒一定要冰着喝，冰镇到十二三摄氏度，像白色的冰面上飘着一层雾；然后一定要有泡沫，用你性感的嘴唇，挑逗一下泡沫，就像亲吻情人的红唇；接着是大口喝下，紧闭双唇，让啤酒的幽香，徐徐从鼻孔中冒出来……人不知道是不是和啤酒合二为一了。这种描述对于大老爷们儿，似乎太矫情，但青岛人是认真的。

记得网上盛传一个帖子：济南是知识精英分子和齐鲁传统文化相结合构成“大雅大俗”的城市文化，而青岛由于缺乏深厚的文化浸润，形成一种“雅俗共赏”的城市文化。青岛既雅不过济南，也俗不过济南，整体的城市文化取向是中间派。形容济南城市文化的词语往往是：传统的、朴实的、深厚的、保守的、中庸的、谦逊的、官僚的；形容青岛城市文化的词语是：开放的、超前的、功利的、肤浅的、商业的、时尚的、殖民的。青岛作为新兴工业中心，民风豪爽、耿直，崇尚时髦。他们对内陆古老的城市往往不以为意，看不惯内地人缓慢的节奏，讲究虚礼和外表。青岛是敢于创新的，赶潮流的意识比较强烈，无论是穿着还是经营，青岛都是整个山东的榜样。特别是在企业经营方面，青岛人敢为天下先的精神发挥得淋漓尽致，因此也取得巨大成功。

一位自由撰稿人说：青岛人单纯、善良，骨子里是浪漫的，也是勇敢的，其实青岛人在精神家园里，都是有情怀的理想主义者，青岛人在生活和理想之间，切换自如，生活里踏实恬淡，理想上飞扬而纯粹，有啤酒特质。

这种特质不仅仅属于青岛，在山东各个地区的年轻人身上，都越来越明显。

再次，饮用人群仅次于白酒的啤酒，给稳重有余活泼不足的山东人带来激情与狂欢。这一点，也许参加过青岛啤酒节的人感受更深，那是一种怎样的放纵和愉悦啊！一整座城市被啤酒的醇香笼罩，狂欢的氛围把所有人融化，营造出青春狂野的气息。

我就有过这样的经历。有一年啤酒节，我们被邀参加。车队排得很长，从下午6点往啤酒城走，直到晚上8点还被堵在路上，最后走了20分钟，直扑啤酒城。就像一滴酒，汇入大酒缸。路上导游问我们一个问题，一扎啤酒，在小摊上不过三五块钱，啤酒城的门票20块钱，进去之后，一扎再普通的啤酒也得50块钱，贵的一两百块钱一扎，价钱上涨了不止十倍，为什么青岛人就是要到啤酒城喝酒？是为了那种感觉和气氛。

一种全民参与的狂欢，点燃了热血与激情。啤酒城里有无数个大棚，我们来到一个叫奥古特的大棚，备感震撼，成千上万人，坐在一个个密密麻麻的条桌边，桌上的菜很简单，有辣炒花蛤、花生毛豆，也有爆炒鱿鱼、烤羊肉串，但是啤酒却是形形色色的，黄色、红色、黑色、绿色。声音嘈杂，台上正在表演什么节目，震耳欲聋，人们全然不顾，只管把啤酒灌下去，一个小伙子喝多了，站在桌子上跳劲舞，一个美女到每一桌上去喝交杯酒，别人不喝她还翻脸……酒过三巡，我们也只有一个想法：喝！

最搞笑的是上厕所。男女厕所都排着长长的队伍，男厕所的每个便池后边，都是一条游动的“长龙”。有人在趴着呕吐，有人在高谈阔论，也有人在哈哈大笑。他们方便完了之后，照样摇摇晃晃回到酒桌上，继续喝下去。

我感觉好像身上捆绑着无数的绳索突然在这一刻被解开，并被抛到九霄云外，无影无踪。激情和豪情就那么迸溅出来。我端起大杯子，咕嘟咕嘟畅饮起来……

后来我迷上了啤酒节，曾经和朋友刘志先、杜凯宁等，数次去啤酒节豪饮。“激情”“时尚”成为青岛啤酒刻意打造的营销点。据说从百年大庆的时候，他们就提出“百岁归零”的口号，开启一场啤酒年轻化的革命。

为了让青岛啤酒这一“百年老字号”持续焕发时尚新活力，青啤牵手过北京奥运会和NBA，走进故宫“过大年”，走进上海“百乐门”，登上纽约时装周舞台，成为北京2022年冬奥会的赞助商，成为全球啤酒行业首家“灯塔工厂”，还在全国540多个城市举办啤酒节，构建起一个遍布全国的时尚生活生态圈，引领了一种“新国潮”。青岛啤酒已经成功“捕获”了年轻消费者的心。

在现代都市里，生活节奏快，生存压力大，人们在来往奔波中，逐渐成为“工作狂”“电子人”，内心深处的情愫无暇触及，本真的快乐也逐渐远去。在啤酒的泡沫中，在劲爆的音乐声中，大家撕开虚伪的面具，尽情宣泄自己的感情，展示一个真实的自我，这也许是啤酒的魅力所在吧。

葡萄酒：“高贵美女”遇上山东好汉

一层层汹涌的波浪，撞击在岸边，激起如烟的水雾，人像在仙境中穿行，而不远处的烟台张裕酒文化博物馆，仿佛是童话里的古堡，隐隐飘出一缕缕葡萄酒和橡木混合的香气。

它是不是被波浪从遥远的西方席卷而来的?

一边走进博物馆参观，我一边胡思乱想。烟台人自豪地把家乡比作仙境，第一，烟台的自然环境优越，海岸线长，冬无严寒，夏无酷暑，非常适合人类居住。这里是中国发生海市蜃楼等美妙自然奇观最多的地区，蓬莱和长岛等地的海市蜃楼闻名国内外。第二，烟台有丰富的仙道文化底蕴，而道家和道教追求的都是仙境。第三，在老百姓眼里，真正的仙境，应该物质生活富足，物产丰富。很多文学艺术作

张裕酒文化博物馆的解说员在解说历史

品里都描写过仙境，无非就是白云缭绕，金碧辉煌，琼浆玉液，硕果满枝。这些烟台都具备，这里生产的葡萄酒不就是“琼浆玉液”吗？

张裕酒文化博物馆是这个“仙境”里的一道醉人风景。

这个博物馆非常现代、精致、明亮，浓缩了葡萄酒从西方进入中国的历史。我站在一幅很大的浮雕前，听导游介绍张裕的历史。张裕几乎是中国葡萄酒的代名词。张裕葡萄酿酒公司由我国近代著名爱国华侨实业家、南洋巨商张弼士于1892年开办，由清朝直隶总督、北洋大臣李鸿章亲自签发执照。1912年，孙中山先生为张裕葡萄酿酒公司题赠“品重醴泉”。1915年，公司生产的白兰地、红葡萄、雷司令、琼瑶浆等葡萄酒分别荣获巴拿马万国太平洋博览会金质奖章和最优等奖。1987年，烟台被国际葡萄酒局授予“国际葡萄及葡萄酒城”称号。

浮雕上，身穿长袍马褂的张弼士神情凝重，但是目光坚定刚毅，仿佛要把千难万险踩在脚下。

创办烟台张裕葡萄酒公司的张弼士

文明的交流与碰撞，肯定会遭遇矛盾、摩擦与痛苦，为了成立张裕公司，张弼士确实遇到不少麻烦。他本是出身贫寒的广东人，年轻时去南洋干苦工，30年后已成为南洋首富。1871年，他在雅加达应邀出席一个酒会，听一位法国领事说中国烟台漫山遍野长着野生葡萄，用小型制酒机压榨出的葡萄酒口味相当不错。这一消息在张弼士心中激起波澜，烟台的葡萄好像在向他频频招手，抛出蛊惑的媚眼。

水果酒应该是人类最早发现和酿造的酒类。无论中外，早在七八千年前，就开始饮用葡萄酒。多数历史学家认为波斯（今伊朗）或是世界上最早酿造葡萄酒的国家，此外在埃及古墓中发现的大量浮雕和壁画，也清楚地反映了古埃及人种植葡萄和酿造葡萄酒的情景。葡萄酒文化从波斯、埃及，发展到希腊、意大利和法国等欧洲国家。葡萄酒在西方能够发展起来，是因为它承载了西方人的精神和信仰。欧洲人信奉基督教，教徒把面包和葡萄酒称为上帝的肉和血，把葡萄酒视为生命中不可缺少的饮料酒。至今，欧洲国家葡萄酒的产量仍占世界总产量的80%以上。

中国是葡萄属植物的起源中心之一，我国最早对葡萄的记载见于《诗经》，古人称之为“蒲陶”“蒲桃”“葡桃”等。关于葡萄两字的来历，李时珍在《本草纲目》中解释：“葡萄，《汉书》作蒲桃，可造酒，人饮之，则醄然而醉，故有是名。”在山东日照两城镇遗址的考古发现也证明，新石器时代先辈们已经懂得用稻米、蜂蜜和野葡萄之类的水果酿酒。近年也有专家认为，在3000多年前的商周时代我国已经有了葡萄酒。

我国现在仍在栽培的欧亚种葡萄，是西汉时期张骞出使西域，从中亚大宛国引入的，可见葡萄酒和姓张的人有着特殊渊源。据《史记》记载，张骞在西域看到“宛左右以蒲陶为酒，富人藏酒至万余石，久者数十岁不败。俗嗜酒，马嗜苜蓿。汉使取其实来，于是天子始种苜蓿，蒲陶肥饶地”。这一记载说明，我国在西汉已掌握了葡萄种植和葡萄酿酒技术。

但是由于技术、原料、战乱和文化差异等原因，葡萄酒在我国像一条红线，时隐时现，时断时续。到唐朝，大概酿造葡萄酒的技术失传，唐太宗又从西域引入葡萄，《南部新书》丙卷记载：“太宗破高昌，收马乳葡萄种于苑，并得酒法，仍自损益之，造酒成绿色，芳香酷烈，味兼醍醐，长安始识其味也。”于是，葡萄酒在内地有了较大影响力，并在唐代延续了较长时间。唐诗中，葡萄酒的名字屡屡出现。王翰在《凉州词》中有“葡萄美酒夜光杯，欲饮琵琶马上催”之句。刘禹锡的《蒲桃歌》这样描写：“自言我晋人，种此如种玉。酿之成美酒，令人饮不足。”说明当时已种植葡萄，并酿造葡萄酒，同样白居易、李白等都写过吟诵葡萄酒的诗。

元朝统治者对葡萄酒非常喜爱，规定祭祀太庙必须用葡萄酒。明清时期中外酒文化交流出现第三次高潮，欧洲出产的酒大批量涌入中国市场，国人称之为西洋酒。

纵观近两千年历史，尽管我国引进了葡萄酒酿造技术，但是发展缓慢，直到1892年，张弼士在烟台创办了张裕，这是继西汉、盛唐以来，又一次对葡萄、葡萄酒以及生产技术、机械设备等的大引进，并奠定了中国葡萄酒工业化的基础。

不管是有意识还是无意识，张弼士站在一个重要的历史节点上。

张裕酒文化博物馆里的雕塑

参观完张裕酒文化博物馆的历史厅后，我们走下一个旋转的石头台阶，进入地下大酒窖，这应该是最早概念的“酒庄”，温度一下子低了下来。隔着铁门，望着一排排高大敦实的木桶，呼吸着酒香，我们仿佛回到100多年前。

张弼士建起张裕公司之后，面临着诸多难题，比如葡萄的引进和种植、选拔酿酒师、建设酒窖等等。

葡萄酒“七分靠原料，三分靠工艺”，要酿造出优质葡萄酒，首先要引进欧亚种葡萄。当年，张弼士投资300万两白银，买下烟台东部和西南部两座荒山，开辟了1200亩葡萄园。他从美国买了2000株葡萄，还没到收获时间，就已经腐烂过半。5年之后，张弼士从欧洲购回120多个品种64万株葡萄，只成活了两三成，看上去还像林黛玉般弱不禁风。经历了一次次失败，张弼士派人去东北寻找苦味山葡萄，与洋葡萄“嫁接”，得到的“混血美女”糖度高、色素好，抗虫抗病抗寒。这些葡萄的成功引进，告别了中国缺乏优质酿酒葡萄的历史，堪称葡萄种植的一次革命。目前我国90%以上的酿酒葡萄品种都是由张裕最初引入中国并选育的。

酿酒师是酿酒艺术的灵魂。张弼士创办张裕公司时，翻遍古籍找不到酿酒的方法，只好聘请国外酿酒师，此后张裕一直延续了聘请外国优秀酿酒师、中外酿酒师合作的模式，中西合璧，交相辉映。近130年来，张裕已经经历了九代酿酒师的传承与积淀，现有中外酿酒师180多名。

张裕的第一任酿酒师，是出身奥地利酿酒世家的巴保男爵。当时，他是奥匈帝国驻芝罘领事馆的副领事。他把办公室设在张裕，一边酿酒一边办理外交事务。巴保学过酿酒，还持有奥匈帝国颁发的酿酒证书。进入张裕后，他与张弼士的侄子、张裕总经理张成卿一道，从欧洲引进葡萄苗，主持酿造的红玫瑰、白玫瑰、樱甜红等15个品种的葡萄酒，工艺各异，个性鲜明，很快风靡一时。在巴保的主持下，张裕酿造出中国第一瓶葡萄酒、第一瓶白兰地。继巴保之后，又有来自意大利的第三代酿酒师巴狄士多奇等效力张裕。1931年，在巴狄士多奇的带领下，张裕酿出了中国第一款“解百纳”干红。

朱梅被称为中国第一代葡萄酿酒专家，他消化吸收西方酿造葡萄酒的精义，奠定了中国葡萄酒的酿造工艺基础……

巴保和张成卿干成了一件大事，这就是建成了这座地下大酒窖。酒窖，是培养顶级葡萄酒的殿堂。历史悠久的知名酒庄都会有一个古老的葡萄酒窖相伴。那里贮藏着价值连城的葡萄酒，在恒久的时光流逝中不断凝聚神奇的生命力量。当年，准备建酒窖时，由于距离大海不足百米，而且土层为沙质，曾两次坍塌。张成卿采用中西结合的办法，酒窖顶部用中国传统烧制的大青砖发碹；墙壁用上吨重的大青石砌成，墙体内再以碎砖、沙石填充。同时再用水泥扎墙缝、抹墙面，使窖体异常坚固且平滑；窖体内外又设计了隐蔽的排水系统。现在，它已经成为中国现代葡萄酒酿造史的一个文化地标。

导游介绍说：大酒窖是一座低于海平面1米多，深7米多，占地3053.93平方米的地下建筑，用于葡萄酒贮藏，被称为“亚洲第一大酒窖”。酒窖整体建筑宏伟壮观，拱洞幽深神秘，设计施工水平高超，历经百年不渗不漏，堪称世界建筑史上的奇迹。

这里深藏着由小到大14种规格600多只贮满葡萄酒的橡木桶。用橡木桶装酒，一是因为橡木质地坚硬，抗浸泡，通气性也好，便于酒液的“呼吸”；二是因为橡木中含有鞣酸，可以使白兰地呈琥珀色；三是因为橡木属于草香型木质，可有效增加白兰地的香气，使酒液芳香、醇厚、柔和。有3只大橡木桶把我们惊呆了，它们足有两三人高。每只橡木桶可以储藏红酒1.5万公升，一个人如果从20岁开始，每天喝1斤红酒，这一桶红酒可以喝到104岁。

这些橡木桶制作于1908年，据说是用法国林茂山所产橡木制成，树龄达100年之久，锯开的桶材需陈放3年，经日晒雨淋，直至寄生出野生蘑菇并呈黑色才被选用。现在上面挂满了红布条，大概是游客把它们当成神物，祈祷能带来好运。

酒窖穹顶上布满斑驳的酒苔，这是岁月留下的痕迹。酿酒师们相信：天然酒苔营造了一种特殊的微生物环境，能够通过氧气与橡木桶内的酒液形成微妙的互动，从而使酒更加香醇。

张裕从诞生之日起，就有着美女般的高雅和浪漫。张弼士购买的果园，在数年后长出饱满的葡萄，公司邀请文人墨客，在爽快的秋风中，面对着每一棵葡萄树，品尝着葡萄，给这些在中国落地生根的“洋妞儿”起名字。玛瑙红、大宛红、大宛香、品丽珠、蛇龙珠、赤霞珠、冰雪丸、贵人香、玫瑰香、醉诗仙、田里汉、阁兰月、梅鹿辄、长相思、琼瑶浆……一串串带着露珠的名字，从文人们心中喷薄而出。品丽珠、蛇龙珠、赤霞珠，“大珠小珠落玉盘”；大宛香、玫瑰香、贵人香，馨香四溢。这些酒名恰似一个美女模特儿方队，一直演绎着中国葡萄酒百年的动人传奇。

张裕公司保存着一张近百年前的广告：一位柔弱的美女，梳着发髮，穿着绣花鞋，手执高脚杯，倚在一张餐桌旁，双目顾盼之间温情飘逸，微笑得如桃花盛开。桌面上摆着两瓶张裕葡萄酒，画面四周由张裕白兰地与葡萄酒酒瓶组成一个花边。这幅广告发布在1918年上海的《小说月报》上，那时电烫发和高跟鞋还没有流行起来，但她已经开始喝白兰地与葡萄酒了。早在20世纪二三十年代，张裕白兰地已经风靡整个上海滩。这位民国女子的醉人笑容，见证了百年张裕的绝代风华。

在张裕酒文化博物馆的五号拱洞，有一个古朴典雅的酒吧，来宾们可以在此欣赏着欧洲古典音乐，品尝各种美酒，体味张裕古老的历史，接受酒文化的熏陶。在一张巨大的桌子前，我们落座，身边的美女们穿红戴绿，与葡萄酒的颜色非常和谐，一时间，欢乐和轻松的情绪弥散开来。

导游端起一杯张裕红葡萄酒说，这是一种本色本香、质地优佳的纯汁红葡萄酒。它以著名的玫瑰香、玛瑙红、解百纳等优质葡萄为原料，经过压榨、去渣皮、低温发酵、木桶贮存、多年陈酿后，再经过匀兑、下胶、冷冻、过滤、杀菌等工艺酿造而成。仔细端详，只见杯中的酒液像红宝石，鲜艳透明，轻轻品了一口，感觉酒香浓郁，口味醇厚，甜酸适中，清鲜爽口。

据说，制造葡萄酒的过程就像是塑造一个美女。美国《佳酿》杂志创办人菲利浦·塞尔登认为："在本质上，酿酒人好像就是在执导一部电影，他按个人的理解，塑造葡萄酒的酒体结构、滋味、神韵和特点……"

一位留学法国的人说，对于种植、酿造、鉴赏葡萄酒的人来说，葡萄酒早就不代表一份职业了，在与酒相关的繁缛程序中，去梗、破皮、加糖、浸皮、发酵……每一道程序都浸透了酿酒人对酒的挚爱，他们全身心地将精神、喜好、对生命的理解投入其中，于是，酒不再是一种简单的产品，而成了一件艺术品，一件像女人般的艺术品。

导游说，美酒像一位婀娜多姿的少女，而酒杯无疑是她身上那一袭裙子，展示着美酒迷人的躯体。红酒杯一定要大，因为红酒如一位睡美人，需要在和空气的接触中慢慢苏醒。从红色酒液倒入酒杯的那一刻，你可以闻到酒在苏醒过程中不断变化的味道。按照西方贵族的范儿，直接用酒瓶而不选择醒酒器是很失礼的事情。人们喜欢这样的场景：淑女绅士围坐等候进餐，侍者端着一个装满酒液的水晶醒酒器款款走来。酒在深深呼吸着，经过时间与空间的双重催化与交融，蕴含在酒体中的各种香味被激发出来，让人陶醉不已。

导游教我们如何端杯：喝葡萄酒，一定不能用手握着杯身，这样会使酒的温度升高，严重破坏口感，并让人觉得你没有绅士风度。正确的方法，是用手指轻轻地捏着高脚杯的杯柄或杯脚，在饮用前轻轻逆时针旋转，让酒的香气散发出来，用鼻子嗅闻杯中的味道，这样才显得高贵优雅，风度十足。据说西方人之所以鼻子长，就是为了闻葡萄酒美味的。当然，这是玩笑话。

不知不觉中，几杯葡萄酒喝了下去。一种难以形容的微醺感觉，让我觉得无比愉悦。再看周边的美女，个个面若桃花。我想起网上流行的一篇文章——《娶个红酒女人》。这篇文章称，似白酒的女人，浓烈而醇香，能让人陶醉，更会让人失去理智而疯狂，只适合做情人；似啤酒的女人热情奔放，豪迈清爽，只是多了些泡沫，少了些内涵，很难在心中留下太深印象，适合做朋友；只有似红酒的女人，高贵而神秘，淡雅而芬芳，细细品味，让人回味悠长，适合抢来做陪你一辈子的老婆……

葡萄酒缠缠绵绵，既不像白酒那样热烈浓厚，也不像啤酒那样豪爽奔放，但是在遭遇“山东大汉”之后，却越来越受欢迎了。一些习惯于“大碗喝酒、大口吃肉”的山东人，开始喜欢轻举高脚杯摇晃葡萄酒的感觉。更有一些时尚人士，进入酒庄之中，全方位体验葡萄酒文化。

在我的记忆中，在山东，葡萄酒流行最多有10年左右的时间，而且至今一直排在白酒和啤酒之后，位居山东人喝酒排行榜第三，占喝酒总量的10%以内。开始人们不愿意喝葡萄酒，一是因为价格高，一瓶酒动辄几百数千元，超出一般人的消费水平；二是因为口感不适应；三是因为白酒文化根深蒂固，难以撼动。

但是葡萄酒以其独特的优势慢慢走入山东人的生活。在酒桌上，常常会有人告诉你，中国人的身体体质呈酸性特征，而葡萄酒是碱性的，多喝葡萄酒有利于身体的酸碱平衡，强身健体；葡萄酒可以软化血管，预防心脑血管疾病，抗氧化，有一个专家天天推荐葡萄酒泡洋葱，似乎这一招百病皆治；对于女士来说，每天晚上喝一小杯红葡萄酒，能起到美容养颜的功效……

天长地久，营养价值变成了精神暗示。喝葡萄酒成为一种贵族和绅士的象征，成为高雅、浪漫生活的象征。法国葡萄酒被认为是葡萄酒的标杆，它体现了法国式的生活艺术，浪漫主义和优雅，以及中国女性非常喜欢的生活方式。

有几种人首先喝葡萄酒。一是女人，除在家里为了美容小酌一杯，在社交场合，有绅士风度的男人们照顾女人，让她们喝葡萄酒，并逐渐成为一种惯例。中国女性尤其偏爱红葡萄酒，认为这是幸福和幸运的象征，她们将葡萄酒视为奢侈品，很多人甚至为之疯狂。二是年轻的小资情调群体，他们是葡萄酒消费的潜在客户，而且这一群体还在不断增长，对他们来说，葡萄酒是社会阶层提升的代名词，是体现独立性和解放意愿的生活方式。在音乐轻轻流淌的酒吧和咖啡馆，倒上一杯干红，品尝着美味的牛排，两个心有灵犀的人，优雅地摇晃酒杯，在酒的馨香中四目相对，激情碰撞，一段故事就此开始了……影视剧里这样的场景已经到了滥俗的程度。三是党政官员和高端商务人士，他们有消费的经济基础，更重要的是，他们是首先走出国门的一批人，西方生活方式潜移默化中改变着他们的“白酒口味”，也让他们体味到葡萄酒带来的身心愉悦……在这些群体的带动下，喝葡萄酒之风向整个社会蔓延，“旧时王谢堂前燕，飞入寻常百姓家”。

目前，山东葡萄酒企业占全国的1/4左右；葡萄酒产业年产值和销售收入均占全国一半以上，并拥有葡萄酒类中国名牌产品5个、全国驰名商标6个。其中，张裕、华东、烟台长城、威龙葡萄酒等，已成为人们耳熟能详的优质品牌。张裕被称为红酒界的“茅台”，稳坐中国葡萄酒行业“头把交椅”，除2020年因为疫情等原因利润下降外，连续多年表现优异。面对海外品牌的强力冲击，张裕正创新中国葡萄酒文化，并提出“一方水土养一方人”“中国葡萄酒最搭中国菜”的理念，还在打造“龙瑜”新品牌。

葡萄酒这个“高贵美女”袅袅娜娜地走来，给山东人的性格里增添了一份柔情，一点温和，但是，她似乎也在被沿袭已久的白酒文化所改造。杯子里的酒已经换成葡萄酒，喝酒的方式却依然像在喝白酒。我们不会像西方人那样，按照严谨的规矩、复杂的礼节、欣赏的心态，去慢慢品味葡萄酒，而是讲究“感情深，一口闷”，再大的酒杯也会一饮而尽。还有人嫌这样也不过瘾，在啤酒或者红酒里，扔进一杯白酒，称之为“深水炸弹”；或者把三种酒混合起来，称之为“三中全会”，真是独特的“东方发明”。

我自己在这方面体会很深。最多的一次，我们3个人喝了15瓶干红，当场失忆，第二天全身发麻，大概是酒精中毒了。还有一次，等一个酒量很大的公司总经理，我们酒过三巡，他来时走路摇摇晃晃，据说是刚和级别很高的领导在一块喝酒，他要提前告退，被罚端起一斤半的酒杯，干了满满一杯红葡萄酒，就是喝凉水肚子也要撑爆了。

有很多次，我们喝的人家不敢上葡萄酒了，特别是数百元乃至上千元一瓶的葡萄酒，喝多了请客的人会心惊胆战。

看来，葡萄酒是被认可了，但要认同葡萄酒背后的文化，显然要经过一个漫长而痛苦的过程。业内人士称，山东消费者完全“移情”葡萄酒的可能性不大。山东酒文化的核心元素一直都是白酒，虽然葡萄酒近年越来越普及，占有的市场份额也逐年加大，但葡萄酒文化在山东尚未形成，所以，白酒被葡萄酒“鸠占鹊巢”的趋势短期不会发生。另外，从消费群体看，酒水消费能力最强的是四五十岁的人，他们对外来事物的接受能力比较差，而且饮酒文化也具有惯性，一代的喜好会影响下一代，葡萄酒无法抓住核心消费者的话，很难实现市场的更大突破。

为了进一步推进葡萄酒消费，一些企业开始推动“酒庄文化”，这些酒庄严格按照外国模式进行葡萄苗木培育、种植以及葡萄酒酿造，人们不但可以体验葡萄庄园的田园之美，还可以走进地下酒窖，感受葡萄酒文化的魅力与异域风情。这种葡萄酒庄，成为人们度假休闲的好去处。相关资料显示，从2007年烟台市第一家葡萄酒庄在蓬莱落户开始，烟台葡萄酒产业进入“酒庄时代”。

秦池集团在沂山脚下建起一个蓝莓酒庄，以优质有机蓝莓为原料，生产高级健康果酒。这个酒庄占地300多亩，有种植区和商务区两大部分组成。商务区里有文化展厅、酒窖、蓝莓酒酿造车间和体验空间等。酒庄内有一条秀美的三酉河，有三个高大酒爵构成的景观“源远流长”，有位于两山之间的东镇酒窖，酒窖坐南朝北，内部阴凉潮湿但通风条件比较好，利于酒的老熟陈化。两边是扇形的文化墙壁，恰似主人正张开双臂迎接贵客的到来。所储美酒犹如孕育在母亲腹中，承载着无限的生机与希望。大片的蓝莓，吸引着游客蜂拥而至，争相采摘品尝，拍照留念。酒庄蓝莓树“吃”的是农家有机肥，“喝”的是沂山山泉水，除草靠人工，每棵蓝莓都倾注了工人大量的汗水，也造就了酒庄蓝莓果的优良品质。秦池人要让大家优雅地摇晃着酒杯，品味墨之香、红之韵、酒之纯、器之美和商之信……这几年，秦池曾在蓝莓酒庄举办过品酒音乐晚会、酒文化节、封坛仪式等，使这里成为一个文旅胜地。

朋友张琦曾经盛邀我们到枣庄汉诺庄园参观，并介绍了它的故事。汉诺庄园位于枣庄市山亭区城乡接合部，北靠鲁南第一峰翼云山，坐落在群山环抱的山前冲积坡地上，平均海拔300米左右，自然生态环境优美，欧式建筑群宛如神话。这里发生过一个动人故事：2000年春天，德国葡萄专家诺博·高利斯和助手汉斯·博伊来到山亭，向当地农民无偿传授葡萄栽培、嫁接、改优的技术。诺博不仅是一名葡萄种植专家，还是一位酿酒大师，其经营的家族企业德国太阳山葡萄酒庄享誉世界。他的理想不仅是让德国葡萄在山亭生根发芽，并且还要酿出世界一流的葡萄酒。于是，他同当时的富安煤炭有限公司董事长张延平商议，合作建立山东富安葡萄庄园酿酒有限公司。2006年3月18日公司奠基，诺博和汉斯担任顾问，诺博仿照德国“新天鹅堡”外形，亲手绘制了公司建筑草图。诺博还设计了地下酒窖、酿酒流程，从德国订制了全套最先进的酿酒设备，并且毫无保留地将祖传酿酒技术传授给当地工人。他们还资助了8名当地家庭困难学生上学。2007年，汉斯突患癌症，弥留之际嘱托诺博把2000元助学款带给自己资助的两名学生。2008年8月1日，当诺博把钱交到孩子手中时，在场的山亭人感动得流下了热泪。两位德国专家9年间17次来山亭，诺博被授予齐鲁友谊奖和中国政府友谊奖。2009年5月，75岁的诺博不幸病逝。山亭区人民政府、汉诺联合集团派人专程赴德国吊唁，带去“第二故乡”人民的怀念。在诺博指导下，人们用当地生产的德国优质专用葡萄酿造出醇美的葡萄美酒。2009年4月，为纪念诺博和汉斯，各取其中文名字的第一个字组成“汉诺”，公司更名为“山东汉诺庄园酿酒有限公司”。2014年3月29日，国家主席习近平访问德国，在柏林发表重要演讲时，深情讲述了“汉诺故事”：“还有一位德国友人叫诺博，是德国葡萄专家，2000年至2009年他同助手汉斯17次来到山东枣庄……”

第五章
山东酒场亲历记

喝酒是山东人的一种生活方式

在报纸上看到这样一则消息，在孔孟之乡山东济宁，有一位男子嗜酒如命，经常醉得不知道东西南北，借酒生事，妻子一怒之下，用很粗的铁链把他锁在广场的健身器材上，并在他身边贴上一张纸条："好心不要放他，放了他还是喝，谢谢。"男子身边，还有一堆吃的喝的。110民警切断铁链，这个醉鬼表示坚决不再喝酒，摇摇晃晃地走开了。这位记者发出疑问：不知道他会不会再喝？

我替这位仁兄作个回答：只要身体许可，肯定要喝下去！

因为喝酒是山东人的一种性格特征，是山东人的一种文化传统，是山东人的一种生活方式。在西藏，人们都相信神和佛是存在的，就在天上看着我们，因为藏胞在娘胎里就去转经、烧香、朝佛，一辈子生活在佛的世界里，在它们意识里，佛是真实的存在；在山东，只要是个正常的成年人就会喝酒，因为我们一出生就被酒的气息包围、熏陶、迷醉，酒与山东人的生活、事业、交际，甚至与政治经济活动，都有着千丝万缕的联系。无论是黄酒、白酒、葡萄酒、啤酒的诞生，还是历史上与酒相关的重大事件，山东人都起到重要作用。更有一代

这样的场景在山东随处可见

代齐鲁名士，借美酒留下一段段人生传奇。政治家因酒“小天下”，运筹帷幄，成就一个个惊天伟业；哲人大师在酒中顿悟“大道”，追寻人生存在的意义；书家画师把酒转化成非同寻常的艺术情趣，留下一幅幅传世名作；而普通百姓，则用酒作载体，加深感情，增进友谊，融入社会，真是“无酒不成席”。

喝酒是山东男人在社会上生存能力的标志之一，甚至是男性特征的直接表现。

对山东人来说，从生到死，人生就是一次“美酒之旅”。出生有人祝贺，要喝；满月酒、百日酒、周岁酒，一直喝下去，就到了上幼儿园、小学、中学、大学；工作了要喝，还有结婚、升职、提拔、出国、获奖、发财，喝酒的理由无穷无尽；即使退休之后，还有60岁、70岁、80岁、90岁、100岁大寿，离开这个世界了别人还会伤心地替你喝一次永别酒。

我的酒友分几大类，小学中学大学同学、西藏朋友、同事以及工作中结识的哥们儿、艺术家，他们把我的人生简单明晰地划分开来：20岁之前为学生时期；21岁到29岁，人生最美好的时期，也是人生观和价值观的形成期，是我永生难忘的“西藏十年间”，浓郁的“西藏情结”影响了我大半辈子；30岁至今，重新回到山东故乡，寻找人生的意义和精神的归宿……

在和酒友的觥筹交错中，我重温着自己的成长史。和同学喝酒，就回到了学生时代，青涩单纯，指点江山，心比天高；和藏友喝酒，恍如置身西藏的神山圣水之间，豪情万丈，热血激荡；和同事朋友喝酒，我感受着齐鲁文化的滋味，触摸着山东人的性格特征，醇香悠长，五味杂陈……

说起喝酒，总是有那么多面孔浮现在眼前，与每个人的交往都构成我人生的一段历史，像美酒那么值得回味和珍藏。我的成功、激情、骄傲、自豪、狂妄、失落、悲哀、可笑，像一杯杯滋味各异的酒，被大家品尝。与酒友们喝酒的经历，也像一瓶瓶高贵的美酒，珍藏在我记忆的橱柜里，并时常拿出来用温情轻轻擦拭。

山东是礼仪之邦，重要节假日都是喝酒的大好时机。过去的传统农业社会，节日主要来自节气和祭祀，目的是娱人和娱神，有了酒的点缀和烘托，才有热烈红火的气氛。当下社会，各种现代节日如元旦、三八、五一、五四、六一、七一、八一、十一等纷纷设立，再加上各种世界性节日，各个地方政府举办的名目繁多的节会，这个世界天天在节日中度过。值得人们团圆喝酒的，仍然是传统节日，比较重要的像春节、元宵节、清明节、端午节、中秋节等。在山东，最重要的是春节和中秋节，每当这两个节日来临，人们即使再忙也要抽出时间，为亲朋好友送去一点礼品，并呼朋唤友，聚在一起小酌几杯。

小时候总盼着过年，除了能够吃几顿饺子，就是能看着一家人在一起吃饭喝酒。大年除夕，这顿饭最重要，要把家里最好的美食拿出来，大人们会喝上几杯酒。一个网站进行的“年夜饭你最想喝什么酒”调查，结果显示，在年夜饭上最能喝酒的省（市）前十位分别是：山东、江苏、河北、山西、安徽、河南、北京、辽宁、陕西、四川。山东排在第一位，有72%的山东网友年夜饭喝白酒超过三两以上，有35%的山东网友喝了半斤以上。可见年夜饭喝酒的习俗在山东至今仍在延续。小时候，我家过年还有一次招待女婿的家宴，一般定在正月初六，姐姐和姐夫们带着孩子回家，男女各摆一桌，几个姐夫之间你来我往，竞相“斗酒”，其乐融融，往往就会喝多，姐姐们怎么嘱咐也不起作用。平日里极其严厉的父亲，酒量不大，此时也会给大家敬上几小杯，并接受大家敬酒，然后笑眯眯地看着大家唇枪舌剑……这一温情的画面，是我想回家过年的思想动力之一。即使离家千山万水，每当春节，蛰伏在内心深处那个声音都在命令我：回家过年去！回家过年去！

现在，只有清明节那天才能给父母敬上一杯酒了。他们去世后，每年清明我们都会赶回家去，春色正好，万物生长。在和煦的阳光下，给他们重新整理一下坟头，烧上几张纸钱，恍惚中好像又回到被他们呵护的时光，一家人又说说笑笑地聚在一起。我的眼泪流下来，怎么也擦不干净。

除了这些看得见的由头，看不见的感情起伏和精神渴求，也成为山东人喝酒的理由。高兴了，喝；不高兴，更要喝。酒具有亲和力和可信性，人们乐于接近它，像一个个虔诚的信徒，向酒倾吐着内心的隐秘，获取温暖的抚慰。“借酒浇愁”，人们把个体无法消解的苦难和愉悦，全交给了酒。酒杯似乎成了人们身上生长着的器官，酒如血液，很容易打通全身的经脉，通达一种脱离世俗的仙境。

人在江湖走，哪能不喝酒？

在山东喝酒不仅仅扮演着“纽带”“桥梁”、黏合剂、润滑剂的多重角色，更是一种必备的工作技能、一条进入社会链条的捷径、一个有声有色的人生大舞台。

单位招聘新人，有一位领导开玩笑般地问一个女孩，你能喝多少酒啊？女孩回答：不知道多少，反正没喝醉过！在一片善意的哄笑中，这个女孩给大家留下很好的印象。

这一情景出现在诸多招聘大会上。会不会喝酒，几年内是否考虑结婚等，已经成了很多招聘单位提出的问题。报纸上看到这么一件事情，山东师范大学文学院的女大学生小刘，来到一家科技公司的摊位前应聘“文秘”职位。小刘把求职简历送到招聘人员手中，对方只看了一下封面，就把简历放在一边，提出几个小刘毫无思想准备的问题：“你会跳交谊舞吗？”“你酒量好不好？”“目前有没有男朋友？”感到有点“恐怖”的小刘不知道该如何回答了。为什么出这样的“神题”？一家公司的招聘人员道破天机：应届毕业生应聘销售、公关或市场工作，经培训后会分到各个地（市）成为骨干人才。像山东这一“酒文化”比较浓厚的地区，如果不能喝酒，根本就无法开展工作，所以滴酒不沾的人招聘单位根本不可能考虑。

能喝酒是求职的有利条件之一，即使工作之后，不会喝酒也得不到领导赏识，在酒桌上能说会道、八面玲珑的人，最懂得领导心理，善于迎合。几千年的封建文化，造就了大大小小领导“唯我独尊”的专制心理，酒场上给领导低三下四地敬上几杯，说几句恭维话，领导心里就会无比温暖和舒适，有了好事自然想着你。而且现在是市场经济社会，再大的衙门、再高的门槛，也要和市场打交道，但是我国目前的法律和制度还不完善，处处都是“潜规则”，单位需要能喝酒的人，去攻城略地，攻坚克难。企业需要让客户在互利双赢中喝得满意，购产品、让市场，喝酒不就成为一种能力了吗？

作为一介草民，就是不想升官发财，也有很多现实的问题，孩子上学，入伍当兵，购买住房，生病住院，交通事故，评定职称，开个小店，摆个小摊……以及许多需要行政审批的事项，都是躲不过去的大事。一个朋友感慨，当个老百姓太不容易了！如果你天真地以为，按规定办理就行，那就会吃大亏。因为社会处于急剧转型期，优质资源有限，行政职能部门的自由量裁权过大，腐败成为社会普遍心理等原因，完全依法依规办事根本行不通。最简单易行的办法，就是摆上一桌酒，请几个有头有脸的人物陪一下，喝了酒，再送上点礼物，感情距离一下子拉近，成酒肉兄弟，舌头软了，事就好办了。在山东，喝酒是结交朋友的重要渠道，很多人办事不通过正规渠道，而是通过喝酒认识的朋友，“曲线救国”，时间长了，就会结成一张“酒桌关系网”。这样的人往往能量很大，善于整合各类资源，还真能办成别人办不了的大事。我的一个朋友是医生，他很痛苦地说，每当有患者要手术，家属总会请客送礼，喝得很难受，纪律也不容许。可是如果你不去喝酒，不收他们的礼物，即使手术再成功，家属也不放心。

有人这样说：法国人品酒在酒之内，中国人品酒在酒之外；俄罗斯人喝酒是自醉，中国人喝酒是醉人。所以，酒成了俄罗斯的“国家灾害”，在中国人手里，酒却成为精锐的“武器”。酒就像一把锋利的宝剑，有人用来自杀，有人用来杀人，有人用来展示文化和艺术，在茫茫的人生舞台上，舞出“来如雷霆收震怒，罢如江海凝青光”的完美境界。

那么，山东人到底能喝多少酒？

先说说我自己。多年前我和朋友孙凡臣等在一家小店喝啤酒，恰逢周末，情绪也正好放松，六七个朋友，从上午11点半开始喝，其间谈天论地，从古到今，从中到外，所有话题似乎都牵涉到了，然后相互之间如车轮般敬酒，说着无比敬佩兄弟之类的醉话，一直不停，进行到下午6点多。因为喝的是啤酒，可以随时去洗手间消化掉，所以能喝下去。不知道去了多少次洗手间，也不知道喝了多少啤酒，隐隐约约间，看到房间里堆积的酒瓶像一座小山。

这是我个人喝啤酒的历史纪录，有十几瓶。而我喝白酒的最高纪录不会超过一斤，现在喝三四两就会迷糊，喝干红除了那次5瓶的最高纪录，正常情况下一瓶就差不多胡言乱语了。

齐鲁大地，酒量很大的人较多，古代有山东好汉武二郎。在小说《水浒传》里，武松上景阳冈前，在山脚小饭馆里吃饭喝酒。小饭馆贴着一张告示，“三碗不过冈”，但是，武松一口气儿喝了18碗，带着醉意连夜上山，结果打死一只老虎。喝醉了还打死一只老虎，武松的酒量到底有多大？有细心的人分析说，北宋时期，人们喝的主要是米酒之类的低度浊酒，酒精含量应该在10%—20%，甚至更低。武松在景阳冈喝酒的那家小饭店，也许有一点特殊秘诀，能够在没有蒸馏技术的情况下，提高米酒的酒精浓度，这在当时属于技术创新后的产品。因此，店家打出“三碗不过冈”的广告。武松以前也没喝过这种酒精浓度相对较高的米酒，无所顾忌地喝了18碗。米酒醉酒反应比较慢，等武松意识到自己喝得太多时，已经来不及了，摇摇晃晃夜上景阳冈，借着酒劲，打死一只猛虎。武松喝了18碗酒，如果按每碗盛三两酒计算，大概折合60度的白酒一斤。

武松醉后打虎的故事被各种艺术形式所颂扬

古代无论是文人还是武将，山东人都有喝酒的杰出代表，但是毕竟不是大众化行为。

在日常生活中，我没太见过很能喝酒的山东人。但是常常听到一些近乎传奇的传说，谁一次能喝多少多少。说起能喝酒的人，大家语气里充满敬佩之情，仿佛在描述史诗里的传奇英雄。演绎夸张的成分也不少。

一个在山东做生意的湖北人这样描述：我和几个山东朋友喝酒时间最长、最多的一次纪录，是从下午5点一直喝到第二天天亮。5个人一共喝了108瓶啤酒，为了凑梁山一百单八将的数。所以在山东喝酒，就算是酒量小的，一般人一场酒也要喝上个半斤八两的。如果遇到都是酒量大的，那喝起来就吓死人。一次我参加一个公司举办的晚宴，酒桌上8个人，7个都是山东大汉，就我一个湖北人，那天喝的是42度白酒，酒席过半我就喝了接近一斤白酒，最后实在喝不下去，要赖跑掉了，惹得山东朋友不高兴，把我找了回去，一起向我“开炮”，把我好一顿数落。反正我就是不能再喝了。无奈之下，他们也没有再劝酒，但是要求我以茶代酒，继续陪他们喝。直喝到桌子上的这些山东朋友个个舌头打结，步子歪斜，两眼发直，才算罢休。最后一共喝了24瓶白酒。而接着酒桌上一位山东老者的话，差点把我的下巴惊掉：“这次不尽兴，湖北来的朋友不给力啊！喝的真不多，上次我们8个人喝了26瓶白酒，外加5瓶干红和30多瓶啤酒。”那天晚上，我回到住所，酒劲涌上心头，五脏六腑翻江倒海，吐到凌晨3点多才打住。躺在床上我久久不能入睡，一直想不通山东人的酒量为何如此之大呢?

还有一个青岛人的故事：一个看门老人，平日里总提着个罐头瓶子做的水杯，里面也总装着半瓶子白水，隔十几分钟他就来上一口。一日，公司老总看着他在传达室里喝，自言自语地说：“这老孙头，瞧他瘦的，还那么爱喝水，是不是‘三多一少’糖尿病啊？”等他进去和老孙头一聊，真惊了，人家杯里装的是六十来度的二锅头！老总感叹说："老孙啊老孙，你要是年轻多好。咱这业务量上不去，就是没你这酒量的业务员啊！"

原来在济南铁路局检察院工作的张铁汉告诉我说，青岛一个同行，喝啤酒得喝两箱，也就是48瓶，更要命的是，其间不上厕所，好像身体里隐藏着一个神奇的仓库，专门存酒。青岛人喝啤酒是论"米"计算的。

还有一个叫孙贵颂的青州人，写了一篇《难忘当年醉景芝》的文章，讲述自己去景芝酒厂采风的经历：酒厂厂长姓李，毕业于山东大学中文系，是安丘市政协副主席。健谈，豪爽，印象最深的是，好酒量。孙贵颂不喝酒，但是李厂长说：是人就能喝酒，于是孙贵颂第一个败下阵来。同去的青州市经济委员会栗主任能喝半斤老白干，如今碰到景阳春，主人又盛情难却，还要作为青州一行的"代表"，就主动增加了一二两。可是几个回合下来，栗主任也缴械投降了。秘书小王酒量最大，能喝一斤多白酒，前两个人和李厂长喝酒时，他在坐山观虎斗，一看自己领导被灌醉，他挺身而出，换上自己擅长的啤酒。结果最后也甘拜下风……这个李厂长真是个酒神，他到底能喝多少酒？文章没说，但是我计算了一下，白酒最少一斤，啤酒无数。

山东人海量，应该与老祖宗留下的喝酒"基因"有关。从最早的土著东夷人开始，喝酒就是山东人生活里的一件大事。《后汉书·东夷列传》记载：东夷率皆土著，憙饮酒歌舞，或寇弁衣锦，器用俎豆。他们边喝边舞，沉醉在自己美好的境界里。

网上有此一说：七成汉族人拥有"杜康基因"。据复旦大学的一项研究表明：乙醇脱氢酶-1B（ADH1B）的第7型变种存在于约70%的汉族人体内，这种酶有助于加快乙醇分解速度约13倍，同时能够分解与乙醇结构类似的存在于酒精中的毒素。这意味着，相比于欧美人群，中国汉族人群具有更多化解酒精毒素的能力。

研究指出，ADH1B第7型酶产生于约2800年前。那个时候酿酒技术落后，成品酒中含有大量毒素，正是由于这种酶的解毒作用，才减少了汉族人酒精中毒的情况。欧洲人和美洲的印第安人体内没有这种酶，酒精中毒的发生率要比汉人高出许多。

这一研究成果为山东人大喝特喝提供了理论依据。但是，我遇到喝酒最厉害的，却不是山东人。接待西藏来的一个朋友，几天时间，他只敢喝稀饭，吃点青菜。一问才知道，他们去北京出差，为了申领到价值几十万元的摄像器材，他一顿饭喝了7瓶高度白酒，大概把胃烧坏了。还有一次，在蒙阴县出差，遇到两个来自北京的美女，不敢劝人家喝酒，没想到一位瘦弱文静的姑娘主动喝上了，而且越喝越精神，声称自爷爷那辈就没喝醉过，她自己也从不知道醉酒的滋味，喝三五瓶高度白酒，唯一的感觉就是脸微微发热。据西藏自治区文化厅副厅长张治中观察，青海人喝白酒全国第一，那里的人端着一个大盆敬客人白酒，里面放着13个杯子，不喝完不放下。每个人敬客人一盆，再大的酒量也得躺下。

被酒桌放大的“仁”和“义”

在山东，酒桌就是一个小社会的微缩版。在酒桌上，不用介绍，只要看他的座位，就知道他的年龄、财富、辈分、职务。这迷人的位置，是很多山东男人追求的荣耀和自豪，是其价值观的一种具体体现。

就像梁山好汉排座次，山东人在酒桌上的规矩十分严格。其中陪客的有两个人最重要，这就是“主陪”和“副陪”。“主陪”是决定请客的人。在家庭中，“主陪”往往是长辈，而在单位“主陪”则是官职最大的领导，从“副陪”到三陪四陪，按照辈分和官职依次排序。在山东人的潜意识里，“副陪”是陪着大家喝酒的，所以酒量一定要大，酒量不大也得猛喝。外地人一般难以辨别这么复杂的坐法，要识别起来也很简单，就是正对着房间门最中间的位置，就是“主陪”，与他隔着桌子相对的就是“副陪”。另外，这两个位置餐巾的折叠方法也和其他位置不同，一般“主陪”的餐巾会折叠成长筒状，很高，像一只昂起的鸟头，而“副陪”的餐巾会折叠成扇面，像一个展开的翅膀，其余人的餐巾折叠得像花瓣，整个餐桌好似一只展翅欲飞的凤凰，这隐隐有点东夷人“凤”崇拜的影子。

陪客队伍的庞大阵势摆好了，来宾被邀请入座。其中坐在“主陪”右边的就是最重要的客人，山东人称之为“主宾”，这场酒能否喝得高兴、热烈、融洽，全看“主宾”的态度。如果主人有求于“主宾”办事，那更是马虎不得，全桌人都要看他的脸色行事。先给他敬酒，每一道菜上桌都要转到他的跟前，让他首先品尝。如果“主宾”是个酒徒话又多，唾沫星子横飞一晚上，其他人也要耐着性子，装出认真聆听、非常钦佩的样子。遇到这样的场合，一桌人就像刑场上陪绑的人，无比难受，还得放松绷紧的神经，勉强挤出笑容。如果请的是同一家人或同一个单位的人，“主宾”是辈分最大或者官职最大的，之后按照辈分和官职，分别坐在“副主宾”、三宾和四宾的位置。“副主宾”坐在“主陪”左边，三宾坐在“副陪”右边，四宾坐在“副陪”左边。其他人则可以穿插着坐下了……如果客人来自不同单位和家庭，那么，就按谁的职务高、年龄大等因素排列。

排座次是一件辛苦而忙碌的事。即使明明知道自己应该坐在什么位置上，山东人也会推辞半天，谦虚地要求坐到不重要的位置上。当然，主人不会真的那么办，否则客人会在心里咬牙切齿。也有抢座位的情况发生，我自己就见过多次。来自不同单位的人，脸红脖子粗，去抢“主宾”的位子，甚至发生口角。有一次，两个大学期间的好友，在一家采访单位不期而遇，主人把他们分别安排在“主宾”和“副主宾”位子上，二人唇枪舌剑，黑着脸互相讥讽，连大学时一个人揍了另一个人的事都翻腾出来。

好不容易安定下来坐好了，正式进入喝酒程序。这里面讲究也不少，分为“规定动作”和“自选动作”等等，让人眼花缭乱。

“规定动作”就是必须进行的程序，一般由“主陪”开始敬酒。敬酒前喝什么酒会征求客人的意见，按照山东习俗，重要客人必须喝白酒，度数越高越好。如果客人表示不能喝白酒，那么喝红酒或啤酒也可以替代，只是要按照一比三或者一比六的比例进行，喝啤酒最高有一比十二乃至更多的。敬酒前有一个祝酒词，一般是宴会的三个理由，很考验人的水平，好在“主陪”多为领导，可以滔滔不绝，尽显自己的口才。

由于区域不同，山东各地“主陪”敬酒的数量也不尽相同，济南、济宁等大部分地区是三杯，泰安、莱芜是双数，也有六杯的。

然后是“副陪”敬酒，又是一番致辞，“副陪”可能比“主陪”敬的少，也可能多，在济南一个区里，他们按照“三六九，往上走”的办法喝酒，越往后敬酒的人喝得越多。“主陪”和“副陪”敬完酒之后，其余陪同者依次敬一到两杯酒，“规定动作”就算完成。在有的地方，“规定动作”还包括最开始有一杯“门前杯”，即每个人要倒满酒喝一杯；“主陪”敬酒之后，要和“副主陪”喝一杯交接酒……

“规定动作”还没进行完，早已是高潮迭起，十分融洽了。

“自选动作”就是每个人都要打一圈，给所有人单独敬酒，你也被所有人敬，大家离开座位，提着酒瓶，和每个人亲切交谈，心与心的距离一下子拉近了，一杯还不足表达心意，就喝两杯三杯，直到舌头僵硬，拥抱在一起……

此时，如果“主宾”头脑还算清醒，就会说“该上饭了”，于是，敬酒结束，大家在各自的酒杯里倒满一杯酒，等面条和饺子等主食上来，喝一杯“大团圆酒”，至此，酒宴圆满结束。如果主宾不知道这个规矩，那么，可能会等半天。据说，在山东某村就发生了这样一件事，因为“主宾”不懂当地习俗，宴会一直从中午进行到半夜，“主宾”就是尊口难开，最后有人提醒，酒宴才终于收场。

外地人害怕到山东喝酒，但又喜欢和山东人交往。到了山东会有一种温暖的感觉，恍如进入一个古老的画面，进入一个小说的情节。山东人热情，古道热肠，仿佛想用心和酒把别人融化，在这个金钱与冷漠横行的社会，你能不感到温暖吗？我亲眼看到过，很多来山东参加活动的人，喝得脸色通红，恋恋不舍地离开了。他们信誓旦旦地说：一定再来！山东人太热情了。即使作为一个在济南生活多年的人，我也常被生活中喝酒的场景所感动……

山东人为什么这么喜欢喝酒？就是为了“仁”和“义”。

“仁”就是人和人的关系，在人际交往中，山东人要通过喝酒，掏出自己心窝子里的话，表达对客人的热情和好感。这是一种情感表达方式，是一种道德观念的具体体现，也是一种精神信仰的载体。儒家思想是中华民族的核心思想之一，其核心思想就是“仁”。我的大学同学刘德增在《解读山东人》一书里写道：孔子的思想体系可以分为依此递进的三个层次：礼—仁—孝。礼是孔子思想体系的基本框架，礼的核心是仁，仁就是爱人。而人的仁爱之心是从孝悌这种血亲理论中衍生出来的。“礼—仁—孝”构成的是一种道德的、伦理的思想体系。显然，仁是礼的内在精神，礼是仁的表现形式。仁是礼的最高境界，礼是仁的实现途径。

山东人在酒场上繁多的程序、无限的热情，均来自“仁”在背后的支撑，而表现出来的，则是一个“礼”字。

关于孔子喝酒的言论很多，老夫子一生都以“克己复礼”作为最高人生目标。这个“礼”就是周礼。周代的《礼仪·乡饮酒礼》规定了酒食的放置，以及喝酒时如何入座，如何碰杯、举爵，如何敬祖，如何答礼，如何离席等一系列“酒礼”。《论语》中也有多处关于酒的言

汉画像石：孔子见老子

辞，都贯穿着“礼”的思想。酒是与礼联系在一起的，是为礼而设的，只有在遵照礼仪时人们才可享用，不违反礼制，能喝多少就喝多少。之后的儒家经典《礼记·礼运》谈到酒和酒器的放置：“玄酒在室，醴盏在户，粢醍在堂，澄酒在下。陈其牺牲，备其鼎俎，列其琴瑟管磬钟鼓，修其祝嘏，以降上神与其先祖。”祭祀中的礼乐、酒品、器物的列放都应符合礼制的规范，有一种庄重和神圣之感。其中还有这样一句话：“盏斝及尸君，非礼也，是谓僭君。”孔子认为夏盏和殷斝都是先王用的酒器，只有周天子与鲁国公祭天时才能用，后来诸侯也用了，这是不合礼制的“僭君”行为。

明代袁宏道专门写了一篇《觞政》，从16个方面对饮酒作了细致的规范。饮酒要行令，要有主事和副官，负责斟饮事项并对违犯酒令的人进行督察，所以需要酒量好并精通音律。选择共饮的酒徒时，要从仪容、气度、才华、幽默感、口才、酒品等12个方面考察。饮酒时要自我约束，高兴时要节制，疲劳时要休息，乱性时要克制……其他还有饮酒的场合与时间、故事与典故等，现在山东人的很多喝酒礼节这里面都涉及了。

铭刻在山东人骨子里的“仁”和“礼”，从古延续至今。齐鲁两种迥然不同的文化从秦始皇统一中国开始融合，到唐朝初年，鲁文化彻底征服齐文化，成为山东的正统文化。从元代人于钦的《齐乘》起，“齐鲁礼仪之邦”的名号就叫响了，其表现之一，就是过于讲究礼节，甚至是讲究繁文缛节。

封建时代的山东社会，是以血缘为核心构建的。礼的核心是敬，礼仪的中心是长辈。这体现在酒桌上，上座要留给辈分高、年龄大的人或者贵客，一般人不会去坐。即使长辈不能亲自参加，他派来的代表也不容小觑。山东荣成流传着这样一个故事：有位祖父因病不能赴宴，就叫他孙子去参加。孙子是个小孩儿，行前祖父就告诉他，今天座席你虽小却是代表我的，他们得把你安排在首席。如果不是那个位子，你万万不能坐，那是看不起爷爷，你可以打人掀桌子。孙子前去赴宴，陪客的一见是个小孩儿，就没当回事儿，把他安排在桌子后面，心想那地方最适合馋嘴的孩子。谁知上第一道菜时，小孩儿掀起桌子，扬长而去。主人得知连忙出来调停，却不见小孩儿的踪影，只得前去赔罪，承认自己有眼无珠。

山东人对客人最真诚、热情的招待就是设宴喝酒。如果客人不喝，山东人不会考虑人家酒量不行，而是觉得客人瞧不起自己，或者没把客人招待好。其结果就是把自己先灌醉，再把客人灌趴下。“有朋自远方来，不亦乐乎？”这时候，意识深处潜藏的“仁”变成酒桌上的“面子”，“你给我个面子，把这杯酒喝下去”“他敬酒你喝，我敬你不喝，这是瞧不起我啊”“宁愿让身体喝出个洞洞，也不能让感情留下缝缝”……这一句句比烈性酒还滚烫的劝酒词，会让人的情绪骤然提升。另外，山东人也会利用你害怕“丢面子”的心理，给你灌酒。“连杯白酒也不敢喝，还是男人吗”“你要不喝，就是小狗，要钻桌子底下”“女人是阴性的，白酒是阳性最强烈的，喝了阴阳平衡，有最好的美容效果”“喝吧，我让救护车在外面等着，喝不死人”“喝酒就怕扎小辫的、带药片的、红脸蛋的、冒虚汗的，你吃药也得喝”……这都是我在酒局上听到的精彩话语，瞧瞧，不喝行吗。

在山东敬酒时，外地人往往会忽略一个细节，就是山东人在碰杯的一瞬间，会把自己的杯子举得比客人低，杯身低于对方，这是一种谦虚的做法，表示自己地位比对方低，很尊重对方。如果你明知道被敬酒的人是领导、长辈，故意把杯子举得很高，那就是“犯上”了。

山东人论酒量不如西北人、东北人，乃至其他地区的北方人，之所以留下一个“能喝”的美名，一个重要原因，就是山东人太讲“礼”。按照山东人敬酒的规定动作“走下来”，人已经喝得差不多了，再互相单独“加深感情”，一场酒下来就得醉了。

一个网民说，在北京参加饭局，对方一听你是山东人，马上就来劲了：“你得多喝几杯，谁让你是山东人。”这话听起来蛮不讲理。但大多数山东人会脖子一横，头一抬，一饮而尽。我理解，山东人有时候会维护自己豪爽的形象，英勇地干了这一杯。换句话说，失身事小，失节事大。喝多了大不了“失身”，但要是让人觉得自己不豪爽，对山东人而言，基本算“失节”了。

山东人爱喝酒，还为了一个“义”字。山东男人不善言谈，和兄弟交流也要有一个媒介，这就是酒。离开酒，山东男人的豪迈之气就减少了一半，山东男人的世界就坍塌了一半。一个不讲义气的男人还算男人吗？

仁是一种纵向结构，牵扯到君臣、父子、夫妻等关系，社会稳定时期，仁占据主导地位，是统治思想。而如果社会动荡不安，国家和家庭不能保护老百姓的时候，他们思想中的“义”就开始膨胀。义是一种纵向结构，牵扯到朋友、兄弟、姐妹等关系。从字面上解释，“义”是正当、正直和道义这样的气节，即“正义之气”。《说文解字》曾这样解释，“义（義），己之威仪也。从我从羊。”意思是说，“义”是一个人的外在形象和内在涵养，我们对朋友要像羊一样温和、善良、美好。古人强调“义气”，就是指这样一种美好善良的境界和正直正义的气节。中华传统美德主要是“仁、义、礼、智、信”五大要素，通常也简化成“仁义道德”，可见“仁”和“义”是中国传统道德荣辱观的主要标准，也是山东人性格生成的主要依据。

在位于聊城市东昌府区韩集工业区的孟尝君酒业有限公司，董事长韩宪增讲了一个关于“义”的故事。孟尝君名叫田文，是战国四公子之一，曾任齐国宰相。他“明智而忠信，宽厚以爱人，尊贤而重士”，以“养士三千”著称，其“诚信昭天下，仁义满乾坤”的豪爽风度，是山东人性格的典型代表。有一次，他发出布告，征求可以替他至封邑薛城收债之人，有一个门客冯谖自愿前往。临行前，冯谖问孟尝君：“债收完了，要买什么东西回家呢？”孟尝君回答：“看我家缺少什么就买什么罢。”冯谖去了薛地，债券合同对完之后，矫造孟尝君的命令，把债券合同烧毁，人民高呼“万岁”。后来冯谖告诉孟尝君：“我看您家中丰衣足食，犬马美女皆有，所以我买了‘义’回来。”问曰：“什么是买‘义’呢？”冯谖回答：“您不照顾、疼爱人民，而加以高利，人民苦不堪言。我于是伪造了您的命令，烧毁了所有的借据，民众都欢呼万岁，这就是买‘义’。”后来，孟尝君被齐湣王削除职位，回到封邑，人民“迎君道中”，田文才明白冯谖的用心。当年，孟尝君曾被贬到茌平，就是孟尝君酒业的所在地，仍然广交朋友。宾客来自四面八方，出身五湖四海、各行各业，他都热情接待。“义”也成为孟尝君酒业的重要理念之一。

在漫长的一生中，乃至可以放纵一下的酒桌上，“仁”让山东人固化在一个僵硬的模式里，现实、乏味、功利，只着眼整体，不尊重个性，多了些世俗，少了些情趣。然而，山东人从不缺乏浪漫主义情怀，他们以“仁”为本，又想摆脱其束缚，于是在酒桌上表现出其另一面：“义”。酒喝得越多，“义”字就越膨胀，拍拍胸脯，天大的事也敢应承下来。第二天酒醒过来之后，一个叫“仁”的东西使我们痛心疾首，正襟危坐在办公桌前，发誓要远离“酒”这个害人的玩意儿。可是一到酒桌上，三杯下肚，本性毕露，又是一条响当当的好汉了。很多外省人刚到山东，难以理解这一现象，说山东人说话不算数。酒桌上说的话，可以算数，也可以不算数，千万别当真，那只是山东人表达“义”的一种语言符号罢了。

一个山东人说：人类认识到自身力量的单薄，便创造了酒，用“酒劲”和身外残酷的世界去较量。想起梁山聚义厅里，一碗鸡血酒，八百里水泊荡涤乾坤，水浒英雄代理着上天的权力。想起醉卧沙场，将士们试图在酒的力量里规范世界的秩序，以戈止武，酒成就了多少快意英雄。外部的酒成为身体的内核，人变得强大起来，就像西方电影里的超人，完成着常态下很难完成的事业。有了酒，人类实现了自我救赎，身体里生出神性的力量。

宋江等108个梁山好汉的故事，恰恰符合一个“义”字。

据有心人分析，《水浒传》从第一回直到第七十一回“梁山泊英雄排座次”，每回都有饮酒的场面。一件重要事情的发生，一个重要人物的出现，都离不开“酒”字。大闹五台山、智取生辰纲、火并王伦、打虎除霸、三打祝家庄等，这些大事件背后都有一个“酒”在支撑。宋江是这个团体的一号人物，他不像武松、李逵、鲁智深那样豪爽粗放地喝酒，但在他人生的每一个转折点，都有酒的参与。他人生的句号就是一滴酒：喝御酒被毒死。《水浒传》真是一部酒气熏天的小说。

梁山好汉为什么要“大碗喝酒，大块吃肉”？

他们吃肉，多吃牛肉，是为了表达自己“天不怕地不怕”的英雄气概。按照当朝法律，屠宰耕牛是犯罪行为，而梁山好汉们公然藐视法律，和官府对立，造反精神跃然纸上。同样，“大碗喝酒”更是一种美好生活的象征，当时社会动荡不安，人们连饭也吃不饱，更遑论喝酒。连温饱问题都解决不了，人们自然会起来造反。梁山好汉聚义，说是“替天行道”，但解决温饱问题是他们造反的最直接动机。能和自己的朋友天天一起喝酒，该是一种多么令人羡慕的生活啊。

《散文选刊》曾刊登过一篇文章叫《千年酒香》，作者是以体悟齐鲁文化见长的山东作家李木生，他这样感叹：

八百里水泊，已没有半点踪影。只有千年不散的酒香，还在这梁山的树石间，萦回不已。

那样的世道，官家如天下的乌鸦。脚下步步荆棘，世上处处不平，哪个好汉胸中，不横着瘆人的块垒？如此，酒便如血如泪，伴着他们的生死了。沧州的那个风雪寒夜，古庙中那一葫芦的冷酒，岂止是林冲一个人的冤屈怆痛和走投无路？

一重重的苦难，就这样在酒中愁作蔽空的阴霾。

酒中，也就噼噼剥剥，有火苗在窜，挟恨喷怒，如刀似箭。一座座瘆人的块垒，一旦如火山般点着，世上也便没有什么铁打的江山了。腐烂的江山，垮就垮了，塌就塌吧。倒是这酒中的火，烧炼出的胆魄与豪气、反叛与呐喊，却成了传世之宝。所以这些“酒家”们喝酒，用碗，用瓶，用瓮，少用杯盏。不是被这酒中的火烧着，宋江怎么会“磨得墨浓，蘸得笔饱”，朝那浔阳楼的粉壁上，写下了“他时若遂凌云志，敢笑黄巢不丈夫”的诗句？更将这噼噼剥剥的火苗，腾作愤怒的烈焰的，是行者武松。鸳鸯楼上，连杀了腌臜狗官张团练、张都监和恶霸蒋门神，武松才将三四盅酒一一饮尽，再撕下尸体上的一片衣襟，蘸着血，又是去粉壁上写下八个大字：杀人者打虎武松也！此刻，这些个原本默默无闻的普通人，便让冲天的血性，带着酒的恣肆，在历史的大幕上挥洒出“英雄”二字。

金圣叹曾把武松比作“天神”。只是这个“天”，是天性之天，酒后的武松，尽把人之最朴实明亮的天性解放了，让它散发着原始的力量与自信。初冬的夕阳下，刚刚喝下18碗酒的大汉，袒着胸，左手捺定那只吊睛白额猛虎，醋钵儿似的右拳，雨点般淋向硕大的虎头。为一方除了大害，穷着的武松，却又将刚刚得到的一千贯赏钱，全部散给受了许多艰难、也在穷着的众猎户。

一幕英雄的气象，就这样定格在景阳冈上，历久弥新。

让我感动的，还有这些硬汉们藏在生命深处的点点滴滴的柔软。越是受苦受冤受屈，越是执拗地护好着这份柔软。李逵见到想儿想瞎了双眼的老娘时的那声呼喊，“娘，铁牛来家了！”——这是能让石头也要落泪的呼喊。就为了这声喊，就为了能让受了一辈子苦的老娘，也能上梁山快活几日，嗜酒如命的李逵竟能在接娘的日子里滴酒不沾。还有临去东京出差的武松，擎起一杯酒嘱咐懦弱的哥哥：往日每天十扇炊饼只可做五扇去卖，迟出早归；“归到家里，便下了帘子，早闭上门，省却了多少是非口舌”。有这杯酒吃下，那个被人嘲笑了一世的武大，当是享过福的了。

一日不可或缺的酒，更是一面明镜，照见着英雄们的肝胆。不平的世道，怎能指望？满世的狗官，岂可信赖？那就碰碗碰瓮碰盏碰心，碰出生死相知相依的兄弟，碰出一座酒香盖世的梁山，也在这个炎凉的世界上，留下一缕千年不歇的温暖与仁义、磊落与光明，也留下一条让世代英雄怦然心动的崎岖生途。

有好汉们用生命蘸着酒写就的故事，这座小小的梁山，怎能不名扬四海、万古不朽呢？

这篇文章像是一瓶高度酒被烈火点燃，淋漓尽致地反映出梁山好汉义薄云天、侠肝义胆的内在感情和深沉力量。

现在人们可以天天喝酒了，在山东的酒场上，“义”字当头的现象仍然很突出。为朋友喝吐了的、喝伤了的，甚至喝死的情况时有耳闻。酒桌也许会变成战场，硝烟味十足。

人的酒量即使在山东也有千差万别，但是为了一个“义”字，山东人要求大家喝下一样的酒，买得一样的醉。老派山东人有一个约定俗成的规定：只要一碰杯，杯子里的酒必须喝完，这叫“酒杯一端，必须喝干”。他们不喝半杯酒，杯子里的酒喝完之后，才能重新倒上酒。一个人没喝完，全桌人都等着。有人开玩笑说，这习惯大概源于梁山好汉。好汉之举角力多于斗智，要打架就一对一单打独斗，山东人认为以多欺少、以强凌弱不是好汉行为，所以在酒桌上要“公平打斗”。要敬酒，我给你碰杯，表示敬意，没小看你的酒量和胆量，必须干掉。

山东某地流行一种席间游戏，叫“捉瓶子”，比赛双方一人身边放着一捆啤酒，共十瓶，桌子中间放上一瓶。谁先喝完自己那十瓶，去拿到桌子中间那瓶啤酒，就算获得胜利。

一个领导听说部下被人家灌醉，就带着两个部下前去报仇。对方选了近十个酒鬼来陪。他说这样吧，咱们为了友谊，只要倒上酒，大家就一起喝掉。什么规矩也没用上，每个人喝了一样多的酒，一杯接一杯。结果，对方来了九个人，其中六七个喝得钻到桌子底下，第二天爬不起来了。这个领导能喝两三斤高度白酒，艺高人胆大，经常单刀赴会，喝得人家人仰马翻，每次喝酒都有一些传奇发生。这种“酒逢知己千杯少”的豪气，最容易获得山东人的好感。

在山东过去还有一道景致，就是“划拳”，或者叫“猜拳”，多是在一些比较随意的场合，朋友私人聚会以及乡村的酒宴上屡屡可见。两个人面红耳赤，不时伸出拳头，喊出的声音激烈、高昂、粗野，什么“哥俩好”“三星高照”“四喜来财”，什么“五魁首”“六六顺”“八匹马”，谁输了谁喝下规定的酒，有的人坐着不过瘾，站起来一条腿踏在板凳上，不明就里的人还以为是在吵架。“划拳”需要一些小的智慧，也需要有胆量和酒量。输了的人不服输，想扳回来，喝着喝着就喝多了。在缺少娱乐元素的年代，“划拳”为大家带来一些乐趣和愉悦，随着时代的发展，这一形式正逐渐退出人们的视野，退出城市人的视野。但是山东人讲义气的性格，在酒桌上一点也没有改变，反而变本加厉，愈演愈烈。

各地酒风：酒是山东人隐秘的籍贯

我的喝酒基因来自母亲。和一般家庭不同的是，我家男人们的酒量稀松平常。爷爷在父亲幼时闯关东一去没有音讯，所以我们不可能知道他的酒量。作为独子的父亲，最多能喝二三两白酒，哥哥喝半瓶啤酒就脸颊通红，我的酒量在我们家族里就算是高水平的了。我家的女人们都能喝一点，每次聚会，母亲、嫂子和几个姐姐单独摆上一桌，喝个三杯五杯，似乎没有感觉，还得伺候我们这些大老爷们儿。

母亲老年时喝酒的情景，深深刻在我记忆深处。那时我们已经工作，家里买得起酒。大家都吃完饭了，她最后一个还在吃，慢慢地斟上几小杯白酒，细细地喝下去。现在回想起来，她是为了消除一天的疲劳。娘是世界上最好的女人，这不是我说的，是很多村里人说的。她从来没有跟邻居吵过架，也没有和父亲红过脸。相反，只要村里人有什么红白喜事，都少不了母亲的身影。在家里，她是干活最多、享受最少的人。我们掉在地上的一粒米她也要捡起来，塞进嘴里。每到过年，家里的每个孩子都会有一身新衣服，只有母亲可能穿得旧一点。我常常想：天底下为什么只有母亲那么无私？那么善良？那么慈祥？在村子里，我随时听到母亲爽朗的笑声，她是一个心胸豁达的人。然而，一个没有文化的农村妇女，要承受多少苦难、委屈和压力。喝一杯酒，心头的郁结就消散了，生活的希望重新点燃了，于是，整天穿戴得很利索的母亲，总是显得那么高兴、慈善、温暖……

我想过这样一个问题，母亲喝酒的基因又来自哪里？来自姥姥姥爷，还有姥姥姥爷的父母、爷爷奶奶……这是一条历史的纵深线条，估计可以追溯到东夷老祖宗那里去了。

英国著名的实证主义史家巴克尔说：有四个主要自然因素决定着人

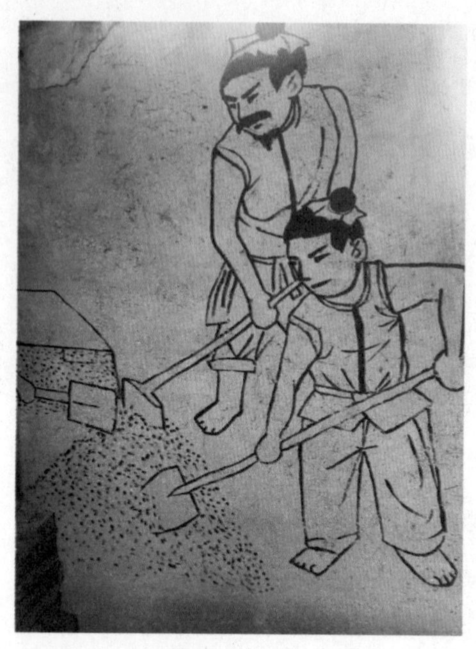
山东蒙阴一酿酒作坊墙上的画像

类的生活和命运，这就是气候、食物、土壤、地形。我们这些东夷人的后裔，在自然因素和人为因素的影响下，形成了独有的文化传统和生活习俗。

山东地图像一只雄鹰。最东端的荣成市到最西部的曹县，距离在700公里左右；而最南边的薛城至最北面的无棣，也有大约420公里。如此巨大的地域空间，决定了山东各地在喝酒方面的风俗不尽相同。有人简单地总结说，山东人喝酒是“两头猛，中间凶”，两头是指一东一西，东部的胶东半岛，特别是烟台和威海一带，既是齐文化传人，又有海洋文化底蕴，常出海打鱼，与风浪搏击，活吃海鲜，所以这里的人豪爽大气，讲究面子，酒量大，爱劝酒灌酒；西部的水浒文化圈和运河文化带，包括济宁、枣庄、聊城、菏泽、德州等地，受“忠义”传统浸淫和运河文化碰撞，在动荡与冲突中与天斗，与人斗，讲义气，重关系，尚武嗜酒，尤以梁山为代表，很多人一提到梁山去喝酒腿都发抖。中部以济南为核心的省会文化圈，包括广大的鲁中腹地、泰沂山区，是山东古代文明的发祥地，保留着浓郁的传统民俗事象，农业社会痕迹明显，中庸和谐，结构超稳定，酒是生活的调和剂，所以万万缺不得。

也有过渡地带，比如潍坊，位于山东省中部，是陆地和海洋的结合点，那里的风俗既有内陆特色，又有海洋风格。喝酒时既讲究内陆的规矩，又像海边人那么凶猛。一个同事去潍坊，常常有人端着大盆来敬啤酒。我在潍坊滨海几次像喝水一样喝干红，结果酩酊大醉，甚至不省人事。我很迷恋潍坊喝酒时配的菜肴，有一种生腌的大螃蟹，滋味悠长，鲜香无比，非常生猛，老家莱州也有，但是放盐过多，不如潍坊做得咸淡适宜。还有滨海一带位于莱州湾畔，出产各类海鲜，蛏子、文蛤、大虾、螃蟹、杂鱼，原汁原味。但是与海边人只把海鲜当待客美食不同的是，潍坊的农家菜，像全羊、炒鸡、朝天锅，以及形形色色的农家小炒、野菜做得也颇有水平，并且偶有创意，让人垂涎欲滴，欲罢不能。

先说一东一西喝酒的“刚猛一族”。

老家莱州位于胶东半岛西部，我很少因工作关系回老家喝酒，所以对那里喝酒的气氛感受不深。但是有很多人说，你老家酒风很正啊，意思是老家人酒量很大。一个老板到莱州，酒桌上，主陪三口干了四两白酒，副主陪两口干了同样的酒。之后这位老板的意识已经模糊，好像又喝了很多啤酒，再去洗脚，去看表演，给手机里的朋友打一遍电话……这一切好像都发生在梦中，第二天忘得一干二净。

这样的故事我在烟台和威海其他地方遇到过，更是不断听到过。

两个同事去威海谈合作事宜，一个喝得眼睛肿成一条缝，不得不戴上大墨镜，说是过敏；另一个当场双腿变成“面条”，软绵绵地，怎么也直立不起来，被人搀扶着还不断跌倒在地，脸上蹭掉一块皮，血淋淋的，伤疤很久才愈合。一个同事家是荣成的，酒量极大，喝啤酒似乎没醉过，但是他说每次回老家最少醉两次，就是回去的接风酒和回来的送行酒。我去烟台和威海也数次遭遇激战，喝得短暂失去意识的事时有发生，当地人却觉得你实在，够哥们儿。有一个局的办公室主任，第一次喝酒他当主陪，三两多的酒杯，倒满高度白酒，他连着干了三杯，一斤多下去了，然后副主陪喝酒他也喝，还要轮流敬，这一场酒下来得喝多少啊。要命的是，每次他都这么个喝法。最近见到他，说是滴酒不沾，身体喝坏了。还有一次，在一个镇上的基层税务局，我实在喝不下去，就要了点滑头，那个局长照样喝，最后在房间的沙发上打起滚儿来。

烟威一带的人酒量很大，招待客人时，首先是他们自己猛喝，那种豪迈的气势、炽热的感情、威逼的手段，一定会感染客人，不由自主地喝起来。烟台的喝法是“三二一”“一二三”，就是主陪和副陪各敬三杯，每个人敬的三杯都需要分六次喝掉。主陪带三杯，第一杯三口喝掉，第二杯两口喝掉，第三杯一口喝掉。然后换副陪带三杯，只是第一杯要一口喝完，第二杯两次喝完，第三杯三口喝完。这一圈下来，用二两的杯子计算，六杯就是一斤二两，外地客人一般都趴下了。威海也基本一样，只是主陪和副陪的三杯都可能一口干下去。

你如果不喝酒，当地人也有劝酒的办法，逼得你不得不喝。有一个人到威海出差，威海的朋友设宴款待，用大葡萄酒杯倒满白酒，一杯怎么也有三两多。威海的主人举起酒杯说，我就三杯酒，多了也不劝大家。大家不知深浅，面面相觑。主人开口说话了：“这杯酒谁不喝，我叫谁爹。”他年纪大，资格老，又是有头有脸的人，大家不想为难他，都咬着牙喝了下去。吃了几口菜，他又端起酒杯说：“这杯酒谁不喝，谁叫我爹。”大家都不想叫他爹，所以艰难地喝了，以为再也没有说辞。没想到，他过了一会儿又喊服务员把酒倒满，沉稳地端起酒杯说：“这杯酒谁不喝，谁没爹。”十几分钟的工夫，三杯酒下去，很多人的舌头已经直了。

酒桌上，男人们的用词猛烈而粗俗，荤段子不断。有一个美女到烟台，接待的领导对所有人说：“今晚一人最少干三炮！”美女很囧，脸发红，心想这领导怎么这么没素质。后听别人解释才知道，在胶东一炮就是一杯白酒。他们还把当地生产的“烟台古酿”称作“精装姑娘”等，毫不顾忌在座女士的感受。

对客人是这样，自己人之间喝酒也是这样。威海某单位的孙先生，天天在酒精中泡着，实在是让酒给“整”怕了。特别是春节期间的应酬，让他得了“喝酒恐惧症”，亲朋聚会天天不离酒，上班后同事朋友全部在酒桌上“拜晚年”，并流行这样一句祝酒词：“只要不出正月年就算没过去，在这里给各位拜个晚年了。”常常酒过半巡，孙先生已酒力不支。“我不能再喝了，胃不好，血脂也高。”他实话实说。“喝酒喝的是感情，不要谈胃，多俗。”“孙哥以前可不是这样的人啊，官当大了不认人了吧？”敬酒的人可不管那么多，不把酒劝进对方胃里很难罢休。“九十九拜都拜了不差这一拜，喝吧。”孙先生咬咬牙，“咕咚”一声，一大杯白酒又下了肚。

机关干部和企事业单位职工喝，百姓也喝。一些机关干部在接待过程中饮酒过量，酒后失态、误事的现象时有发生。有的干部中午喝酒不节制，下午上班晕晕乎乎，酒气熏人，对百姓态度极差，甚至干脆不上班；有的干部酒后驾驶，肇事违法，酿成悲剧。这一现象使得烟台和威海成为山东最早实行党政机关“禁酒令”的地方。中午不喝，晚上加倍补回来。在烟台和威海的一些路边，大小餐馆都有大排档，夏天从傍晚到凌晨，都有酒客在推杯换盏，瓶子撞击得咣咣作响，各种声浪嘈杂混乱，醉汉更是大呼小叫，搅得周围居民难以入睡。

工行威海分行一位姓杨的副行长告诉我，荣成人是最要面子的，哪怕在农村，结婚最少摆30桌酒席，每桌要上一两瓶茅台或五粮液，不上名酒就是没面子。

时任工行威海分行行长的刘志刚说，威海酒场，看似公平，其实最不公平，他不管你酒量大小，每个人端起杯子都得干，这就害人了。比如说你有痛风，不敢喝啤酒，不能吃海鲜，不吃动物内脏，但是在威海这统统不能成为理由，人人都要喝。另外，不要以为酒量大就占便宜，因为每个人在领完规定数量的酒后，会把目标对准酒量大的人，轮番攻击，酒量再大的人也得趴下。还有，在威海，日本人和韩国人每天工作到下午六七点，压力较大，也爱喝酒，而且他们是逢酒必醉，摇摇晃晃出门才算喝过酒，但是他们会休息和释放，一周七天之内必定有两天是去郊游、爬山、打高尔夫……

说这些话时，我们已经喝掉10瓶张裕干红。

过去，烟台和威海人只喝白酒，现在这一观念得到很大转变，因为地处沿海发达地区，经济富裕，再加上盛产优质葡萄酒，所以近些年流行喝葡萄酒，也喜欢喝白兰地。喝葡萄酒时，杯子越大越显得有档次。按道理，可以在杯子里少倒一点，慢慢摇晃着，品尝其中独特的滋味。而胶东人不这么喝，他们把葡萄酒当白酒或者是啤酒喝，激情上来，有可能把大杯子倒满，一饮而尽，那可是一斤多啊，不能喝的会当场醉倒。

山东人爱面子，胶东人尤甚。在请客时，胶东人一般只给客人吃海鲜，高档的有海参、鲍鱼、野生大对虾、莱州大梭子蟹、深海鱼类，家常的有蛤蜊、海蛎子、爬虾、海肠、八带、海螺、鲅鱼、带鱼等等，然后上两个肉菜和青菜稍加点缀，如果请客不全部上海鲜，就是不尊重客人。这一观念使得海边人的生活成本极高。我去过河南、河北等北方省份，请客花不了很多钱，就是因为不上高档海鲜，一个海参需要一两百元，10个人就是一两千元，这不是奢华消费吗?

威海某村是全国闻名的富裕村，这个村像一个大公园，中间有一片湖面，湖面上的亭子，其实是一个大餐厅，一楼是会客室，二楼三楼是餐厅。在这里，碗、筷子、勺子都是新疆玉石做的，据说一个饭碗的市场价是10万元。吃的东西更是闻所未闻，海参炖鱼唇，唇是大鲨鱼的，很透明；龙胆鱼头，这种鱼最少几十斤重，鱼头有五六斤，胶质多，亮晶晶的；还有一种大头鱼，身长几寸，头显得格外大，据说营养价值很高……煎烤也是这里的特色，牛肉、牛舌来自神户，每斤价格高达2000元左右，即使当地的海蛎子、小鲔、玉米、南瓜，也烤得外焦里嫩。

可见喝酒是一件多么光荣的事啊。

东边胶东人喝酒像波浪汹涌，西边梁山好汉喝酒像水泊无边。

梁山、东平、阳谷、郓城现在分别属于山东的4个市，却共同构成一个水浒文化圈，这一带的人也因喝酒豪爽闻名，威震山东。

近几年来，梁山、阳谷、郓城三县，挖掘小说《水浒》元素，纷纷推出各类“水浒酒”，其中梁山出产有“水泊老窖”与“义酒”。梁山好汉“义”字当先，用“义”给酒冠名，就是要发扬豪侠仗义的精神。酿造义酒的梁山酒厂坐落在梁山北麓后军寨，传说这是好汉们安顿眷属、铸造兵器、囤积粮草的地方。义酒香味纯正，绵柔回甜，浓而不暴，尾正余长。阳谷是传说中武松打虎的地方，景阳冈酒厂出的是“景阳冈陈酿”，酒瓶上就是一个武松打虎图案，生动传神。据地方志记载，被施耐庵写进《水浒传》的“透瓶香”，曾作为贡酒送进京城，并获得宋神宗御笔亲赐“贵人佳酒”。至于“三碗不过冈”“水浒老窖”“生辰纲”等等，都被这一带的人注册为酒的商标。

有了好酒就得喝，鲁西南人喝酒，一定要连喝三杯，少一杯就是不讲义气。这叫“桃园三结义”。如果遇到结婚喜宴，别人劝酒不算，新郎的兄弟先来敬三杯，新郎本人又来敬三杯，最后新郎的老爹再来敬三杯，一共九杯酒，无论如何是要喝的。

梁山人是鲁西喝酒的典型。如果说山东人酒桌上的习俗已经随着时代发展而有所改变，渐渐变得文明起来，那么在梁山这些习俗仍在严格执行，当地至今流传着这样一句谚语：“有菜无酒不留客，有酒无菜是好席。”可见那里人对于饮酒的态度。他们至今保留着“大碗喝酒”的习俗，常见的有两种方式。一种喝法叫“推磨”。宴席上只有一个碗，能盛下几斤白酒。碗要放在首席客人前，他会不推不让，伏身牛饮。喝过一大口，再推碗给下一位，依次向后推。这样周而复始，一轮一轮地喝下去，不许有半点作假，直到所有人喝醉。近年这种风习有所改变，一般不再用大碗“推磨”，也不要求尽醉。另一种喝法叫“喝亮盅”。整个酒席只准备一个大酒碗，能盛二两多酒。宴席开

“梁山好汉”邀请游客大碗喝酒

始时，主人将碗内斟满酒，右手执盅，左手端着盅底，到客人面前敬酒，客人接过来一饮而尽，主人便特别高兴。客人饮过，空盅放回桌子中央，所有陪客的人都不必再劝，依次自取酒盅，斟满而饮。大家都喝过一轮，主人再为客人“端”第二盅。这种端酒的习俗，在鲁西南和河南一带曾经很盛行，至今仍然可见。

在鲁西早年遇到喜事摆酒，还有“过河”一说：客人酒喝得差不多了，就上来一碗“淖桌汤”，此时，所有人要起身走出房间，主人把桌子上的酒菜清理干净。然后，一些小辈的主人或主人亲属，在房间门口摆上一条板凳，上面赫然摆上三只酒杯甚至大碗，斟满白酒，如果客人要进房间吃饭，就要喝完这三碗酒，否则不能进去。这一办法被称为“过桥”，是主人为活跃气氛而设。通常客人中的德高望重者会出来说和，不喝或者少喝也就过去了。也有的因为主客之间不痛快，借题发挥，以至于踢翻闹僵、不欢而散的也大有人在。这一习俗暗藏的寓意是什么？难道是酒量不大连吃饭的资格都没有？可见在鲁西如果你不喝酒会多么被瞧不起。

“大碗喝酒”必须“大块吃肉”，阳谷县喜欢上布袋鸡、八味全鱼、蒸肉、杂拌，东阿一带喜欢上清蒸鸡、糖醋鱼，茌平、博平、高唐一带喜欢上烧鸡、红烧鱼，临清、冠县一带回民较多，喜欢上清炖鸡、烤羊腿等。而在梁山，当年好汉们喜欢吃的牛肉至今仍是民间下酒名菜，要选取上好牛肉，洗净，切成大块，放好作料，扔进锅里使劲大炖，直到烂熟。鲁西还有好多列入地方名吃的肉食，如大田集烧羊肉、米家烧牛肉、步家犬肉、张家锅子肉、东明卤肉、下凡肉、老王寨驴肉等等，堪称是好汉食物，吃起来都讲究实惠壮实，不羞羞答答，扭扭捏捏。

虽然数年没去梁山，但是和那里一直联系未断。也不时有人给我讲讲在梁山喝酒的故事。有一次梁山县在济南搞旅游推介活动，我见到几个在水浒戏里的演员。扮演石秀的演员孟飞说，他是河北人，自幼习武，自认为酒量还可以，喝酒从不怯场。但是在梁山甘拜下风。拍摄结束时，他喝了一场酒，最后不省人事，6点多的火车，5点被大家抬上去，很多人认为他是病号。演员卢新宇说：到了梁山，就入伙了。他曾经一连干了三大碗白酒。

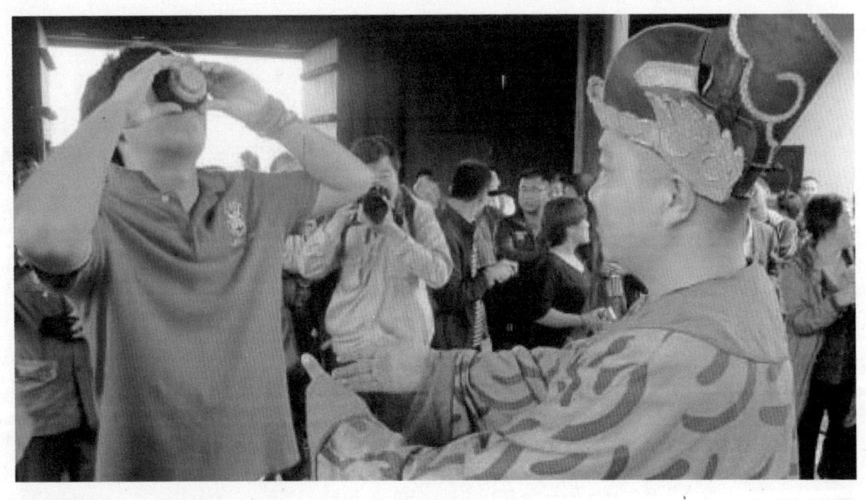

“梁山好汉”给游客敬酒

在《齐鲁晚报》上读到一篇文章，题目是《表弟是个梁山人》，照抄部分内容如下：

“开宴了！”表弟一声雷吼，打断了我的思绪。只见桌上摆满了丰盛的饭菜，我一数大菜盘子18个，其中二指厚的肥猪肉片子就有两盘，就问：“咱们这里待客的最高标准不是12个大盘吗？”表弟盯着我一字一顿地回复：“你不是6年没来了吗，都想你想得不行，特给你加了6个盘子！”我顿感脸儿一热，泪珠差点滚到桌上。“先喝酒！”表弟又一声。我作难了，自己一向烟酒不沾，忙说：“这些菜我最爱吃的是梁山泊糟鱼，让我就着鱼喝饮料不行吗？”表弟一听，脸也红，脖子也粗了：“怎么？你在城市待了这些年，就看不起乡下的表弟了？”看他那脸色，我不吃大菜不行，不喝酒更是通不过的！舅父舅母不能多喝酒，表弟就要和我较量，他说：“咱们6年不见了，酒逢知己千杯少啊，今天咱兄弟俩要来个一醉方休！”此时，我已无可奈何，只好豁出去了！我们觥筹交错，推杯换盏，又喝又喊，一个小时过去了，他愈发兴奋，毫无醉意，而我却感到恶心欲吐、天旋地转。这时，竟听他洪钟又震：换大碗！我迷迷糊糊地没能喝下一碗，就被他抱到床上昏昏然了……本准备住3天就返回的，拗不过表弟一家死活挽留，住了6天，才得以归家。表弟热情、豪爽、讲义气，路遇不平拔刀相助，能“大块吃肉，大碗喝酒”……这就是梁山人，在其身上还传承着当年梁山好汉的遗风。

因为单位同事王常信和企业家朋友付勇、张友情，我也领略了菏泽人喝酒的风采。他们三个都是鄄城人，喝酒的风格也很相似。王常信是我的老兄，现已退休，身体做过多次化疗。我们俩原来经常一块儿吃饭，他自己带头喝，属喝酒的“冲动型选手”，自己不喝时，也很会劝酒，实实在在地一会儿就把人劝醉了。做化疗之后，他高兴了也会喝上几小杯白酒，拉也拉不住。付勇原是体制内人士，后下海经商，我认为他是一个儒商，喜欢收藏艺术品特别是书画。平日里他喜欢叫上菏泽老乡，一边品尝美酒，一边欣赏佳作，朋友圈越来越大，生意做得风生水起。有一次，医生让他戒酒，休养一年，治治胃病，他不到3天就开喝了。我到过他的老家，发现菏泽人之间很团结，喜欢给老乡帮忙；喝酒绝不含糊，在一杯杯美酒的交流中，大家的感情越来越深，甚至可以为对方“两肋插刀”。张友情长着一张娃娃脸，但做事沉稳，为人忠厚。从事建筑行业二三十年，留下一座座优质建筑物。他也是一个敢喝酒的硬汉，依靠酒场上的豪爽交了一批真心朋友。后来，喝出了胰腺炎，腹部疼痛难忍，医生叮嘱他千万不能再喝酒了，可是只要身体稍有好转，他仍然会端起酒杯，直到再次把自己喝进医院……

济南人喝酒既有“大雅”的一面，也有“大俗”的一面。

这里是山东省首府，是政治、经济和文化中心，有着全省最气派豪华的酒店，接待着国内外和全省最重要的客人，自然酒场最重要、最规范，代表着山东风范。山东全省从入座、喝酒、行令等一系列烦琐的程序，基本以济南为蓝本，再加上各自的地方特色形成；当然，外地和各市一些好的做法也会被济南人适当吸收。比如说入座时的主陪副陪坐法，济南人严格遵守，并称这是“国宴标准”。至于每次都要敬三杯酒，济南人说，“喝三杯就齐了”，还有人进一步发挥，说济南有三大名胜，趵突泉有三股水，等等，颇有些文化底蕴。

济南人喝酒实在、朴实、热情，兼有豪迈、厚重、儒雅等混合气质。我既见过连干三大杯白酒的勇猛，也见到酒吧里听着音乐喝着红酒的浪漫，更见过在小烧烤摊上赤裸上身猛灌散啤的质朴。不管怎么个喝法，济南人的与众不同之处，就是正统、中庸、包容性强，有一种深厚的传统文化根基作支撑。

我经历过的酒场，以济南为主，在酒桌上认识了一批又一批朋友，也发生了一个又一个精彩或出丑的故事。翻开我到济南工作近30年写的日记，相当长一段时间主题就是喝酒，醉得一塌糊涂，很难受，气管发炎，脑子麻木，感冒发烧，发誓不再喝了……在这些文字的背后，是高兴，激动，无奈，痛苦，愧疚，失意，我也说不清楚。

以上如果算是一种自我反思的话，在济南喝酒也得到很多，比如说我深入了解了社会的本来面目，产生了强烈的创作冲动，受到有益的文化熏陶，结识了一些能够指点人生迷津的高人名士。这使得我在浮躁的表象之外，能够沉下心来，守住心神，去研究我们这个世界，以及形形色色的文化现象，并力求找到自己的精神家园。

济南号称“泉城”，地处泰山黄河之间，自古为南北交通要冲。章丘是“龙山文化”的发祥地，5000多年前济南人就开始使用餐饮器具；汉代，济南有了郡的建制，此后成为州、府、路、省治，成为山东省政治、经济和文化中心。

“腹有诗书气自华。”一条明晰的“文脉”贯穿济南历史，从新石器文化时代，经过春秋两汉魏晋，直到唐宋元明清，它连绵不绝、一脉相承。济南出过那么多历史文化名人，也有那么多历史文化名人来过。济南怎样吸引了他们？有人总结说：“是一种只可意会不可言传的东西，就是这里的文化氛围和环境，经过数百上千年的积淀，济南形成和谐、宽容、默契的文化环境，你在生活里随时可以触摸到文化这两个字，这在山东其他地方是不可能得到的。”

在这样的城市喝酒，自然有“雅”的氛围，但与之相辅相成，济南又是一个“大俗”的酒城，其最突出的表现，就是夏天遍布大街小巷的烧烤摊。春夏之交开始，如果哪一天突然暖和了，济南的街头就会突然冒出一个个烧烤摊，如雨后森林里的蘑菇。几个木头方桌，摆上小马扎，再支起烧着红红炭火的烤炉，生意就在尘土飞扬、烟熏火燎中开张了。别担心没有顾客，从开着豪华轿车的大老板，一本正经的机关干部，到扮酷的青年，花枝招展的美女，再到工厂里的工人，进城务工的农民，都是小摊的常客。他们吃的以羊肉串为主，外加一盘花生，一盘毛豆，一盘螺蛳，也有板筋、心管、红腰、白腰、鸡翅、脆骨、骨髓、鱿鱼、基围虾、多春鱼、蔬菜、烧饼等无数个品种，现在很多摊点增加了小海鲜。有一段时间，济南流行吃小龙虾，麻辣味的，一桌人，要上一大盆小龙虾，戴上透明的手套，吃得满嘴流油，全身大汗淋漓。后来，小龙虾养殖环境备受诟病，一度衰落，可是第二年又流行起来。

烧烤进入旺季，啤酒也迎来销售的大好时机。济南人爱喝桶装的扎啤，一桶喝完再来一桶，放在那里也特显气派。这种酒味道稍微淡一些，冰镇之后，一杯杯喝下去，可以降温消暑，惬意舒爽，又不十分醉人。当地媒体报道说，山东人自古有豪饮的传统，啤酒消费能力占全国第一，业内有“得山东者得天下”之说，在山东则有“得济南者得齐鲁”的共识。最近几年，济南市场的啤酒消费一直在上升，一年啤酒的消费量相当于1/5个大明湖，且以每年10%的速度增长。过去，济南人只喝“趵突泉”啤酒，但是经过青岛啤酒坚韧不拔的营销，目前济南市场基本看不到趵突泉啤酒的身影，“青岛啤酒”一统江山。

济南还有一个非常奇怪的现象，就是随地小便的人很多。我这样认为，啤酒喝多了，又找不到厕所，只好随地方便了。据有心人统计，济南经十路上只有10多个厕所，最长的相距10里地。这说明济南人的“城市意识”不强，把城市的街道当成乡村的沃土了。

第六章

山东社会的三种“喝酒表情”

官场表情：另类的喝酒“三大战役”

中央“八项规定”出台多年，山东官场上喝酒的风气得到很大扼制，风清气朗的局面开始形成。

曾几何时，官场因为酒气弥漫而变得乌烟瘴气。

在一次全国“两会”上，作为全国政协委员的山东省委统战部部长张传林成为媒体关注的焦点，因为他直率地表白：目前全国公费吃喝开销达3000亿元，喝酒的成本之高，伤亡之大，场面之惨烈，不亚于“三大战役”。而且，这种战役往往在欢歌笑语中直接攻击对方的肝、肾、胃等要害部位，再加上酒风如作风、酒品如人品、酒胆如胆量等强大舆论攻势，麻痹中枢神经，摧毁抵抗机制，相当一部分领导干部喝酒喝坏了身体。

在山东当过市委书记的张传林，历经酒场无数，应该是从实践中得出这一结论的，他是为喝坏了身体的官员们在呐喊。

全国和地方“两会”是中国最重要的民意表达场，“两会”上各种议案提案反对“三公”消费的呼声一年比一年激烈，但是“三公”消费似乎愈演愈烈，即使在中央“八项规定”出台后，一些官员躲进会

《公款消费》山东漫画家黎青作品

所、食堂、四合院，仍要继续进行“吃喝大业”，有一期央视《焦点访谈》揭露：一些官员藏在深宅大院里，悄悄腐化，每人最高吃喝标准竟然达到6000多元，真不知道吃下去的是什么。

浑身弥漫的酒气，曾经是山东官员的标志性气息，他们好像是一个个大酒瓶，散发着酒的浊气。很多人陷入一个奇怪的悖论之中：不想喝酒，可是天天在酒桌上下不来！这究竟是为什么？“喝酒伤身体，不喝酒伤感情”，一位党政部门的朋友这样告诉我。而感情在官场比能力还重要。官员喝酒除具有公务接待的合理内核，还承载着众多的官场功能。公款吃喝，不仅关乎一些官员的工作、利益、晋升以及交流媒介等官场要事，也是官场各个环节的重要一环，是官场各种链条的枢纽所在。并且，权力越大、位置越重，吃喝应酬越多。官场所谓的长袖善舞、八面玲珑、左右逢源乃至滴水不漏等，无一不与这种官场应酬有关。

既然无酒不成席，那么，无酒也没法工作。在山东喝酒是官员最重要的工作内容之一，迎来送往，会议庆典，招商引资，逢年过节，调动提拔……林林总总的事情，都要有一个酒宴，才显得有气氛，有面子，有情分。上级领导来检查，不仅工作要过硬，酒风更要过硬，不好好招待，不仅没有政策、资金等支持，考评不过关，甚至影响个人前途。山东各地的节会多达一两百个，要宴请上级领导出席，请专家研讨，请演艺明星助阵，请新闻媒体宣传，请各路老乡省亲，每个节会最少要有两场宴请，当地主要官员一般要不醉不归。在“GDP崇拜”的大背景下，招商引资是政绩的重要体现，要想不喝酒就引来资金和项目，几乎比登天还难。

有两个版本的故事在山东很流行，中间被不同的人添油加醋，在酒桌上绘声绘色地讲述。很多讲述者告诉我，他们都有亲身经历，甚至比这两个故事还离奇。

一是说某地一局长去省城部门跑项目，经过努力，省城领导终于答应批给100万元的项目。当晚，局长在酒店宴请上级领导。不知不觉，几瓶茅台下肚，每个人都醉意蒙眬。这时，省城部门领导拿着一瓶酒来到局长面前，在桌上一连倒了满满10杯白酒，硬着舌头说，“这个项目是100万元，现在桌上一共10杯酒。喝多少杯给多少钱，少喝一杯就少给10万元。”这位领导还“规定”，这10杯酒不准任何人代替，如果实在喝不了，也不勉强，那就“照章办事”，那100万元的项目只能与你们无缘了。省城部门领导虽然是开玩笑，但是语气软中带硬，让人无法抗拒。已经喝到极限的局长，二话不说，连喝10杯，一头栽在酒桌上，顿时不省人事，直接被送进医院。

二是说山东县直某部门一把手去北京招商引资，利用“两会”去会各路“神仙”。他专门挑选了单位酒量最大的“精兵强将”，天天艰苦作战，虽然他喝得最少，每天仍然要灌进5斤以上的酒，包括白酒、红酒和啤酒。他这样向大家描述：“我是一个手里拿着药，一个手里抓着酒瓶子。还有人更厉害，心脏病，怀里揣着救心丸，喝酒的时候一点也不能少。”每天，他和同事们脸上堆满笑意，更换着旁边的主宾和副宾，陪他们将一杯杯浓度不同的液体灌进嘴里，酒精在胃里燃烧着，一次次地刺激着早已麻木的神经。“说实话，我一点都不喜欢沾酒。我更愿意吃老婆炒的酸辣土豆丝，然后陪女儿看会儿电视。”40多岁的“一把手”称自己酒量不大，以前喝两瓶啤酒就不行了，通过十多年的锻炼，能喝半斤白酒。北京之行，“一把手”颇有收获，有几个投资项目已经达成意向，同时，还结识了一些北京的“领导”。

因为工作要喝，没有工作就不喝了？照样喝。改革开放初期，能够用公款吃喝是一种权力，那时人们肚子里没有多少油水，来一个客人恨不能十个人去陪。现在物质生活极大丰富，“富贵病”流行，还有严格的“八项规定”，应该不去吃喝了，但是官员们发现，吃喝已经不仅仅关乎生活，还是一种社会地位的象征，是一种享受精神愉悦的方式，你有权力别人才会求你请你，所以酒场必须去，蹲在家里吃饭的男人被视为“没出息”“没地位”“没人缘”“没关系”。于是乎，“不吃喝，毋宁死”成为很多山东官员的潜意识，怪圈就这么形成了。

走遍山东各地，你会发现，官员们多在三种场合吃喝：

一是五星级酒店，这里是城市最豪华的场所，饭菜不一定可口，但是肯定价格最高。即使在“八项规定”出台之后，在山东大厦就餐，每位客人的最低消费仍然是300元以上，最高标准不封顶。不是公款消费，老百姓不会去花这个冤枉钱。即使是企业老板请客，对象仍大多是党政官员。

二是大型饭店，像济南的蓝海、舜和国际、胶东人家、新海渔港、海码头、伊尹海参、舜泉楼等等，因为菜品有特色，服务质量好，过去门前一溜儿停的都是党政机关的公车，走出来的大部分是喝得东倒西歪的官员。“八项规定”出台后状况大有好转，但是一到节假日，很多酒店仍是一房难求，火爆异常。

三是特色小店，这些小店非常简陋，有的只是几张破桌子，但是有自己的绝招，可是“好酒不怕巷子深”，鼻子很尖的官员们会寻味而至。日照一个叫“海陆空”的小店，把“天上飞的、海里游的、陆上跑的”全部汇聚在一起，食客云集，而且大多是官员。这样的店每个地方都有，像羊汤馆、炒鸡店、小海鲜等等，也可以偶然让官员们尝一下新鲜。

现在，为了规避检查，一些官员只到单位食堂、私人会所、“一桌宴”等隐秘的场所就餐。像当年的地下工作者一样小心谨慎。有时客人到齐，大门就锁上了，别人很难进入。

吃得好，喝得好，还要讲究官场上的规矩。酒桌，是工作关系和社会关系的延伸，即使喝得酩酊大醉，稳定的结构是不能动摇的。山东男人最重视喝酒时的座位，而最重要、最体面的位置，一定会自觉留给“当官”的人，他们也会当仁不让地坐下。即使你坐错位置，不知情或不小心坐到主宾位置，那么，主人也一定会第一个敬你酒，第一个为你夹菜……他们敬的根本不是人，而是官位。

有一次和山东某单位的人一起吃饭。奇怪的是，席间，只有这个单位的“一把手”侃侃而谈，旁若无人。我觉得很奇怪，其他人为什么不说话？他们难道突然之间丧失了语言功能？有几个小子平时很幽默，很善于言谈啊。气氛顿时压抑起来，并慢慢地向内心逼近。我只看到一把手那张硕大的脸，这就是“面子”。这种气氛，就是山东的气氛，不光在酒桌上，也在社会上蔓延。官的气焰多么旺盛，把整个山东大地都笼罩了。

有人说，酒在山东常常失去了本意，必须在一个小房间里，还有主次秩序，其细微差别比做化学实验有过之无不及，稍有不慎，说不定前程就出乱子。所谓“工作小技巧，喝酒大学问”是也。本来领导要敬酒的，你先端了杯子，大家就笑，领导也笑，结果在酒局一结束就显现出来，守着领导有些人就不敢跟你打招呼了。

“四菜一汤” 新华社发 朱慧卿作

有一个酒场吃鱼的传说，颇得山东官场神韵。服务员上菜时把鱼头对准局长，局长喜欢吃鱼，豪爽地连喝三杯鱼头酒，然后放下酒杯开始分鱼。鱼眼给左右两位副局长，这叫高看一眼；鱼骨夹给财务科科长，这叫中流砥柱；鱼嘴给了“表妹”，这叫唇齿相依；鱼尾给了办公室主任，这叫委以重任；鱼肚子给了研究室主任，这叫推心置腹；鱼鳍给了行政科科长，这叫展翅高飞……最后，盘子里只剩下了一堆鱼肉。局长苦笑着摇摇头说：这个烂摊子还得由我收拾，谁让我是局长呢！

一些流行语听着像玩笑，时间久了就变成普遍心态：“能喝一斤喝八两，这样的同志要培养；能喝白酒喝啤酒，这样的同志要调走；能喝啤酒喝饮料，这样的同志不能要。”“公家出钱我出胃，吃喝为了本单位。”“穷也罢富也罢，喝罢！兴也罢衰也罢，醉罢！”

获得诺贝尔文学奖的莫言，写过一本叫《酒国》的小说，很有魔幻色彩。小说的大意是，酒国市的官员吃掉无数“婴儿”，省检察院的特级侦查员丁钩儿，奉命前去调查。丁钩儿虽不断提醒自己不喝酒，最后却被酒色俘虏，醉酒后淹死在茅厕里。在“酒国”，只有酒量大才能提拔重用，“敬酒不成三，坐立都不安”。我看过这本小说，当时就想：“丁钩儿”是不是山东土话“腚沟儿”？莫言显然极其瞧不起这个特级侦查员，以及“酒国”酒气逼人的大环境，所以才把他命名为“丁钩儿”。

小说里有这样一段语言：

> 咱酒城正中央，是市委、市府所在地，市委的院子里，塑着一个白色的大酒缸；市府的院子里，塑着一个黑色的大酒坛子。大家不要以为这里含有讽刺性，绝对没有……咱酒国的特点是酒多、酒好，所以市委、市府狠抓了酒，创办了酿酒大学、筹建了酿酒博物馆、扩建了十二家老酒厂、新建了三家集中全球酿酒技术精华的大规模新酒厂……

只有在山东官场上喝过酒，你才知道莫言的魔幻感觉来自何处。

有一年春节前夕，同事潘林青写过一篇稿子，题目就叫《快过年了，讲几个官员喝酒的小故事》，四个小标题，分别讲了四个故事。除了讲一年内他认识的3位基层干部因喝酒死亡、一位干部妻子到单位状告因中午禁酒而晚上夜不归宿的丈夫外，还分别讲了县委书记和乡镇党委书记喝酒的故事。

沿海一个发达地区的县委书记，每天要迎接上级检查团、同级参观团、朋友拜访团，最少五六拨，最多十几拨，每天陪酒，已经10多年没回家吃过饭，不到50岁，却患有酒精肝、高血脂、咽喉炎等多种病症。据他的秘书说，地方上不管大事小事，县委书记出席才显得重视，否则就是失礼，为了让书记吃饭时“串场”，多场接待集中在一个区域，远了一晚上跑不过来。最多的一晚上，这位书记跑了23个酒席。他说，喝酒是没办法的事，都是多年来形成的“酒文化”“酒规矩”闹的。上面千条线，下面一根针，所有工作都要基层来完成，“迎来送往”“陪客吃饭”成了一项重要工作。

乡镇党委书记把自己的工作生活归纳为十几个字，“中午喝晕了，晚上又喝晕了”，真是生动形象。这位书记给记者讲了一个故事，刚调来当镇党委书记的时候，所有村党支部书记都觉得他是新来的，“欺生”，他布置的工作没有一个村党支部书记认真落实。怎么办？他想了一个办法，把所有村党支部书记叫过来，在镇里的食堂摆了好几桌，叫上镇“班子”全体成员陪酒。那天，喝掉多少酒已经记不得了，只知道他当场大醉，在座的也全部被“撂倒”。从那以后，所有工作都顺利贯彻落实了。他说：“当然有好办法，比如讲政策、讲党性、讲法律法规，但效果太慢了，好多工作来了就是急的，根本没有时间去‘春风化雨’，虽然这样简单粗暴，但在基层，这也是最有效的办法。至于身体，已经没法顾及了。”

我和潘林青聊过这个稿子，小潘说，自己的父亲就是基层干部，已经把身体喝坏了。同样的故事，我在很多乡镇都听说过，特别是农业税没取消前，乡镇干部不喝酒没法开展工作。喝了酒，感情上觉得你像亲人，村党支部书记才为你去卖命。

山东淄博一位读者在党报上撰文，讲述自己的见闻：朋友小张原本是一名很优秀的高中英语教师，后被招聘为副乡长。从此生活轨迹发生改变，接待应酬成为每天必需的工作。由于饮酒过度，他时常感到身体不舒服。第三年国庆节后去医院检查得知，肠胃出了问题需要手术治疗。他悔恨交加地说：“没想到副乡长就是个酒囊饭袋，陪吃陪喝比工作还累。政府部门官大一级压死人，为了保证主要领导不喝醉，酒桌上要硬着头皮抢着喝，替了书记替乡长，酒一个劲儿地往肚子里灌，宴席结束还要送人。一天下来筋疲力尽，肚子里除了酒精没有别的，实在受不了。”他的爱人抹着眼泪说：“等病好了，干脆回学校安安稳稳当老师比啥都强。”

……

在山东，基层官员过得很累，一方面，上级所有的精神要通过他们落到实处；另一方面，在老百姓眼中，他们天天吃喝，只知道鱼肉群众。就在这样的“夹缝”中，他们疲于奔命，“喝坏了党风喝坏了胃”，而上升提拔的通道又过于狭窄，很多人就真的借酒浇愁、醉生梦死了。

对于“上面”的人，基层必须好生招待，不敢有半点轻慢。尽管在抱怨迎来送往、公款吃喝的麻烦，但是所有官员仍毫不犹豫把精力投入其中。

年末岁尾，各种“考核验收团”竞相到“一线”潇洒走一回：“年终考核”“年度考核”“目标考核”“政绩考核”多如牛毛，“达标验收”“工程验收”“项目验收”“评比验收”泛滥成灾。被考核验收的单位或个人，为了能争取到好的名次和称号，如“接天神”一样曲意恭维，百般讨好。考核验收队伍基本是“上午基层走一走，中午饭店撮顿酒，下午醉醺醺地走”。一些“考核验收团”不看基层的工作力度，只看基层的接待态度；不管基层的工作好坏，只管基层的盛情招待；不顾考核验收的原则标准，只顾基层招待的各项标准；不在乎考核验收的实效，只在乎基层送给的红包……“考核”似乎变成比吃比喝、大吃大喝、贪图享受的考“喝”，“验收”则变成摆筵设宴喝好酒、推杯换盏干美酒、暗中交易忙敬酒的“宴”收。基层单位被折腾得晕头转向，苦不堪言。

在群众眼中，一些基层党员干部整天泡在酒桌上，淳朴的乡土气息和正气没有了，不接地气，全身都是酒气。酒过三巡之后，就满嘴跑火车，借着酒兴，净说套话假话大话空话胡话。一些基层党员干部爱耍酒疯，借酒滋事，欺压群众。其实，中国老百姓是最老实、最可爱、最听话的，只要能吃饱饭，不被人欺负，就不会闹事造反。喝酒之后的基层干部，自我膨胀，为所欲为，用酒言酒语伤透了人心，小事往往酿成大事。

网上流行过一个村干部“为人民喝酒”的帖子。有一年春天，在安徽省无为县襄安镇境内，交警检查一位司机时，遇到不小的困难。他不接受检查，态度蛮横。当交警依法对其进行呼气式酒精检测时，男子大嚷自己是村干部，“我这是为乡政府喝酒、为人民喝酒”。经检测，他的血液中酒精含量为57毫克/100毫升，属酒驾。网友们纷纷跟帖：我们只听说过为人民服务，可没听说过为人民喝酒。

这位村干部是安徽的，但是他的心态在山东基层干部中也非常普遍，很多喝坏了身体的干部称自己是“工伤”，醉酒而死的人很像烈士。

官场的酒风，对于整个山东影响极大。“八项规定”出台之前，山东颇似莫言小说里的“酒国”。

仍然是在官员带动之下，山东近年来开始进入“酱酒时代”，以喝茅台为荣。饭桌上如果不摆上几瓶茅台，被请的领导就会说“我不喝酒”；一见茅台，情绪高昂，眉开眼笑，三杯酒下肚，什么都可以办了。喝茅台成为一种时尚。大家喝着茅台酒，谈论当年山西的盐商把汾酒带到贵州的往事，谈红军用茅台疗伤的故事，谈周总理、许世友喝茅台的传奇。还有关于茅台的种种趣事：一瓶茅台，可以倒出56小杯酒，象征56个民族；喝茅台要发出吱吱的声音，称为“凤鸣”……官员们在茅台构造的幻境中越陷越深。

官场酒风如此之盛，往深处说，还在于全民根深蒂固的“官本位”思想。

齐鲁文化是中华传统文化的精髓，但它毕竟是一种源于农耕社会的文化，其最大的糟粕莫过于“官本位”思想。所谓官本位思想，就是以是否当官、官职大小作为世界观和价值观的唯一标准。

孔老夫子一辈子东跑西颠，想弄个官当，以实现自己的政治理想。直到现在，山东的“官迷”和“官痴”也满大街都是。“官本位”思想像空气，像微风，在不经意间，已经深入山东人的血液和骨髓，潜入山东人的灵魂深处。

在官本位思想支配下，是没有平等和民主观念的。有人评价说：在山东官场上不是奴隶就是主子，根本不会有独立人格。很多人靠努力工作获得升迁的机会，但是也有不少人靠阴谋，靠权术，靠金钱，靠肉体，靠厚脸皮往上爬。上级就是你的“天”，如果得罪上级，你的“天”就塌了。一个公务员的老婆说：如果上司对她老公笑一下，老公就会有说有笑，心情愉快很多天；而如果上司可能和老婆打了架，丢了钱，脸色不好，老公会胆战心惊很长时间，寝食不安。她说的现象绝非个案。“奴隶”一旦成了主子，就趾高气扬，吆五喝六，走路的姿势也变了，说话的腔调也高了。每年招考公务员时，山东的报名人数都是最多的。周围亲戚朋友的孩子，如果能当公务员，再好的工作也会放弃。

“官本位”文化盛行，危害极大。我感受最深的一点，就是面子工程、政绩工程、形式主义、官僚主义在一些地方愈演愈烈，屡禁不止。山东人“唯官为高”，官员以当更大的官作为唯一价值取向，所以患上了“政绩饥渴”症。什么是政绩？那就是经济发展速度，搞一个开发区，建一座标志性工程，树一个知名的品牌，要发展必须有资金、有项目，招商引资就成了大事。其中最重要的“润滑剂”就是酒。在当前的行政资源配置中，权力过于集中，下级部门为获取利益，不惜突破国家相关规定讨好上级部门，以美酒珍馐取悦于领导，以期换取更多行政资源。

“官本位”还导致官员特权的产生，以及由此而形成的社会关系网。在山东，官员是有一种无形特权的，它甚至可以凌驾于法律法规之上。一辆小车，不听交警指挥，随意闯红灯，这一定是党政部门的车。如果交警要来纠正他们的行为，他们的气焰会十分嚣张，仿佛一团官火在燃烧。

林语堂先生早就这样描述过：一旦进入特权阶层，他就会爱不释手。地位的升迁带来心理上的变化。他开始喜欢社会的不平等，喜爱他所有的特权。他现在已经有了很大的“面子”，他可以凌驾于一般法律和宪法之上，更不用说什么交通规则、博物馆规定之类。其他人想享受到这种特权，就必须向官员和权力靠拢，结识的官员权力越大，你的权力也就跟着增大。于是，人人都要靠关系办事，自然就形成一个“关系网”。

有时，外地来的人会有这样的感觉，山东人很实在，很热情，可是要融入他们的圈子不容易。因为他们背后有一张看不见的“网”，而“酒”是这张网的最重要“结点”，喝酒与送礼是编织关系网的最重要方式。在酒桌上，不认识的相互认识，认识的感情会更加深厚。如果你不参加任何一个酒局，势必会被排斥在圈子之外，很难融入这个群体。

一位博士在基层工作了一段时间，之后写了一篇论文：“酒场不仅是建立关系的地方，而且是信息的流动地、办事的润滑剂。正是在酒场上，每个干部都是透明的，谁和谁是什么关系，谁在北京买了房子，谁和谁有一腿，谁被双规，谁家的子女考上了大学等等。而如果哪个干部想认识某个领导，最常用的方式就是通过中间人，然后摆上一桌，几杯白酒下去，自然从陌生到熟悉，甚至开始称兄道弟……酒局凑成后，你一看都是什么人在场，就明白你应该喝多少酒了。”

一个山东的干部说，自己从讨厌酒场，到适应酒风，形成了一种奇怪心理：向领导敬酒时，如果领导一口干了，他心里会升腾起一丝暖暖的感动，这表示领导很看重他；而如果领导只是随意沾了沾，他心里会有一种小小的失落。但是，当他是主宾，喝酒可以“随意”的时候，他竟发现自己多少也有点在意对方酒杯里代表的诚意……这种文化的惯性，在山东官场还要延续多久？

商场表情：义字当头，被酒稀释的契约精神

很多年之前，我们常去朋友王献祥的“四合院”吃饭、打球。

这个“四合院”位于济南西北部，过去曾是一个荒郊野地，现在周边也不见得有多繁华，但是那个小院里独具乡野风情。一个很大的院子里，多为空旷的草地，有一片干净的水面，里面有鱼。附近有菜地和养殖场，生产绿色的蔬菜、大米和肉禽。“四合院”的建筑主要是一组颇具中国特色的平房组群，还有一个小木楼，里面有茶室、画室、乒乓球室，以及几个吃饭的房间，不对外运营，只招待朋友。

“四合院”的饭菜不奢华，有时还很简朴，但是却吸引着各路英豪前往，一是这里的食品是绿色生态的，鸡蛋是金黄色的，黄瓜是清香可口的，猪肉是绿色无污染的；二是因为王献祥这个人好，他基本没找我们办过一件事，但是只要朋友有事，他二话不说，总是鼎力相助，以至于我要提醒他，这个社会骗子很多，不要什么人都去帮；三是这里就是一个气氛和谐的小社会，党政官员、社会名流、书画大家、媒体记者、企业老板，因为没有思想包袱，喝起酒来轻松自在，交流起来感情融洽，形成了一个“场”。

商场商场，“场”越大，生意就越大。假如你是一个商人，能请来省里市里县里区里最大的领导、最有实权的部门、最著名的艺术家、最红的明星大腕，那你的生意能不大吗？商场其实就是一种能量的积累，而在山东，这种积累是要靠酒来说话的。

王献祥酒量很大，你喝什么他就陪你喝什么，白酒一斤没感觉，

啤酒一杯接一杯，加上他实在的性格，愿意帮助他的朋友很多，使他的生意顺风顺水，企业越做越大。

和王献祥的风格不同，另一位做生意的朋友最喜欢借着酒场“对缝”。“对缝”是我从一个相声里借来的词。这位朋友给官员打电话，说报社社长要请客，而同时给报社社长说，某某大官要请你啊。其实请客的人是他。他用“对缝”这一招有效整合了社会资源。他最会洞察人性的弱点，钱、色、权，都被他不露声色地调和成一杯杯美酒，用于攻城略地，也常见奇效。

有人说，浙江商人可能要到高尔夫球场谈生意，广东商人要去喝早茶解决问题，而山东商人不喝酒做不成生意。有一次当地媒体开展“山东人的形象”大讨论，读者纷纷来电，认为山东人的“要面子”和酒的关系密切。“都喝到桌子底下了，怎么谈生意？”在浙江工作的山东人梁先生说，“面子工程”害死人，不知道从何时起，山东流行一种在酒桌上谈生意的风气，“酒喝好了，什么都好说；喝不好，就甭想了”。梁先生说，现代社会的发展，更看重的是一个人的管理能力和领导能力，将一个人的“喝酒能力”上升到谈生意的层面让人难以理解，再说喝得晕乎乎的，势必影响一个人的判断力。

这话听着很有道理，但是在山东不一定行得通。因为喝酒是山东人，特别是男人沟通的一种手段，不沟通或者沟通得不彻底，人和人之间的信任就无法建立，商业活动也就进行不下去。商人们喝酒风格各异，但是无论酒量大小，喝酒的态度都极为端正，把它作为一种十分重要的社交手段。他们知道，只要官员和合作方愿意在酒桌上坐下来，一起喝酒聊天，那么，成功的可能性就会大大增加，自己的事业就会越做越大。酒风证明了自己的人品，拉近了彼此心灵的距离，酒桌上形成的浓烈气氛，有着多么巨大的威力啊。也有不喝酒的鲁商，比如临沂的朋友冯凯，过去房地产生意做得很大，后来为了一个理想，改做文化产业，要做江北最大的文化产业城，受尽磨难，但是始终坚持着，现在境况很好。冯凯就很少喝酒，甚至没有很多话，他只会笑眯眯地劝你喝酒，并给你准备各色美酒，你喝醉了他才高兴……

民营企业家喝，国有大中型企业更要喝。因为有底蕴，有传承，一些国有大中型企业举办的活动都要搞酒会，其组织水平之高，气氛之热烈，丝毫不逊色于党政机关。山东经济有一个特征，就是具有“大企业、大品牌、大产业”的特色，可以叫“大象经济”。到目前为止，山东规模以上企业经济总量仍占全国第一，这些企业都是国有大企业。我在中国重汽的车间里，看到那些巨大的重型卡车时，不由自主地想到“大象”这个词。山东经济发展和珠三角、长三角有很大不同。山东主要产生大企业，其贡献占整个经济的50%以上。尽管发展民营经济的口号喊了这么多年，效果似乎不是很明显。我和很多山东的国有企业老板接触过，他们在市场经济大潮里弄潮，犹如大海行船，所以都拼搏、务实、肯干，同时也颇具智慧和市场洞察力。另外，他们还具有一个共同特点，那就是酒量都很大。在酒桌上，我发现他们风光背后的另一面：决策时的如履薄冰，受压力时的泪如雨下，不被理解时的心灰意冷……他借着酒劲把心窝子掏给你，哪怕只有那么一次，你就成了他的知心朋友，下次见面就亲切了很多，很多事情就好办了。一些老板这样说，如果这个人从来没有喝醉过，那就隐藏得太深了，不能交往。

漫画：感情深一口闷

鲁商还把善饮的美名传到全世界。

在开发区热、招商引资热和经营城市热等一次次经济热潮中，外商都是山东最尊贵的客人，“财神爷”自然得罪不得，要招待好。山东企业和政府按照对待同胞的惯例，无比热情，强行灌酒，发生了很多令外商不愉快的事情。二三十年下来，大浪淘沙，只有亚洲文化圈的商人融入了山东酒场，特别是日本和韩国商人因为生活习俗与山东相似，他们也常喝得酩酊大醉。对欧美商人来说，在山东喝酒就是活受罪。

记得数年前在一本杂志上看到美国商人诉苦的文章，那个商人自称在中国北方经历数百个酒场，只渴望有朝一日不用被迫喝白酒。他说，不久前，他从中国的一个酒席上侥幸逃脱，但面子却丢在了那里，这不能不说是个惨重的代价。不过，有时候，每一个在中国的外国人必须通过豪饮到呕吐来建立个人关系，与保持身体完好无损之间作出取舍。这个美国人说是在“北方某地”，当时我的直觉告诉我，就是在山东。他说，典型的中国酒席礼仪是：在座的每个人彼此敬酒，一杯接一杯地喝，仿佛没有明天似的。在中国的酒席上最常听到的是“干杯”，意思是把杯子里的酒喝得一滴不剩。毫无疑问，这种构筑关系的方法充满了危险，当你在饭后必须要与中国同行谈生意时，这其实会大大削弱效率。另一个隐患是，在这么短时间内喝下这么多的酒，很容易让人得病。一次饮酒过度的后果会持续多天，这对做生意的人无疑是十分糟糕的。

这个美国人表示，中国北方酒风跟俄罗斯、芬兰乃至阿拉斯加一样，除了喝喝烈性白酒之外，漫长的冬天没多少事可干。北方人认为自己酒量无敌，通常喝得肚子胀胀的，如厕后继续豪饮到凌晨。他还感慨：酒是拉近人们距离、建立彼此信任感的好东西。但在另一方面，被迫饮酒直到大吐特吐，对熟络感情反而会起反效果。但愿有朝一日，在中国北方能够十分放松地享用山东白兰地，不用担心主人不厌其烦地劝酒。

齐鲁制药有限公司总经理李燕是一个现代型的女企业家，她年轻干练，颇有经营能力，同时也谙熟中西方文化。李燕不喝酒，但是常常遇到企业界朋友给她提出这样的问题：

有什么药能让人喝了酒不醉？有什么药能解酒？有什么药能提高酒量?

这些问题让李燕哭笑不得，她很不理解，为什么没人主动寻找戒酒的药。

还有一个外省商人谈到这样的话题：山东商人与南方商人有很大不同。山东商人在缔约时很大气，只要酒桌上端起杯子，喝高兴了一拍桌子，事情可能就定下来，但履约往往会有很大麻烦。南方的商人在签订合同时会很细，有时好像很计较，但执行起来则顺畅得多，问题也就少得多。

究其深层次原因，在于山东商人“重义轻利”。儒家思想影响两千多年，山东人整体上形成“重义轻利”的特征，即使以追逐利益为头号任务的商人也不例外。何谓义？何谓利？义是某种特定的道德原则，是儒者心中至高无上的道义。利，后世多指物质利益。儒家并非否定利，而是先肯定利存在的客观合理性。二者孰轻孰重，才是义利观的核心所在。儒家之于义利，一直是重义轻利。体现的是一种重义轻财的态度，是在贫乏的物质生活中寻求精神富足的心态，强调道德上的幸福感。儒家就是讲利也要落到义上。通过义的引导调节，达到义利兼得，这是儒家的理想境界。

喝酒时的豪爽、激烈、热情、忘我，是“义”的表现形式之一。所以有很多“经商指南”类媒体告诉来山东的生意人，在与鲁商做生意时，一定要有好汉的风度，讲义气，有信用；要够朋友，重义轻利，至少表面不很看重金钱财物。这样山东人才能把你当朋友，成为知己后，相互合作，就会使财源滚滚而来。

山东没有出很多大商人，就是因为儒家思想的影响太深了。

山东历史上出现过几次经济发展高潮，那是商人们最为辉煌的时代。

第一个经济高峰是春秋战国时齐国创造的，它一直延续到汉代。秦汉之前，齐国是中华文明最重要发源地黄河流域唯一靠近海洋的地方，所以创造了经济文化上的奇迹。汉代以后，儒家被独尊，商业受到极大抑制，山东逐渐趋于衰落。考古发现，到魏晋时，齐国首都临淄的大城就废弃了，仅西南那座小城就够当地人使用。到唐代，齐地人的生活已十分拮据。农业文明状态下，山东人过着“小国寡民”的宁静生活。

这种封闭的农耕文明，呈现出超稳定的特质，在这种社会形态里，活跃的商业是不被重视的行业，“无商不奸”几乎成为一个公理，“商人不是好人”更是山东人观念里根深蒂固的东西。

直到元明清时期，京杭大运河开通，山东西部崛起一条新的经济带，齐鲁大地进入第二个经济发展高潮期。灵动的运河水掀起层层波浪，带来商业文明的巨大冲击。地处鲁西的聊城、临清、济宁、德州一向属于黄河文化，而黄河文化属于一种农业文化。大运河贯通后，逐步兴起运河文化，在农业文化中融入商业文化，这主要表现在棉花、烟草、林果业生产的商品化，以及手工业生产的商品化。商品经济不断增长，导致自然经济瓦解、资本主义萌芽产生。就精神文明而言，运河山东段为齐鲁之邦，大运河贯通后，随着燕赵、秦晋、江浙、京津等文化的传入，使运河文化具有多样性、兼容性。运河文化以其博大的包容性和统一性、广阔的扩散性和开放性、强大的凝聚力和向心力，加强了齐鲁与中原、江南地区的文化交融。

随着商业的发展，酒风开始沿着运河在鲁西城镇蔓延开来。从北到南，一个个大运河沿岸的码头城镇，在运河水的滋润下膨胀起来，形成至今仍存的鲁西城市群骨架。通过大运河这条大通道，鲁西南人开始走出去领略外部世界。但更多的是，外地人纷至沓来，或务工，或经商，使运河两岸热闹起来，这种繁华又辐射到周边地区。当时的鲁西南“百物聚处，客商往来，南北通衢，不分昼夜”。这一切都极大地影响和刺激了当地人。崭新的商业文明竟然有如此之大的吸引力。原来不靠土地也可以生存，而且可以生存得更好，可以穿奢华的衣服，吃来自全国各地的美味，喝能够陶醉身体和心灵的美酒，就像现在的人们追求房子车子票子一样，物质的欲望被成倍放大。商业，这个自战国末期就被抑为“末业”的行业，经过长期积累，如同火山一样迸发，并由此引发了一场社会剧变。

喝酒，是运河两岸一道醉人的风景。漂泊在河水之上的船民和商人，都是外乡人，为了拧成一股绳，他们“义”字当头，歃血为盟，用大碗喝酒证实各自的真诚，并与当地酒风融为一体。

一篇文章这样写道：

> 这些结拜的兄弟，在出航时一半在家留守，照顾整个团体的老小。离家之人，想着如何穿越惊涛骇浪和凶险暗流，不禁心生寒意。当留守的兄弟为远航者饯行，冒险远航的人举起酒碗，说一声，兄弟，我的一家老小，就托付给你了！他们隔着泪帘，酒碗相碰，一种托付生死的神圣情感油然而生。这时候，他们能拒绝豪饮吗？几个月之后，远航者平安归来，挣回大把银钱。兄弟们为他接风，那气氛能不热烈吗？这时候，他们要猜拳行令，大吼大叫，不会有半点斯文……

运河喝酒遗风至今仍在鲁西一带流传。除了梁山好汉之外，济宁、枣庄、聊城、德州等地方的人都是海量，而且下酒菜极其辛辣，在枣庄吃的青炒辣椒，远胜于湖南人吃的辣椒，感觉嘴上有一团火在燃烧，加上酒的热度，一会儿就汗流浃背了。

在运河上修复起来的台儿庄古城，现在已成为一处旅游胜地。在台儿庄，只有半斤酒量被视为不会喝酒，一斤酒量没有骄傲的本钱，一口气能喝下二斤白酒的大有人在。所以，台儿庄人喝酒很少用酒杯，而是用黑瓷大碗。朋友相互敬酒，来者不拒，推让就有失豪爽。无论杯盏大小，碰杯时都不能喝干，杯底要留下五分之一，叫作“留水路”，意思是供船只通行。宴席上的整鸡整鱼，吃过一面，再吃另一面时，不能说“翻过来”，而是说“转转舵”。这源于运河行船忌讳“翻”字。每年农历二月初二，是台儿庄祭河的日子，一家家船民在河边排起八仙桌，摆上丰盛的供品和道升酒坊的陈酿，举行祭河仪式。主祭表情肃穆，宣读祭文。鞭炮声里，各家各户把大碗美酒浇在河边，祈求河神享用，保佑航行者太平。据说，祭河之日，运河岸边的酒香，传到十里开外。

清代中期之后，运河逐渐衰落，乃至于大部分河段被废弃，但是喝酒之风却被传承下来。

100多年前，随着外力的侵入，青岛、济南、烟台等地纷纷开埠，本来就发达的沿海经济带重新崛起，胶济铁路沿线成了山东经济最为发达的地区，这应该是山东经济发展的第三次高潮。随着经济的发展，白酒在这些地区更为普及，新的酒类如啤酒、葡萄酒也从国外引进，并成为一种应用越来越广泛的商业手段。

20世纪80年代之后，山东经济迎来第四次最大的高峰，也迎来“全民醉酒时代”，鲁商更是“喝遍全国无敌手”。

梳理山东这四次经济发展高潮，我们会发现，尽管山东商人也在逐利，但是他们有一个精神的主导，这就是“义”。延续到当下商品经济社会，反映在商场上的弊端就是，山东人讲的是感情与信义，缺乏真正的商业精神，没有领悟到商业的乐趣。真正的现代商业精神需要一种契约精神，而山东人只有道德精神。在这方面，广东人给山东人树立了榜样。倡导“经世致用”是岭南学派的一贯学风，他们注重实际，讲求实利，反对空想。在此思想影响下，广东人淡化“耻言利”的传统意识，普遍具有强烈的功利主义，形成重实利的精神特质。

鲁商本该尊重的现代契约精神，被酒冲淡了，稀释了。

曾经，在济南龙奥大厦附近的一条山路上，某老板开了一个会所，自称“食堂”，从不对外营业。老板经营着多种生意，他搞这个会所最重要的目的，就是要请党政官员吃饭，据说每天最多六七桌，最少也有两三桌。在这里，所有东西都很讲究，吃的都是原产地的东西，“飞龙”和林蛙是东北运来的，牛肉是日本神户的，象拔蚌是国外进口的，甚至一道道野菜也各有来历，汤是广东厨师煲的，非常鲜美。

这个老板自己爱喝干白，请的客人爱喝干红，有时一桌能喝二三十瓶，他一次就进口了1万多瓶优质干红。葡萄酒杯很大，据称一个就要1000多块钱。

是谁这么能喝？老板坦言，是政府官员，他们离这里很近，晚上抽个空就能过来喝上一杯。有权力部门的官员都要积极地请。他熟悉地谈到哪个局长喜欢喝哪种酒，如数家珍，口吻里颇有些自豪感，但是也隐隐透露出对这些官员的蔑视，似乎他只要一招手，这帮食客就会蜂拥而至。

酒，反映了山东商人和官员之间的微妙关系。

山东人重视官位和权力，轻视商人和财富。如果在二者之间取舍的话，绝大多数山东人会选择前者。目前山东仍是政府主导型经济，政府与企业有着千丝万缕的联系，官员可以到企业任职，商人也可以进入党政机构从政。山东的企业家很把自己当成一个“官”，官场习气浓厚。山东企业的事情通常由董事长一人定夺，家长制作风普遍，上级对下级拥有绝对的支配权力。有的企业家发展到一定程度，便想方设法谋上一个类似“政协委员”“人大代表”的职位，似乎只有戴着一顶“官帽子”才算成功。

鲁商近官，还是一种社会资源的趋利性选择。“酒瓶子连着印把子。”这些年，各级政府推进“放管服”改革，不断减少审批事项，缩短了部分办事流程，但各部门权力垄断、层层审批的格局尚未根本改变，企业办事依然要靠“吃饭开道，喝酒提速”。办一件事盖几十个章的情况时有耳闻。那一个个公章倒过来很像小酒杯，不喝酒是盖不成的。“酒桌办事”背后是权力之手伸得过长，财政、国土、建设、环保等部门拥有行政审批权和大量财政资金，企业为获得资金和项目，往往采用吃饭喝酒送礼等方式，讨好官员。

在中央“八项规定”出台之前，节假日山东酒店的生意最为红火，茅台酒中华烟海参鲍鱼卖得很好，其中很多都是企业和商人送给官员的礼品。这既是为了建立感情，达成默契，也是为了表达臣服，显示尊敬。

“读万卷书不如行万里路，行万里路不如阅人无数，阅人无数不如跟上在座领导的脚步。”一个商人就靠酒桌上的这段开场白，赢得政府一个大单。

济南市一从事信息服务业的政协委员，对市长建议政府加大对中小企业的服务。“我举个小例子，我有一个干了10年的女员工，户口至今没法解决，在济南租房子结婚生子，去年孩子想上幼儿园，她家楼底下就有一所公立幼儿园，想上，找我帮忙。”他当时觉得不就是上个幼儿园吗？便一口答应下来。“结果，喝了四五场酒，这个事才办好。后来再有员工找我解决孩子上学的事，我就不敢往自己身上揽了。”

情场表情：爱情这杯酒谁喝都得醉

山东人举办婚礼时，往往会有一个喝“交杯酒”的环节。如此美好、甜蜜、幸福的婚姻仪式，为什么要用酒来表达深情？这或许源于中国人的语言崇拜，酒寓意着天长地久、白头偕老啊！这样庄重的含意常常使我心头一热，乃至眼睛湿润。

酒与爱情之间，是否有着一种隐秘的关联？

还是从交杯酒说起，它起源于周代，当时称“合卺”。那是一个讲究“礼”的年代，中国人的大部分礼仪都有周代的影子。据《礼记》记载：交杯酒就是新郎、新娘各执一个瓢饮酒。这种瓢是“卺”制成的，“卺”是一种瓠瓜，味道很苦，俗称苦葫芦，不能食用。合卺就是把一个卺切成两半，而“卺”的把子用一根线连接着，象征婚姻将两人连为一体。我在朋友高建华儿子的婚礼上，见到了这种“合卺礼”。只见身穿金色盘龙中装的新郎，还有穿着红色凤凰大氅的新娘，把一个切成两半的葫芦各自捧在手心，里面一半是苦，一半是甜。二人分别交换着，把甜蜜和苦涩咽下，再用一根红丝线，把葫芦合为一体。新婚本是一件甜蜜的大事，为什么要饮苦涩的酒呢？一是夫妻二人喝了卺中苦酒，今后就要同甘共苦，患难与共；二是夫妻已像一只卺一样，紧紧拴在一起，合二为一；三是因为卺是古代乐器之一，“合卺”寓意新婚后的生活会琴瑟和鸣，和睦永远。到了唐代，除了沿用瓢作酒器外，开始用酒杯代替瓢。到了宋代，新婚夫妇喝交杯酒时用的是两个酒杯，先饮一半后再换杯共饮，饮完后则将酒杯一正一反掷于床下，以示婚后百年好合。到清末，交杯酒仪式已由“合卺”“交杯”“攥金钱”三个部分组成。发展到今天，“安杯于床下”的习俗被废，“攥金钱”被“掷纸花”替代，只有喝“交杯酒”的仪式被保留下来，而且成为整个婚礼的最高潮部分。当新人手臂乃至身体交错，喝下交杯酒时，整个婚礼现场就会沸腾起来，一般在喝完交杯酒之后，婚礼就该结束了。

爱情的确如美酒，既透明清澈，又热烈似火，带给人欢愉和麻醉，但是婚姻之后的日子则平淡如水了。爱情是整个人生的提炼与浓缩，它是以大量像“水”一样平淡日子为原料的。一个人一辈子如果没有体验过真正的爱情，那就像终日生存在黑夜和寒冬里，灵魂无所依托，生命缺失一半；但是如果一个人一生都在轰轰烈烈的爱情中度过，要么他的生命极其短暂，如流星划过天穹，要么他是一个精神失常的人。

法国人说“酒是爱情”“酒是血液”，酒的确与爱情有相似之处。在男人眼中，一个个酒瓶，就像是一个个婀娜多姿的美女，勾人心魂。而酒液更散发着女人的异香，让你恨不得变成一个巨大的器皿，把这炽热的爱全部装下去。酒还会像爱情一样，使你的精神状态发生改变，最浅显的症状是呼吸急促，心跳加速，脸色潮红；接着，它会颠覆你的现实世界，让你沉醉、燃烧、沸腾，人酒合一，整个人处于一种妙曼的飞升状态，进入另外一个时空，成为另外一个人。渐渐地，男人们特别是已婚男人，越来越离不开酒了，他们生活在“水”的境况里，却想体验爱情，酒成为替代品，成为男人的一种牵挂，一种思念，成为男人心头的一块肉，灵魂深处的一尊神。有了酒，生活就有了滋味，世界就有了色彩，身心就充满喜悦、满足和力量。

酒总是在爱情的关键节点出现，情窦初开，要表示爱情，酒是壮胆药；加深了解，袒露灵魂，需要用酒来消弭距离，融汇心魄；而婚宴更是酒宴，是酒与爱情最盛大的会师。

还有人以酒的种类来类比爱情：红酒象征纯粹的爱情，色味幽深，高贵典雅；白酒象征婚姻，看上去像白开水，但味道醇香厚重，价格可高可低，谁家也离不开；啤酒酷似婚外情，没有浓度，泡沫翻滚，激情四溢，无须太多讲究，谁都可以喝上几杯，但越喝越饥渴……

爱情的过程也像一杯醇香的美酒。当遭遇爱情时，人就像微醺状态，看什么都是美好的；被爱情点燃基本和被酒精点燃相似，你想唱歌跳舞，想大声呐喊，想把你的爱传达到地球每一个角落，让幸福传染给每一种肤色的人。这时候爱情也会向两个指向发展，一是欲，也就是性，会带给人很多快乐，但毕竟是生命在往下坠落；一是灵，也就是情，在不断提升和完善生命的过程中，体验生命的崇高和美丽。

谈恋爱很像是一杯酒的酿造过程，特别像一杯红酒的诞生过程。初恋是甜蜜的，爱情刚刚萌发，如酿酒用的甜美水果一样，让人难以忘怀，垂涎欲滴。当葡萄汁灌进酒桶，与酵母发生亲密接触，就像一对海枯石烂的恋人，碰撞、发酵、交融，即使环境从酒桶变成酒瓶，依然不会分离，并最终孕育出爱情的结晶。

婚姻则如一杯陈年白酒，要像“勾兑”白酒一样去经营，历时越久越珍贵，越香醇。四川人把谈恋爱称为“勾兑”，这个词非常传神。一份真挚情感的产生，既要有时间与忠诚的考验，有彼此彻底而深入的了解，还要有双方的包容与悉心的培养，才能达到一种和谐与默契，感情与思想才能产生共鸣与升华，从而达到白头偕老、天长地久的境界。这不就像勾兑美酒的过程吗？传统的中国人，一生只去酿造一瓶感情美酒，而现在呢？真正的爱情已经快绝版，像“茅台”“五粮液”一样的爱情美酒又在哪里？

酒与爱情相似，但是酒并不能代替爱情。从精神层面来看，爱情的境界远非酒能达到。在这方面，山东籍女词人李清照堪称楷模，她在喝酒的同时构筑了一个妙曼的艺术世界，远离了现实的苦与愁，进入一种自我的豪放或婉约境界，并使宋词达到一个新高度。

酒，伴随着李清照坎坷复杂的一生，品读她的诗词，犹如痛饮一杯滋味复杂的美酒。

少女时代，她与赵明诚的爱情浪漫甜蜜，喝酒的状态既幸福，又放纵。其中两首词最能表达这种处境：“常记溪亭日暮，沉醉不知归路。兴尽晚回舟，误入藕花深处。争渡，争渡，惊起一滩鸥鹭。”这首《如梦令》作于北宋元符二年（1099年），16岁的纯情少女李清照刚刚离开故乡章丘，来到京城开封，对家乡自由豪放的生活仍保存着鲜活记忆：一个美妙的少女，与伙伴泛舟湖上，一边饱览风光，一边痛饮美酒，以至于喝醉迷路。小船误入荷花深处，惊起一滩鸥鹭，这是一种怎样浪漫的景象。和赵明诚结婚后，她的日子里多了一份温馨和牵挂：“昨夜雨疏风骤，浓睡不消残酒。试问卷帘人，却道海棠依旧。知否，知否？应是绿肥红瘦。”

靖康之变，国破家亡，重新回到章丘后，“酒”和“愁”像一对孪生姐妹，悄然融入李清照的词里：“薄雾浓云愁永昼。瑞脑消金兽。佳节又重阳，玉枕纱厨，半夜凉初透。东篱把酒黄昏后，有暗香盈袖。莫道不消魂，帘卷西风，人比黄花瘦。”

李清照47岁时，赵明诚病死南京，她开始长达20多年的孀居生活，更是离不开酒了，且常常酩酊大醉，借酒消愁，以忘却思念亲人的彻骨之痛。那首千古传唱的《声声慢》成为她心情的最好注解：“寻寻觅觅，冷冷清清，凄凄惨惨戚戚。乍暖还寒时候，最难将息。三杯两盏淡酒，怎敌他、晚来风急？雁过也，正伤心，却是旧时相识。满地黄花堆积。憔悴损，如今有谁堪摘？守着窗儿，独自怎生得黑？梧桐更兼细雨，到黄昏、点点滴滴。这次第，怎一个愁字了得！”

景芝酒之城里的李清照雕像

在章丘百脉泉公园有一个清照园，里面的李清照雕像，从正面看是“愁”，从侧面看是“忧”。她饱尝爱情的甜蜜与苦涩。据说，李清照一生除了对书的特殊嗜好、收藏和创作外，最大的特点是喜欢饮酒与品茗。她始终保持着爽直、自由与不羁的个性，而这正是她成为超一流词人的原因，而酒又在其中起到多大作用呢？

封建时代，妇女的社会地位非常低，李清照能够横空出世，已经算是非常幸运了。如果说爱情酷似美酒，那么，山东目前正进入“白酒时代爱情”向“红酒时代爱情”的一个大转折时期。旧时代，喝着老白干、酒后打老婆，就是山东男人的形象，满身酒气就是标准男子汉的气息。如今，喝酒已经不是男人的专利，随着社会文明程度提高、妇女经济独立、西方文化进入，女人开始喝酒，而且喜欢喝高雅纯正的红酒。

曾有一个“十大打老婆地区排行榜”，山东不幸荣居榜首，东北男人是酒后打老婆，陕西、山西、湖南分别是早晨、午后和晚饭后打老婆，其他地方人打老婆富有地方文化特色，四川男人玩麻将输了打老婆，贵州男人没肉吃打老婆，河南男人没活干打老婆……只有山东男人无条件地打老婆：一有空就打。简直就是虐待狂啊。一个叫“强围个脖”的山东网友怒斥道：“太扯了，一有空就打，你以为山东男人是奥特曼啊。”

这种印象来自悠久的历史。山东是农耕文明的发源地之一，农业社会，男人是生产的主力，社会地位自然就高。在儒家文化的结构中，“孝”占有基础性地位，百事孝为先，而“不孝有三，无后为大”，没有儿子对于一个传统家庭来说，那就是灭顶之灾。所以，“大男子主义”盛行，山东尤甚，据说胶东男人更是这样，以自我为中心，除了把地里的活儿干好，其他琐碎的家务一点也不干，独生子“饭来张口衣来伸手”。我从小就在这种氛围中长大，饭桌上，父亲没坐下，谁也不能动筷子；好不容易吃一次馒头或者饺子，必须先给父亲盛上；过年过节喝酒，女人们不能上桌，她们必须在炕下烧火做饭……而且尤其令当代女性不可理喻的是，她们做这一切发自内心，无怨无悔，似乎上天就给她们安排了这一角色，男人们喝醉了不要酒疯已经令她们心满意足了。

旧时的爱情，如果以酒比喻的话，这杯酒是男性的，暴烈的，粗野的，单向的。在我幼时的记忆里，村里男人喝醉酒打老婆是常事，母亲经常被叫去劝解。那些条件不好的男人，如果娶了残疾老婆，或者有精神障碍的老婆，酒后打老婆比武松打虎还要猛烈，劝都劝不住，女人们撕心裂肺的哭喊声，让我觉得醉鬼真恐怖……

改革开放40多年，大男子主义至少在表面上不那么猖獗了，但是在酒场上还能看到山东男人露出的“小尾巴”，不带自家的女人喝酒，女人只是酒桌上的点缀，好像是一道甜点，一种美食，一种可供玩赏的风景，所谓“秀色可餐”。酒桌上，很多男人总是期盼着能发生点故事，最好有艳遇，给平淡的生活增添一个活色生香的插曲。

有酒场是山东男人的荣耀，是社会地位的象征。有一次喝酒，朋友给我发了一个醉酒诗：不去不去又去了，不喝不喝又喝了，喝着喝着又多了，晃悠晃悠回家了，回家进门挨骂了，伴着骂声睡着了，睡着睡着渴醒了，喝完水后又睡了，早晨起来后悔了，晚上有酒又去了。这绝对是一些山东男人的生动写照。

荤段子是世俗酒文化的一个重要组成部分，也是对妇女最大的不尊重，但是男人们把它当成下酒菜，反复咀嚼，互相在手机上发来发去。莫言获得诺贝尔文学奖后，网上就有了他不辨真伪的《酒色赋》：“如果世上没有美酒，男人还有什么活头？如果男人不恋美色，女人还有什么盼头？如果婚姻只为生育，日子还有什么过头？如果男女都很安分，作家还有什么写头？如果文学不写酒色，作品还有什么看头？如果男人不迷酒色，哪个愿意去吃苦头？如果酒色都不心动，生命岂不走到尽头？”还有一个段子叫《万能的酒》：“领导干部不喝酒，一个朋友也没有；中层干部不喝酒，一点信息也没有；基层干部不喝酒，一点希望也没有；纪检干部不喝酒，一点线索也没有；平民百姓不喝酒，一点乐趣也没有；兄弟之间不喝酒，一点感情也没有；男女之间不喝酒，一点机会都没有！”

这还不算很露骨的，有的简直就是黄赌毒，端不上台面。

但是，时代毕竟已经进入21世纪，“红酒时代爱情”悄然流行，并开始与“白酒时代爱情”分庭抗礼。随着封建意识的破除，妇女的社会地位提高了，尤其在城市，女性成为家庭的中流砥柱，她们不但要享受美酒，更要享受真正平等、自主、相互尊重、携手共进的美好爱情。

女人开始喝酒，并且敢于和男人一比高下。首先是有知识、有文化的女性，她们参加各种社交活动，自然会接触到酒；其次是生意场上的，在酒场就是生意场的山东，不喝酒怎么经商啊；接着是新成长起来的女性，“80后”“90后”“00后”，她们不懂得那么多清规戒律，男人能喝酒，女人为什么不能？

网上有一个帖子说，山东男人爱喝酒，山东女人其实也不差。除个别酒鬼级女性外，山东女人一般不喝酒，温良贤惠，秀外慧中，蕙质兰心。不过，如果山东女人喝起酒来，还真能看得出些能耐来。某次，这个网友与一个叫大脸猫的网友结伴去聊城。在车站时，她一个电话，招来当地财政局副局长。副局长开一辆黑色小轿车，把她们接到一个酒店。之后打电话叫来几个经理级人物陪着喝酒，局长喝酒，经理们付钱。席间“大脸猫”频频举杯，先敬局长再敬经理，间或抛几个媚眼过去，然后轻笑几声，哧溜一下一杯白酒就下肚了。不消一个小时，把众人弄得迷迷糊糊。只有大脸猫仍然清醒如初。嘿嘿地又抛媚眼，让局长哥哥再来一瓶。局长哥哥实在不行，叫来服务员帮他喝上一个。哪想服务员并不推托，很自然地一饮而尽。然后又去面对本职工作……

她把山东女人描述成孙二娘了。不过，山东女人真要喝起酒来，确实不比男人差。我们单位同事中和周围的朋友中，能喝酒的女人不少，只是她们不像男人这般以求醉为目的。山东女人除了和男人们喝，还喜欢召集一帮女性朋友喝，据说喝红酒的女人都有自己的一个小圈子，追求情趣和气质。

喝葡萄酒的女人越来越多，因为在现代女性心目中，葡萄酒是爱情的载体之一。葡萄酒和爱情同样充满着甜蜜和酸涩的味道，有时浪漫，让人意乱情迷；有时透彻心扉，让人难以忘怀。有人这样表达心意：喝酒的时候，不只是单纯地感受葡萄酒带来的色泽、气味和口感，更看重的是由酒引申出的气氛、情谊和爱。

葡萄酒是爱情的“红娘”，成就了许多浪漫故事。于是，更多的年轻人走进了酒庄，走进了西餐厅，走进了咖啡屋，斟一杯红酒，点一盏红烛，听一曲抒情曲，此刻爱情是纯洁和谐的，友情变得宁静宽容。

听过一首题为《爱情这杯酒谁喝都得醉》的歌曲：

> 女人的泪/一滴就醉/男人的心/一揉就碎/爱也累，恨也累/不爱不恨没滋味/不要说你错/不要说我对/恩恩怨怨没有是与非/人生这个谜/几人能猜对/爱情这杯酒/谁喝都得醉/不要说你错/不要说我对/恩恩怨怨没有是与非/人生这个谜/几人能猜对/爱情这杯酒/谁喝都得醉……

爱情这杯酒，谁喝都得醉？会醉到什么程度啊？

有人用酒替代感情，这多发生在失恋者和失意者身上。社会类媒体和新闻节目，常报道一些跳楼闹剧，这些跳楼者中，以失恋离婚的和催要工钱的农民工居多，特别是一些年轻小伙和姑娘，感情不如意后，喝得晕晕乎乎，就想从高楼上跳下来，以结束自己的生命为代价，终止感情对自己的折磨。

在当地电视台看过一个节目，题目似乎叫《酒是俺的命》。一男子因家庭不和睦，离过两次婚，又和外界交流不畅，于是就陷入酒的怀抱之中。他天天喝得醉醺醺的，一个月仅喝酒就要花七八百块钱，可以不吃饭，但是不能不喝酒，一次能喝10斤高度白酒。不喝酒少言寡语，喝完酒头发直立，非常亢奋，说起话来滔滔不绝，且有一种坚定的霸气。为喝酒，他花光家里所有钱，就到村里四五个小商店赊酒，最后别人不赊给他了。他和老母亲相依为命，大雪天，老母亲的小屋里只有一个木板床，黑乎乎的，上面几乎什么也没有，儿子连被子也不准她盖。穿得衣衫褴褛的母亲，整天吃咸菜疙瘩，感冒得嗓子嘶哑，说不出话来，抄着手来回走动。村里人都说这个男子像一颗炸弹，随时可以爆炸，喝醉了就打老母亲，往妹妹身上泼滚烫的开水……他被爱情所伤，想在酒里找回曾经的感觉，想不到被酒摧毁了一切。

有人用酒制造暧昧。这是一个肤浅、功利、躁动的时代，欲望张着血盆大口，其中最大的欲望之一就是性欲，这基本和爱情无关。人们以为更多的占有，就可以获取精神上的快感，获得人生的价值，这是典型的饮鸩止渴。

酒能乱性，酒桌是绯闻的发源地。据说英国科学家做过一个测试，喝过酒之后，无论男女观察对方，可能发现对方在外貌方面都有10%的提升。这也是GG总想把MM灌醉的原因，因为那样MM就会产生一种“啤酒眼神”，男人的形象自然会高大起来，魅力倍增。

一则绯闻，从酒桌上相识开始，坐在一起，酒杯撞击，心也开始荡漾，脸皮厚的男人见到美女，第一次就会索要人家的电话，第二天就迫不及待地约人家吃饭。他们的现场表演也很精彩，有人嘴上好像抹了蜂蜜，甜言蜜语，不断袭击美女的耳膜。我亲眼看到，一个朋友在喝酒前把某美女从头到脚描述了一番，那是花容月貌，四大美女不在话下，还没喝酒，那个美女已经满脸通红，好像喝醉了一般，走起路来都跌跌撞撞。

朋友老T开玩笑说，喝醉酒之后，最大的感觉就是自己越来越大，家里房间突然变小了，怎么也容不下，必须走出去……

其实，爱情与酒，都应该有一个度，就像喝酒到微醺就是最高境界，再多就泛滥了，头疼欲裂，身心麻木，这还有什么愉悦和快乐可言呢。

书画家何以成为当代文人喝酒的代言者?

酒偷走了什么?

山东酒文化：走向何方?

下篇　酒的魂魄

第七章

文人墨客：把酒酿成文化与精神

群饮或独酌：唯有饮者留其名

临沂人张翼是中国书法家协会会员，以微刻绝技被视为奇人。不凭借放大工具，他能在一厘米见方的空间刻出900多个字，这是一个世界纪录。在寿山石这一载体上，他凭借意念，纵横驰骋，刻出四大名著。令人称奇的是，微刻治愈了他的癌症，还没影响他喝酒。

张翼常去的地方是王羲之故居，进入故居，但见院子小巧玲珑，颇具园林风格。一进门，有一片绿水，约篮球场大小，当地百姓称之为“水墨汪”，传说中是王羲之当年洗毛笔的地方，又叫“洗砚池”。周围垂柳依依，随风摇曳。里面有几只白色的鹅在游动。这个地方的神奇之处在于，无论从哪个角度看，水的颜色都是墨绿色。据记载，王羲之7岁开始练习书法，他经常临池学书，练完就到池中洗涮笔砚，天长日久，池水尽染。

一丝丝凉风吹来，张翼和朋友说说笑笑，谈论着朋友之间的酒事，谁谁喝多写了一张好字，谁谁喝多摔了杯子，谁谁喝多被老婆冷落……

世间男子都喝酒，为何文人最风流？

酒给了文人愉悦、灵感和寄托，文人又给了酒什么？文人记载并

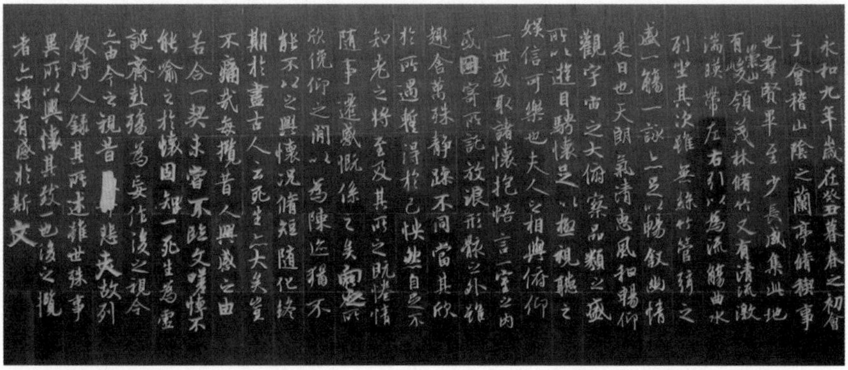

临沂王羲之故居里的兰亭集序碑刻

美化了喝酒的种种言行，纣王的酒池肉林、曹操青梅煮酒论英雄、武松酒后打虎……都是文人刻画出的形象；同时文人身体力行，成为喝酒的中坚力量，喝出了花样，李白、杜甫、苏轼、李清照、辛弃疾，本人就是酒仙，酒事是他们最生动的逸事，喝酒产生了诸多结晶，影响了国人的价值观和世界观。

据统计，全世界84%的人是有宗教信仰的，大多数中国人不信仰宗教，但是中华文化却海纳百川般吸纳了很多外来文化。这说明一个问题，中国人是有信仰的，这就是包容度很高的文化信仰，这是一种有别于西方信仰形态的信仰，它具有非人格神的特点，具有最高命令的意义，对整个社会有确立价值、约束行为的功能。至今还有鲜活的载体传承着中华民族的文化信仰，语言、文字、经典、诗歌、辞赋、书法、绘画……它们饱含传统文化基因，潜移默化中影响着我们的民族意识。而每一种文化形式的代表性人物，都会站在历史制高点上，被后人敬仰和赞美。王羲之就是这么一个站在书法艺术之巅的人，有人说他的代表作《兰亭集序》是酒的杰作，一方面说明酒的确给艺术创作带来豪情，另一方面，酒站在文化巨人的肩上，才能让后人看清它醉眼迷离的风采。

永和九年，也就是公元353年，王羲之和40多个亲朋好友来到绍兴城外的兰亭聚会。王氏家族曾是山东琅琊地区，也就是临沂一带的名门望族，魏晋时期南迁，但是家乡的很多风俗却保留着，比如酒风盛行等等。王羲之和众好友聚会的这一天是农历三月初三、上巳日，这是我国古代一个祓除祸灾、祈降吉福的节日。这天要举行一种祭祀仪式，通过洗濯身体，达到除去凶疾的目的。每到这一天，官民都会去水边洗濯。“此地有崇山峻岭，茂林修竹，又有清流急湍，映带左右……”而且“天朗气清，惠风和畅”“群贤毕至，少长咸集”，洗浴之后，神清气爽。于是大家酒兴和诗兴并发，于是有了一个“曲水流觞”活动。

古代文人非常具有“雅”的风度，一群文人在曲曲弯弯的溪流边席地而坐，听清澈溪水潺潺流淌，一块小小的木板上，也或许是荷叶上，一种叫“觞”的酒杯里斟满美酒，顺流漂下，停在谁的面前谁就要作诗，作不出诗就要罚酒三觞。有人说这种觞是“青瓷羽觞”，盛行于东晋时期，它呈椭圆形，两个侧面有对称的半月形耳，酷似鸟的两个翅膀。鸟儿一样的杯子，漂飞在水面上，激发了多少诗情画意。

这次聚会，有11个人各成诗两首，15个人各成诗一首，16个人则因作不出诗被罚酒三杯，王羲之的小儿子王献之也被罚了酒，一个清代诗人取笑他：“却笑乌衣王大令，兰亭会上竟无诗。”

酒宴散了，但是大家兴致犹浓，恋恋不舍，把37首诗汇集起来，推荐王羲之写一篇序文。王羲之乘着酒兴，挥动鼠须笔，在蚕茧纸上写下《兰亭集序》。其中仅“之”字就达20多个，却没有一个重样的。由于《兰亭集序》是在醉酒状态下一挥而就，涂字、改字、加字很多，第二天酒醒之后，王羲之准备重新创作，写了几遍，却怎么也写不出原书的韵味。这个28行、324字的书法作品，被后人誉为“天下第一行书”，影响了一代代的书家。

在王羲之故居，有一块黑色大理石碑，上面刻下了《兰亭集序》全文。这幅作品的真迹被王氏后人珍藏许多年后，落到唐太宗手里，他爱不释手，曾多次题跋，死了也当成随葬品，埋入昭陵。而昭陵在五代时被军阀盗掘，从此，《兰亭集序》真迹失传了……

“永和九年，岁在癸丑，暮春之初，会于会稽山阴之兰亭，修禊事也……”我轻轻诵读《兰亭集序》，会感觉一股清新之风扑面而来，文章首先通过环境和氛围表达人生的“乐”，却笔调一转，感叹人生都会有离别和忧伤，是一种“痛”，而最后想到人生苦短，终究要面对死亡，归于寂灭，“悲”的情绪油然而生，撼人心魄。

酒，释放出书家最大的能量，让王羲之与天地、笔墨融为一体，于是，书法作品中的一个个字成为大写的人，巍然站立天地之间。

其实，曲水流觞的故事不仅发生在浙江绍兴，山东至今仍保存着这一习俗。济南大明湖南边有一个曲水亭街，从王府池子流出的泉水，清流映带，曲折蜿蜒，时隐时现，一直流到曲水亭街。两岸杨柳依依。据说远在北魏时期，这里就有“曲水流觞”的习俗，当时有人在曲水亭街附近建起了曲水流杯池。郦道元在《水经注》中写道：“历祠下泉源竞发，北流经历城东又北，引水为流杯池，州僚宾宴公私多萃其上。”可见当时士大夫阶层聚集水边饮酒作赋成为时尚。

前几年济南搞园博会，在北京园中就有“曲水流觞”，是水泥浇筑制成，面积很小，大致有那么个意思。导游说，这是古代有钱人喝酒的雅处，把酒杯放在水面上，漂流到谁跟前谁就要喝下去……

一部中国文化史，就是一部中国历代文人与酒的关系史。人借酒而生豪情，酒借人而扬美名，在才子与美酒缠绵的互动中，中国文化在滋生、张扬、发散、沉淀。

“文章为命酒为魂”，老舍先生的这句话，形象地道出了文人与酒的关系。

在无数以喝酒著称的文人中，我们见到李白浪漫而痛苦的表情。他自称“酒中仙”，一生爱酒，写诗时尤其离不开酒，而且每饮必醉。

李白的一生，一直在儒家和道家之间徘徊，在现实与理想之间，自我矛盾，左右冲突，加之豪放不羁，洒脱豁达的性格，酒就成为他必然的选择。他在给妻子的《赠内》诗中称："三百六十日，日日醉如泥。虽为李白妇，何异太常妻。"以致后来"游采石江中，因醉，入水中捉月而死"，真是"生于酒而死于酒"。

李白是甘肃天水人，少年时期在四川江油度过，25岁出川，漫游了大半个中国。公元736年，李白携妻女经汶上至东鲁，这一年他36岁。次年，他的儿子伯禽在东鲁出生；第三年，夫人许氏死在山东。天宝四年（745年），李白又在东鲁与一"鲁地妇人合"，后生子颇黎；直到乾元二年（759年），年近60岁的李白才将儿女迁往楚地，这时，李白已在东鲁寄家长达23年之久。

山东省济宁市有一座太白楼，过去，人们认为李白寄居的"东鲁"就是今天的济宁，太白楼就是李白的家。但自20世纪90年代以来，更多的专家认为东鲁是兖州。李白诗中屡次说过他住在沙丘："我家寄在沙丘傍，三年不归空断肠。""沙丘无漂母，谁肯饭王孙？"据考证，沙丘就是瑕丘，初唐骆宾王的《上兖州崔长史启》中就有"沙丘足宛迹"的话；近年在兖州附近泗河出土的残石上，两次出现"沙丘"字样。至于沙丘在兖州的具体位置，大约应在兖州火车站一带。那里过去曾是一片沼泽地。

中国如此之大，李白在人生最重要的时期为什么把家放在山东这么久？

首先，他是一个诗人，而山东有滋育诗歌成长的充足养分。中国的诗歌，起源于诗经。到了汉代，有描写民间生活的乐府诗。乐府诗传到魏晋南北朝，不断发展，终于在唐代登上诗歌的巅峰，这几乎也是中国文学的巅峰。《诗经》分风、雅、颂，其中"齐风"和"鲁颂"约占1/10，齐鲁的诗歌渊源出自上古的大舜乐歌，在《诗经》中自成一派清和之风。到魏晋南北朝时期，山东诗坛群星璀璨。其中郯城人

济宁太白楼前的李白塑像

鲍照，既擅长写乐府诗，又是中国第一个大量创作七言诗的人，对李白影响很大。

其次，山东文化儒释道兼容并蓄，具有深厚底蕴和包容性。唐朝文人通常是走科举考试的道路。还可以求仙访道以扩大影响，同样可能被召去做官。山东是道教文化的发源地之一，同时又是儒家文化的核心区域。李白学习范围很广泛，除儒家经典、古代文史名著外，还浏览诸子百家之书。他喜欢隐居山林，求仙学道，并且“好剑术”，很注意结交游侠人物。山东聊城人鲁仲连是他最崇拜的人之一。

再次，是山东人的性格和酒风征服了李白。盛唐时期，中国是诗酒结合的狂热世界，“酒催诗兴”是唐朝文化最凝练的体现。酒内化在诗作里，从物质层面上升到精神层面，酒文化在唐诗中酝酿充分，品醇味久。二者形成浪漫的良性互动。李白、杜甫、白居易都写下大量的酒诗。台湾诗人洛夫说："要是把唐诗拿去压榨，至少会淌出半斤酒来。"唐朝酒肆日益增多，酒令风行，酒文化融入中国人日常生活中。一位文人说："唐代的空气滤掉了酒气，还会有举世无双的那座诗歌巅峰么?醉眼看世界，难道不是比醒眼看世界更有诗意吗？"李白把酒与诗的关系演绎到无以复加的地步，其诗风因酒的参与而更为豪放、悲壮与飘逸。诗人余光中在《寻李白》中这样写道："酒入豪肠，七分酿成了月光，剩下的三分啸成了剑气，绣口一吐就半个盛唐。"

几条线索互相交织，形成一股巨大的牵引力，使中国最伟大的诗人来到山东。也是由于李白与山东的这种亲密感情，《旧唐书·李白传》《南部新书》等历史典籍中误将其称为山东人。

齐鲁大地堪称李白的第二故乡，李白将家人安置在兖州后的16年间，几乎走遍山东的名山大川，到达过山东的40多个县。第一个夫人魂归山东，两个孩子在这里出生，无数朋友在这里相聚。他把自己如白酒般浓烈的感情，化作一首首飘逸的诗歌。

李白能成为顶级诗人，和他在山东居住时的经历有直接关系。在山东，他的思想和艺术如大陆板块碰撞之后不断崛起的高峰，巍峨高拔。其中，对他影响最深的是一件事和一个人。

李白应该是有酒量的。来山东之前，他曾在《襄阳歌》里借酒表达满怀豪情："百年三万六千日，一日须倾三百杯。"在《江上吟》中，他狂放不羁，傲视天下："兴酣落笔摇五岳，诗成笑傲凌沧洲。"初到山东，李白看到的是"开元盛世"，天下太平，他确信"天生我材必有用"，所以写的诗歌里有粉饰太平的成分，对于一个顶级诗人来说，这是一个贫乏、平庸的阶段。这一时期，酒对于李白而言是一株"忘忧草"，据史料记载，李白来东鲁后在"酒楼，日与同志荒宴"，时常喝得酩酊大醉。

天宝元年（742年）夏天，李白42岁，唐玄宗李隆基征召他入京。

接到朝廷的诏书，他欣喜若狂，连忙烹鸡置酒，高歌取醉，并写下《南陵别儿童入京》一诗，“仰天大笑出门去，我辈岂是蓬蒿人”。表明他的政治志向。

这里的南陵，据考证就是今兖州市东关九仙桥北的南沙岗。

李白进京后，唐玄宗亲自相迎，着实风光了一段时间。但是他很快发现，自己不过是一个玩物。当时，唐玄宗已在位30年，昏庸腐朽，纵情声色，久疏朝政。李白失望万分，时常借酒浇愁，亦醉亦狂。在一次醉酒之后，他借着酒劲，让杨贵妃捧砚、高力士脱靴，奸相杨国忠为他磨墨。天宝三年（744年），官场失意的李白，心情孤独苦闷，写下《月下独酌》四首。第一首称：“花间一壶酒，独酌无相亲。举杯邀明月，对影成三人。”连月光和影子都成为对饮的朋友，李白孤独到什么程度？对光明又向往到什么程度？第二首称：“天若不爱酒，酒星不在天。地若不爱酒，地应无酒泉。”他还是要从酒中寻求人生的意义。他上疏乞还，唐玄宗诏许“赐金放还”，结束了仅一年的从政生涯。这年李白回到瑕丘。

一个五彩缤纷的梦想如泡沫般破裂了，也是因为这种破裂，才使李白的思想深刻起来，在对唐王朝的鄙弃过程中，李白开始成为一个伟大的诗人。反映在诗歌创作上，是他的清醒、深刻。在“赐金放还”之后，他写出许多震烁千古的名篇。如《梦游天姥吟留别》，大约作于天宝五年（746年）瑕丘家中。这首诗还有一个题目：《别东鲁诸公》，表达他对黑暗丑恶的蔑弃，诗人几乎是在呐喊：“安能摧眉折腰事权贵，使我不得开心颜！”

流浪在山花水月之间，安抚自己受伤的灵魂。李白以酒为伴，似醉非醉，写下充溢着酒香的《将进酒》：

君不见黄河之水天上来，奔流到海不复回。君不见高堂明镜悲白发，朝如青丝暮成雪。人生得意须尽欢，莫使金樽空对月。

天生我材必有用，千金散尽还复来。烹羊宰牛且为乐，会须一饮三百杯。岑夫子，丹丘生，将进酒，杯莫停。与君歌一曲，请君为我侧耳听。钟鼓馔玉何足贵，但愿长醉不复醒。古来圣贤皆寂寞，唯有饮者留其名。陈王昔时宴平乐，斗酒十千恣欢谑。主人何为言少钱，径须沽取对君酌。五花马，千金裘，呼儿将出换美酒，与尔同销万古愁。

全诗沉着坚定，充满悲愤之情和奔放气势，有震撼人心的强大力量。

就在李白被逐出宫，途经洛阳时，他遇到唐代另一位大诗人杜甫。仿佛是两颗巨星碰撞在一起，闪烁出更加璀璨的光芒。

一生坎坷的杜甫是河南人，生于巩县一个官宦世家，祖父杜审言是武则天时期的诗人，父亲杜闲为奉天县令，也曾为兖州司马。杜甫自幼受到正统的儒家文化熏陶，7岁能写诗，十四五岁时便“出游翰墨场”，与文士们交游酬唱，是一个颇有名气的“酒豪”。24岁时，他到洛阳参加科考，却未能及第。从此他过着“放荡齐赵间，裘马颇清狂”的漫游生活，对于酒，杜甫也有特殊感情，“性豪业嗜酒，嫉恶怀刚肠。脱略小时辈，结交皆老苍。饮酣视八极，俗物都茫茫”“闻道云安曲米春，才倾一盏即醺人。乘舟取醉非难事，下峡消愁定几巡”“得钱即相觅，沽酒不复疑”“朝回日日典春衣，每日江头尽醉归”“浅把涓涓酒，深凭送此生”……这些杜甫写的酒诗，何其悲怆！

那么，“齐赵间”究竟在哪里？杜甫在诗中已经说得很明白：一是赵地的“丛台”，二是齐地的“青丘”。众多历史资料见证，青丘即千乘。《齐记》记载：“千乘城，在齐城西北百五十里，有南北二城，相去二十余里，其一城县治，一城太守治。千乘郡，其治所在千乘县。高帝置。莽曰建信。属青州。”此地位于今山东高青，这里自古湖泊密布，湿地连片，植被茂密，珍禽异兽在此生息繁衍，适宜渔猎。杜甫在这里“呼鹰皂枥林，逐兽云雪冈。射飞曾纵鞚，引臂落鹙鸧”，就毫不奇怪了。另外，高青自古以生产美酒闻名，杜甫在这里流连忘返数年，大概也是美酒的吸引。

杜甫后来写了《饮中八仙歌》，记录当时八大酒仙的喝酒壮举：诗人贺知章“知章骑马似乘船，眼花落井水底眠”；汝阳王李进“汝阳三斗始朝天，道逢曲车口流涎，恨不移封向酒泉”；左相李适之“左相日兴费万钱，饮如长鲸吸百川，衔杯乐圣称避贤”；美少年崔宗之“宗之潇洒美少年，举觞白眼望青天，皎如玉树临风前”；素食主义者苏晋“苏晋长斋绣佛前，醉中往往爱逃禅”；诗仙李白“李白一斗诗百篇，长安市上酒家眠。天子呼来不上船，自言臣是酒中仙”；书法家张旭“张旭三杯草圣传，脱帽露顶王公前，挥毫落纸如云烟”；辩论高手焦遂“焦遂五斗方卓然，高谈阔论惊四筵。”

专家考证，杜甫第一次到山东兖州，就是来接受父亲的教诲，并写下《望岳》和《登兖州城楼》等诗作。由省亲而漫游，杜甫在山东度过了8年，并在现今的泰安、济宁、济南三处留下十篇诗作。其中的《望岳》成为千古绝唱：“岱宗夫如何？齐鲁青未了。造化钟神秀，阴阳割昏晓。荡胸生层云，决眦入归鸟。会当凌绝顶，一览众山小。”

更重要的是，杜甫和李白以酒交友，在山东度过人生中最为难忘的岁月。

唐朝涌现出1000多个知名诗人，而其中以李白和杜甫最具代表性。李白的诗富有浪漫主义色彩，杜甫的诗充满现实主义风格，二人共同构成我国文学史上最为耀眼的“双子星座”。这两颗巨星同时照耀山东，是一种怎样壮观的景象！

天宝三年（744年）秋天，李白和杜甫约诗人高适，一起漫游梁宋。三人同病相怜，同登今山东单县的单父台，这是李杜二人第一次共同来到山东大地。

单父是一个古琴台，相传为春秋时期孔子弟子宓子贱任单父宰时

“鸣琴而治”的地方，至今仍是单县的一个旅游景点。三位伟大的诗人走马射猎，把酒论文。李白在《登单父陶少府半月台》一诗中写道：“陶公有逸兴，不与常人俱。筑台像半月，回向高城隅。置酒望白云，商飙起寒梧。秋山入远海，桑柘罗平芜。水色渌且明，令人思镜湖。终当过江去，爱此暂踟蹰。”他被深秋后单父的白云、桑柘、寒梧、秋山等美景陶醉，流连忘返，后来又去过四次，累计居住数月。杜甫的《昔游》一诗描绘了他们登琴台的情景：“昔者与高李，晚登单父台。寒芜际碣石，万里风云来。采拓叶如雨，飞藿去徘徊。清霜大泽冻，禽兽有余哀。”另外，他还在《遣怀》中写道：“忆与高李辈，论交入酒垆。”高适曾长期居住在单父，仅以琴台为题的诗作就有8首。

秦池集团酒仙园里的李白雕像

天宝四年（745年）夏末，杜甫去济南，拜访北海太守李邕。李邕是有名的文学家和书法家，时称“李北海”。他久闻杜甫大名，陪他在济南宴饮、游览。名士雅集，宴会游赏，杜甫当即赋诗《陪李北海宴历下亭》，其中的“海右此亭古，济南名士多”句至今仍刻在大明湖历下亭上，成为济南的一个文化符号。

此后，李白和杜甫还一起在济宁、兖州、曲阜、邹县、蒙山等地漫游。天宝四年（745年）深秋，二人来到蒙山，访问道家董炼师，谈了炼丹升仙之术，还走访了李白的朋友、道士元丹丘。李杜游历蒙山20余天。二人还和朋友范十畅饮一场，杜甫在醉意中写下《与李十二白同寻范十隐居》的诗篇，内有“余亦东蒙客”句。

李杜最后见面的地方也是兖州，这里是鲁郡的治所，东鲁的政治、经济、文化中心，杜甫的父亲正在司马任上。

李白为杜甫举行了两次告别宴会。第一次是在城东七里的尧祠。这个供奉尧帝的地方，香火缭绕。李杜和范十骑马而来，咏歌弹唱，开怀畅饮。李白写下《秋日鲁郡尧祠亭上宴别杜补阙范侍御》，其中有云：“云归碧海夕，雁没青天时。相失各万里，茫然空尔思。”

不久，李白又在尧祠附近的石门与杜甫话别。石门是横跨在泗河上的一条石坝，岸边绿杨扫地，红亭映水。

杜甫要回长安，而李白也要去江南漫游了。李白即席赋诗一首：“醉别复几日，登临遍池台。何时石门路，重有金樽开？秋波落泗水，海色明徂徕。飞蓬各自远，且尽手中杯！”杜甫也以一首《赠李白》回赠：“秋来相顾尚飘蓬，未就丹砂愧葛洪。痛饮狂歌空度日，飞扬跋扈为谁雄？”

此后两人再也没有会面，诗歌成为他们表达思念的唯一载体。李白在兖州写了《沙丘城下寄杜甫》：我来竟何事，高卧沙丘城。城边有古树，日夕连秋声。鲁酒不可醉，齐歌空复情。思君若汶水，浩荡寄南征！

杜甫以“儒生”自居，对孔孟所倡导的忧患意识、仁爱精神、恻隐之心、忠恕之道等有深刻的理解，儒家思想核心的“忠”“爱”精神，成为他一生坚持不辍的创作主题。他的身上，体现了中国知识分子与生俱来的使命感。

山东美酒使李白和杜甫更加狂放，也让苏东坡变成了酒徒，而且词作里酒香四溢，既柔情似水又粗犷豪放。

宋代有三个大词人：苏东坡、李清照和辛弃疾。李清照和辛弃疾都是山东济南人，被称作“二安”，他们同时出现在一个城市，又同时登上宋词的巅峰。

李清照和辛弃疾对酒同样感兴趣。李清照的酒事这里不再赘述。辛弃疾经常以酒会友，写下了《破阵子》：“醉里挑灯看剑，梦回吹角连营。八百里分麾下炙，五十弦翻塞外声。沙场点秋兵。马作的卢飞快，弓如霹雳弦惊。了却君王天下事，赢得生前身后名。可怜白发生！”

苏轼过去很少喝酒，到山东后才与酒结缘。

苏东坡21岁那年，从四川赴京参加科举考试，获得主考官欧阳修的赏识。宋神宗即位后，任用王安石变法。他见到新法对普通老百姓的损害，便上书反对，结果被调任杭州通判。杭州3年任满后，被调往密州、徐州、湖州等地任知州。

密州就是今天的山东省诸城市。这里是宋王朝的战略要地之一。苏轼之所以要求到这里，是因为弟弟在济南任职，他想离济南近一点儿。

来山东之前，苏轼是一个酒量很小的人，他早年不能饮酒，后来经过学习，能饮一点儿，但是酒量不大。一次有人送他一瓶好酒，他独饮一杯之后，便“醺然径醉”，还写诗称“三杯软饱后，一枕黑甜余”，可见其喝点儿就会醉。

苏轼来密州后，正值当地大旱，又遇蝗虫灾害。他上书朝廷，请求减免税赋。对于弃婴，他发动官员去捡，然后分别安排到各家抚养，政府按月给抚养费。公务如此繁忙，密州如此贫穷，以至于到了“公厨十日不生烟”“寂寞虚斋卧空甒”的程度，愁多酒少，哪有心情喝酒？

经过他的努力，密州经济好转，百姓日子也转好，他的酒宴随之增多，酒量也大了起来。他在《与王庆源之子书》中说，我“近稍能饮酒，终日可饮十五银盏”。在《饮酒说》中更表现出对密州烧酒的偏爱：“予虽饮酒不多，然而日欲把盏为乐，殆不可一日无此君。”以致后来，“仆醉后辄作草书十数行，便觉酒气拂拂，从十指间出也”。

据专家朱靖华考证，苏东坡在任杭州通判时，还是个“不解饮”者，但在密州却越饮越多，而且花样翻新——不仅诗饮、书画饮、宴饮，还有野饮、刀剑饮、抚琴饮、流杯饮、打猎饮，甚至还强饮、痛饮、狂饮……逐渐向“瘾者”过渡。他在密州所创作诗词中言酒者达到百分之七十以上。

苏轼在密州喝的酒大致分为三种，最高档的是王驸马馈赠的“碧香酒”，此酒色如碧玉，极为香醇，苏轼舍不得自己喝，只用于馈赠好友；他常喝的“公使酒”，是政府管理的酒坊所酿之“官酒”，或上面定价批拨之酒，苏轼在迎来送往或者常山祈雨、铁沟会猎等场合，所饮的就是这种酒；另一种是自酿酒，苏轼在《饮酒说》称：“州酿既少，官酤又恶而贵，遂不免闭门自酝。”据说他自己酿的真一酒、天门冬酒名气很大。

在密州，苏轼交结了很多酒友，上至达官贵人，下至三教九流，各种身份都有，其中一位被他称为“胶西先生”的赵杲卿嗜酒如命。这个人“家贫好饮，不择酒而醉”。赵杲卿作了一首诗，题曰《薄薄酒》：“薄薄酒，胜茶汤；丑丑妇，胜空房。”苏轼很欣赏这首诗里蕴含的平民意识，他附和作了《薄薄酒》两章，其中有这样的句子：“生前富贵，死后文章，百年瞬息万世忙，夷、齐、盗跖俱亡羊，不如眼前一醉是非忧乐两都忘。”

景芝酒之城里的苏轼雕像

喝酒让苏轼进入“是非忧乐两都忘”的人生境界，极其超然。他在密州修了一个“超然台”，并在超然台上写了一首《望江南》，描绘了密州的美丽景色。

苏轼走遍密州的山山水水：马耳山、九仙山、常山。因为他的到来，诸城的山水多了一层文化的亮色。在密州时，苏轼正值盛年，也是他文学创作的高峰期。在这里，他写了230多篇诗、词、文章。

那首最能代表他豪放风格的《密州出猎》，就刻在今天密州宾馆大门口的石碑上。“老夫聊发少年狂，左牵黄，右擎苍。锦帽貂裘，千骑卷平冈。为报倾城随太守，亲射虎，看孙郎。酒酣胸袒尚开张，鬓微霜，又何妨！持节云中，何日遣冯唐？会挽雕弓如满月，西北望，射天狼。”

一个地方的行政长官，却头戴色彩鲜艳的锦帽，身穿貂皮大衣，牵着猎狗，举着苍鹰，带一群部属到野外围射老虎，引来老百姓倾城出动……“酒酣胸袒尚开张”，酒意正浓，胸怀开阔，胆气豪壮……这可不符合做官的稳重原则，而纯粹是一个文人的表现。

苏轼为什么有如此表现？因为他踏上了密州这方粗犷的热土，喝了密州产的劲辣好酒，更有一群铁血之士为其击鼓呐喊，所以他才能豪情大发，放开喉咙，长啸一声，让《密州出猎》成为宋词“豪放派”的标志性作品。

苏轼为了和弟弟见面才到密州，然而直到离任后才与弟弟见面。难熬的日子里，思念之情油然而生。

在一个月光无比皎洁的夜晚，他写下《水调歌头·丙辰中秋》：“明月几时有？把酒问青天。不知天上宫阙，今夕是何年。我欲乘风归去，又恐琼楼玉宇，高处不胜寒。起舞弄清影，何似在人间。转朱阁，低绮户，照无眠。不应有恨，何事长向别时圆？人有悲欢离合，月有阴晴圆缺，此事古难全。但愿人长久，千里共婵娟。”浪漫主义情怀跃然纸上，令人难以释怀。

书画家何以成为当代文人喝酒的代言者？

文人喝了数千年酒，至今仍然没把酒杯放下，书画家则成了当代文人喝酒的代言者。

济南人老李年近七十，独自一人生活，他自称是“傅抱石弟子”，除了写字画画，搞古玩收藏，最大的爱好就是喝酒。他可以一人独酌，更喜欢和朋友喝到深夜的事常常发生。

老李说，他出生于济南一个文化世家，然而由于父亲早逝，他从小就过着颠沛流离的日子，在济宁几个县的吕剧团工作。1961年，济宁吕剧团去南京演出，老李第一次见到艺术大师傅抱石。他拜傅抱石为师，并送给老师两瓶“洋河大曲”。以酷爱喝酒著称的傅抱石看了老李的两幅小画后，也就认下了这个弟子。从此，老师的酒风、画风和人格魅力都深深影响着他。因为年纪小，想念母亲，老李辞去工作，回到济南，开始了打工生涯。他曾经到黄河边拉地排车，也干过翻砂等体力活儿。锅炉前气温高，十分闷热，头上蒙着毛巾，腿上套着护膝，铁水溅进鞋里也要忍耐住，任它把一个地方烫烂，否则铁水流动，整个脚就烫坏了。他还和母亲一起到七里山山顶，卖菜给打石头的人，炒一份土豆丝或者辣椒丝都是5分钱，他挑着两大盆菜，累得喘不过气来。20世纪80年代初，老李还和朋友一起开饭店，卖把子肉。只要见到朋友，他就闭门谢客，陪朋友喝酒，饭店很快就倒闭了……

他喜欢酒后作画，如果是一个人在家，他会全身赤裸，纵情泼墨，恍如刘伶再世。酒像一团烈火，从喉管滑入胃中熊熊燃烧，激起一腔豪情。笔下佳作，处处流露酒的神韵，其气势如万马奔腾，波涛汹涌，而且往往奇峰突起，给人以心灵上的震撼。还有一类作品，则神清气闲，深得酒之韵味，疏林薄雾之中，文人雅士与书童沽酒吟诗，缓步前行，画面静谧散淡，人物飘逸自然，情境与心境融而为一。

画家刘宝纯是荣成人，喜欢一饮而尽，话语中常透露出深奥的人生道理。喝酒时他的口号是“我干了，你随意”。画家王克泉、王胜华和刘玉泉酒后朗诵诗歌，水平堪比专业演员。王经春的嗓子极好，唱起歌来中气十足。一次酒过三巡，他深情地唱起关于母亲和父亲的歌曲来，沉醉中充满柔情，拨动了我们内心深处最柔软的那根弦。

微刻家张翼喝酒最为自由散漫，不讲章法。有一段时间，张翼去北京发展，说是坚决不喝酒了。原来自他以微刻技惊天下之后，就成为当地名人，天天来请喝酒的人挤破了门。一次，朋友酒后送张翼回家，他掏出50块钱，很大方地说，不用找了，剩下的算小费！他以为坐在出租车上了。泡在酒精里的生活，让张翼觉得很迷惘，难道自己一辈子就这么混下去？不行，必须结束这种生活！2008年最后一天，他作出决定，从2009年1月1日开始戒酒，一滴也不喝了。这一天，他连续喝了五场酒，其中两场大酒，各喝了七八两白酒，喝得直往地上摔杯子，最后还要喝，别人不敢倒了。从此后一滴酒不喝了，而是一头扎进北京，开始了人生的另一次辉煌……后来他回到故乡，在临沂汤头温泉建了一个“张翼微刻艺术馆”，展示自己的作品，进行自己的创作。但也又开始了豪饮，在一年喝了几十箱茅台之后，他患了脑中风……

在中国古代，一个家庭有没有文化，看看客厅和卧室里挂的字画就可以判断。达官贵人挂的是名人字画，而老百姓挂的则是大红大绿的年画。越是文化层次高的家庭，挂的字画就越名贵。据专家统计，在古代人的“视觉艺术”中，国画和书法各占半壁江山。古人们喜欢书画中蕴含的文化气息，感受神定气闲、不为物役、心气和平、濡墨染翰的境界。这一观念一直影响到今天。

在山东很多有底蕴的文化古县，如青州、桓台、莱州、齐河等地，人们喝醉酒后争相夸耀的，不是家里有多少金银珠宝，而是藏有多少名人字画。在一些很偏远的乡村，人们谈起艺术家，谈起代表作品、艺术风格，也都头头是道，如数家珍。现代人除了把书画作为艺术品去欣赏，还把它当作一种艺术活动，修身养性，陶冶情操。加上书画的市场价值越来越高，追捧的人自然就多起来。

翻开资料，发现书画家们喜欢喝酒也有历史渊源。

历史上不少大书法家都是酒量极大的人，他们放胆开怀畅饮，然后笔走龙蛇，异趣横生，线条旋舞，恨墨短砚浅，非纸尽墨干乃止。汉代大儒扬雄，喜欢喝酒而吟诵辞赋，不少人知道他有酒癖，遇到有奇字不能解释时，就带了酒作为礼品，向他请教。“载酒问奇字”成为人们津津乐道的典故；宋代书法家苏舜钦，为人豪放不受约束，以书为下酒菜，常常豪饮一斗。他被谪放到苏州时，常练草书，有时酒酣落笔，较之平时更洋洋洒洒，人争传之；清朝的张迁禄，“善草书……性豪嗜酒”，他常常用自己的书法作品换酒喝，晚年归隐时，醉后放言：“可将去藏之，二十年后，必有知宝贵者也。”清代道士白玉蟾，

“喜饮酒，不见其醉，随身无片纸，落笔满四方”，他的大字草书，“若龙蛇飞动”……

在饮酒方面，走得最远的当属唐代草书圣手张旭。唐文宗时期，李白的诗歌、裴旻的剑舞和张旭的草书，被称为“三绝”。根据《唐书·李白传》载：“旭，苏州吴人，嗜酒，每大醉，呼叫狂走，乃下笔，或以头濡墨而书。既醒，自视其墨，以为神，不可复得也。”但张旭的书法不是空中楼阁，它照样来自生活，他看见公主与挑夫争着过路而悟得草书笔法的意境，观公孙大娘舞剑而悟得草书笔法的神韵。

秦池集团酒仙园里的张旭塑像

画家喝酒又如何？

秦汉间有一个“千岁翁”安期生，曾“以醉墨洒石上，皆成桃花”；唐代吴道子被誉为“画圣”，经过他的努力，使中国山水画成为独立画种，他“每欲挥毫，必须酣饮”；张志和“喜酒，常在酣醉后，或击鼓吹笛，舐笔成画”；宋代的包鼎，以画虎而闻名。他画虎之前总是先“洒扫一室，屏人声，塞门涂牖，穴屋取明，一饮斗酒”，而后“脱衣，据地卧、起、行、顾”，觉得自己真像老虎之后，才“复饮斗酒，取笔一挥尽意而去”。元代画家钱选，“酒不醉，不能画”；明代画家吴伟“剧饮”，人们欲得到他的画，需“载酒……往”；明代画家唐寅也嗜酒成癖，他经常与友人终日狂饮，尽兴之时才欣然命笔作画。晚年的时候，他不大喜欢作画赠人。于是许多慕名求画者纷纷携酒前来，与之“酣酒竟日”，才能求到一幅，所以当时就有“欲得伯虎画一幅，须费兰陵酒千钟”之说；明末清初的朱耷，号八大山人，是中国画的一代宗师，他过着清贫的生活，整天蓬头垢面，但是非常喜欢饮酒。为了得到他的作品，人们“置酒招之”，将纸、墨置于席边，待酒兴大发，他便开始泼墨，或“攘笔搦管，狂叫大呼”，结果是“洋洋洒洒，数十幅立就”，而“醒时，欲觅其片纸只字不可得，虽陈黄金万镒于前，勿顾也”！其作品笔情恣纵，不构成法，苍劲圆秀，逸气横生；清代画家郑板桥，酷爱狗肉和饮酒，富商大贾虽“饵以金千”，也难得其字画，但拿狗肉与美酒款待，即可如愿。郑板桥虽知道求画者的把戏，但耐不住美酒的诱惑，只好写诗自嘲：“看月不妨人去尽，对花只恨酒来迟。笑他缣素求书辈，又要先生烂醉时。”

古代画家爱喝酒，近现代画家也不甘示弱。

傅抱石的作品既有传统的古典神韵，又有崭新的笔法气势，在山水技法上有独创。人家画画要用文房四宝，傅抱石还有第五宝，这就是酒。他家中有一大缸，半埋地下，里面盛满泸州大曲。他的儿子傅二石记得，小的时候，他常常拿个空瓶子，跑到几里路外的小酒店去给父亲

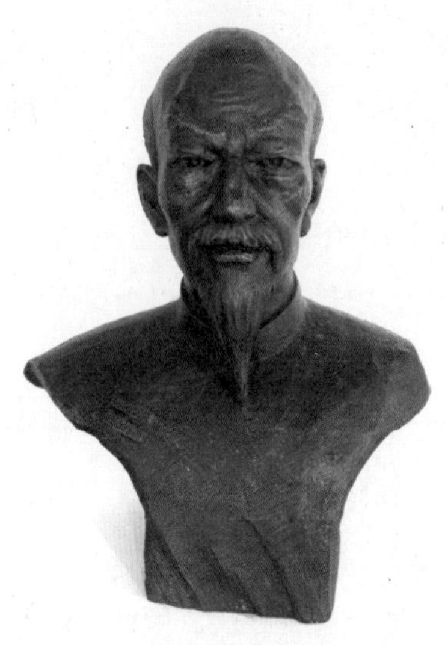

景芝酒之城里的郑板桥雕像

打酒，每天几乎都要去。有一次创作没有灵感，正好看到两位老者在喝酒，酒瘾大发的傅抱石也打算去买酒，但是他手中没有酒票，灵机一动买了熟肉回来向老者换酒喝。创作的时候，傅抱石常常一只手拿笔，另一只手拿酒杯，如果画出了得意之作，他会盖上一个图章“往往醉后”，意思是说他的画是在醉后完成的。另外他还有“酒后作”“喝了半斤后画此幅”等落款。傅二石说：父亲喝酒作画并不是真的喝醉了，酒量通常正好达到没有失去理智的状态。酒会让父亲有更好的灵感，往往醉后作画，画笔中含醉，却又并非全醉，意境超乎自然。

李苦禅喝酒骂街的故事同样有名。他出生在山东高唐李奇庄，从小干农活，是个贫雇农苦出身，为人厚道率真豪放任侠。新中国成立初期，李苦禅在中央美术学院教水彩画课，被说成是文人士大夫的颓废玩意儿，老先生被弄到美术学院工会，去卖电影票，月薪18块钱。那些年，李苦禅经常喝酒，喝的都是廉价的二锅头或老白干之类。等到喝得一脑门子汗时，这嘴可就没把门儿的了，该说就说，该骂就骂，颇有些老李逵的风范。

一个朋友撰文回忆道：

> 记得1972年夏天，听说他从乡下回到北京。我去他家问候起居，家中只他一人，夫人与孩子还在乡下参加运动或插队。他定要我一块去喝酒。我跟他去了灯市东口路北的小酒馆。三杯水酒下肚，他便骂开了。回讲起“文革”风暴乍起之时，他是首批被揪出来挨批斗遭毒打的。居然抗住了毒打。他说是“打我时候，我用气功”（天真之极）！大骂“×××王八蛋、落井下石”。旁若无人，口若悬河。好在小酒馆里的吃客们多是干苦力拉排子车的普通大众，还有几个有酒独斟的失意“老九”，各喝各的酒，各骂各的街。胖胖的堂倌用小胖手托着胖下巴，蛮有兴致地听着酒徒们的龙门阵，抿嘴一乐那个劲儿很像是好兵帅克……

文章把一个醉态可掬的李苦禅描述得生动有趣，充满感性。

书画家们为什么爱喝酒？

几千年酒文化气息浓郁，酒是农耕文明的产物，儒家文化占统治地位的中国，酒多少带点浪漫色彩，有点情趣，把酒畅饮，成了文人们的精神归宿。书画家的气质与性格特征鲜明，多愁善感，希望淋漓尽致地表现自己的个性，因而以酒浇愁，借酒兴来体味生活的趣味。他们纷纷给自己标注上酒的标签，自称“酒仙”“醉翁”“酒徒”“酒鬼”等等。

同时，艺术创作，最需要的是灵感，灵感像一个幽灵，难以捕捉，不会轻易叩响心灵之门。而酒的主要成分是水与乙醇，乙醇能刺激人的大脑中枢，使人精神亢奋，才思敏捷，从而激发出珍贵的灵感。与张旭齐名的怀素和尚，曾道破酒后创作的秘密：“醉来得意两三行，醒后却书书不得”“人人来问此中妙，怀素自言初不知。”苏东坡也说过“枯肠得酒芒角出”，还说“俯仰各有态，得酒诗自成”，只要喝上点酒，诗便自然而来。因此他称酒为“钓诗钩”。黄庭坚在《苏李画枯木道士赋》中对苏东坡的创作情态说得妙：“东坡尤以酒为神，故其觞次滴沥，醉余颦呻，取诸造化炉锤，尽用文章斧斤。”米芾也说苏东坡“醉时吐出胸中墨”。唐庚在《与舍弟饮》中说：“温酒浇枯肠，戢戢生小诗。”温酒下肚，诗便会像鱼虫一样自己慢慢往一起聚集。范成大在《分弓亭按阅》中说，“老去读书随忘却，醉中得句若飞来”，年事已高，记忆力不行了，读书时常随读随忘，但醉意之中，好多语句又会自然而来。元朝画家马琬，作画时离不开酒。有人作诗描述：“长忆秦溪马文璧，能诗能画最风流。酒酣落笔皆成趣，剪断巴江万里秋。”看来在酒酣时候，灵感会像一阵风破门而入，灌满思想的殿堂。

喝酒能使艺术家们脱离理性的束缚，把禁锢自己的传统观念和思维置之度外，创作欲望和信心增强了，技法不再受意识的僵硬束缚，作起画来，得心应手，挥洒自如，达到“心手调和”、天人合一的境地，水平就会超常发挥，往往会有上乘之作产生。酒后创作书画作品，完全在有意与无意之间，才能“忽然绝叫三五声，满壁纵横千万字”。酒能让书画家忘掉这个世界的一切，天地间只有笔墨在随着心性流动，并重构起一个新世界。

除了嗜酒，酒文化还是书画家们最爱表现的题材。

山东人姜昆是相声演员，也是一个很有成就的书法家，他写的“酒”字，是一把酒壶外加三点酒滴，让人感觉“酒”的芳香迎面扑来。但是美酒再香也不能贪杯，他在旁边补上一句“对酒当歌，尽量少喝”。姜昆不仅经常以打油诗相题赠，而且还在社交场合，会以打油诗圆场。一次，大家凑在一起，姜昆在场，可他却把个“酒”字写走了样，为了弥补这一缺欠，他即兴补上一首打油诗：“少喝酒，多吃菜，够不着，站起来。有人劝，要耍赖，天黑以前要回来。”这般生动，这般概括，也就没人注意“酒”字走样了。

至于喝酒的场面，则是画家们喜欢表现的题材，文会、雅集、夜宴、月下把杯、蕉林独酌、醉眠、醉写……都曾在历代中国画里反反复复出现过。

唐朝大书法家怀素曾写过《题张僧繇醉僧图》：“人人送酒不曾沽，终日松间系一壶。草圣欲成狂便发，真堪画入醉僧图。”后来僧道不睦，道士每每用《题张僧繇醉僧图》讥讽和尚。和尚们气恼，于是聚钱请阎立本画了一幅《醉道士图》回敬道士。在这幅画中，道士们酒醉之后洋相百出，令人捧腹。产生于山东蓬莱的“八仙”传说，也为画家钟情。扬州八怪之一的黄慎在《醉眠图》描绘了铁拐李醉眠之态：铁拐李背倚酒坛，伏在一个大葫芦上作醉态状。葫芦口冒着白烟，与天地交织，营造出仙境的感觉。正如郑板桥所说：“画到神情飘没处，更无真相有真魂。”《醉眠图》构图奇妙，把人、葫芦、包裹和铁

八仙雕塑：他们喝醉之后在山东蓬莱渡海

拐堆在一起，构成三角形，并极力夸张画中的大葫芦，虽然只用线条勾出，但却能化实为虚。背景中的空白处用从葫芦里喷出的酒气填充，上方，画家用草书题写了“谁道铁拐，形肢长年，芒鞋何处，醉倒华颠”16个字，再一次突出了作品的主题。齐白石画过一幅吕纯阳像，并题诗：“两袖清风不卖钱，缸酒常作枕头眠。神仙也有难平事，醉负青蛇到老年。”诗画交融，极富哲理。

杜甫的《饮中八仙歌》描写了贺知章、李进、李适之、李白、崔宗之、苏晋、张旭、焦遂等八位善饮的才子，成为后世画家们百画不厌的题材。画家们描绘众人物吃酒的场面，他们渐入醉境，但表现又各不相同：或还在举杯酣饮；或烂醉如泥倒在地上；或神情凝滞，将醉欲醉；或丢帽眈足，狂态百出。

山东画家张宜、王河、泥土、戴军等人画的钟馗醉酒，把醉酒后钟馗刻画得惟妙惟肖，生动可爱。

杯中乾坤小，壶中日月长：遍洒民间的酒神精神

山东艺术家刘光讲过一个农村人喝酒的故事：

在鲁西某村，一个人家只有父亲和儿子两个光棍，家里穷得吃不饱穿不暖。过年了，父亲想喝酒，快乐一场，就对儿子说：去，到村里小卖部打点散酒来！儿子伸手：拿钱来。爹说，有钱买酒，谁都能做到，哪算什么本事，如果没钱买到酒才是真本事。儿子会意，转身出门，一会儿搬着一个巨大的破缸走进屋里：爹，满满一缸酒，喝吧。爹大怒：缸里没有一滴酒，怎么个喝法？儿子笑道：有酒谁不会喝？没有酒能喝到酒才是真本事。

其实刘光就是一个“没有酒也能喝出酒”的人。在酒桌上，他基本不喝酒，但是酒趣和酒意却很足。省却了喝酒的过程，仍能得到酒

山东民间艺术家孙枫玲作品

之意趣，这是一种艺术化的生命情趣。

文人们的酒文化来自于民间与生活，反过来，又对整个社会起到示范效应，使百姓们枯燥的日子有了乐趣。

“杯小乾坤大，壶中日月长。”每一个山东人乃至中国人，一辈子都要和酒发生关系，这种关系的物化表现就是酒趣。酒趣赋于酒令之中，酒令则纯以文化入酒，是酒文化中的精粹。酒令自文人中来，文人讲究饮酒过程中的繁文缛节，创造了花样百出的酒令，参加者要熟知历史典故、古今名著、诗词歌赋、天文地理、民俗俚语，才能做到随机发挥，不被罚酒又博得喝彩。人们在欢宴中锻炼了敏捷才思和竞争精神，既活跃了饮食的氛围，又感受到文化的馨香和审美情趣。白居易说，“闲征雅令穷经史，醉听清吟胜管弦”，认为酒宴中的雅令要比乐曲佐酒更有意趣。文字令包括字词令、谜语令、筹令等，这些统称雅令。

文人的雅令发展到民间，演绎为另一种不同的版本，就是俗令，也就是划拳了。但是也有各种变种的酒令，如“老虎杠子”“猜火柴棍”之类，也不时出现在酒桌上。

人们从酒令中获得表面的乐趣，但是为什么那么多人对酒一见钟情、恋恋不舍，以至于现代社会有了“酒依赖”呢？这是因为在喝酒的过程中，饱受折磨、困厄的人格渐渐地舒张了，最终它挣脱枷锁，冲破一切外物的奴役，释放出鲜活的能量，进入一种超越自我的人生境地。

现代作家朱苏进说：“假如没有酒，人会停留在常态中就像凝冻在一团规范里，近乎非人；假如没有酒，艺术、爱情、冒险、壮举等等都大大贬值，降为一种阉物；假如没有酒，历史将不堪卒读而不像现在这样每页都在颤抖……因此，假如没有酒，人类将肯定创造出比酒更加奇妙的琼浆，用以燃烧自己。天上可以没有上帝（信仰），地下可以没有阎罗（归宿），人间却不可以没有酒。”

在儒家思想的人格构成中，“仁”是最高境界，讲究等级、秩序、责任、担当、集体、国家，而自我、个性、感情等受到压抑。孔子的儒家太现实主义了，道教为人们提供了儒家所未能提供的孩童世界，虚幻美妙，浪漫至极。特别是现实世界动荡残酷之时，道家和道教的吸引力就更大了。林语堂在《中国人》中说：“一个国家，正如一个人，有一种自发的浪漫主义和一种自发的经典主义。道家是中国人的浪漫派，儒家是经典派。实际上，道家自始至终是浪漫主义的。首先它宣传返归自然，烂漫地逃避尘世，反对孔教文化中的做作与责任感。其次，它代表着人生、艺术和文学中的田园理想，代表着对原始质朴的崇尚。第三，它代表着奇幻的世界，其中点缀着稚气的创世神话。”

酒，是普通百姓从儒家遁向道家的一个神秘通道，一种有效途径。

恩格斯曾说过，每一种酒都会产生一种别致的醉意。喝了几瓶酒以后就能使一个人的情绪发生各种各样的变化——从跳轻佻的四人舞到唱《马赛曲》，从跳摇摆舞的狂热到革命热情的激发，最后喝一瓶香槟酒，又能鼓起人间最愉快的狂欢节情绪！人们的人格经常处于被压抑状态之中，而酒可以使人们的血液狂奔，使人们的心脏狂跳。

一直到今天为止，饮酒常和歌舞相伴，它们都是抒发豪情的手段。平日里唯唯诺诺、点头哈腰、缩手缩脚的人，一旦喝了酒，或是喝多了酒，就会变成另外一个人。古罗马哲学家卢克莱修说：“当酒浸入身体时，四肢变得沉重；两条腿迈不动，索索发抖；舌头打结，神志不清；目光游移不定；喊叫，打噎，争吵。”古罗马文艺评论家、诗人贺拉斯说：“圣贤纵酒作乐，也会表现出忧虑并暴露内心秘密。”他又说：“再强的智力也敌不过酒力。”

酒成为一种情绪的催化剂。通过饮酒，平素深藏于心底的快乐忧愁都迸发出来。梁实秋在《饮酒》里对此这样描述：“酒实在是妙。几杯落肚之后就会觉得飘飘然、醺醺然。平素道貌岸然的人，也会绽出笑脸；一向沉默寡言的人，也会议论风生。再灌下几杯之后，所有的苦闷烦恼全都忘了，酒酣耳热，只觉得意气飞扬，不可一世，若不及时知止，可就难免玉山颓欹，剔吐纵横，甚至撒疯骂座，以及种种的酒失酒过全部地呈现出来……酒能削弱人的自制力，所以有人酒后狂笑不置，也有人痛哭不已，更有人口吐洋语滔滔不绝，也许会把平夙不敢告人之事吐露一二，甚至把别人的阴私也当众抖出来……”这篇文章大概是梁实秋在青岛时期的作品，里面自然有山东人的影子。

有人说，越是烈酒文化发达的地方，越是人格压抑严重的地方。当我们已经进入市场经济社会，民主政治越来越发达，人们是否不应该再通过酗酒来解放人格？

这可能是一种过于乐观的想法。我国的封建社会长达数千年，封建思想惯性巨大，至今仍影响着我们的思想。同时，西方文明在短短四五十年间严重冲击东方文明，过度的物质主义、理性主义、功利和实用贪欲，使人们的信仰出现新危机。

酒，悲哀地再次成为相当一部分人的精神出口。许多期盼万众一心或者情感交融的重要场合，只要有酒，只要高高地举起杯子，在觥筹交错中，所有的言辞都会显得空洞，所有的行为也变成多余。酒能够凌驾于一切人类语言之上，这种巨大的魔力究竟来自何处呢？

在古希腊，人的宗教精神被分为“日神”和“酒神”两种几乎是对立的信仰。日神阿波罗象征光明、智慧、理智，酒神狄奥尼索思则代表玄暗、野性和放纵。日神是理性的，它是存在于人格中的秩序、逻辑、明晰、适中和控制。酒神则是自发、情感、直觉、癫狂和无节制的。日神要求生活井然有序，告诉我们哪些事该做，哪些事不该做。而酒神却让我们随心所欲、及时行乐，甚至还会让我们去做违背纲常的事。

西方哲学家眼中的“酒神”，代表着原始的生命力、活跃的意志和自由的精神，甚至代表一切非理性的力量。尼采用古希腊神话中的酒神狄奥尼索思的形象，命名个人解体而同作为世界本体的生命意志合为一体的神秘、陶醉境界。因为在他看来，原始的酒神祭，那种无节制的滥饮，性的放纵，狂歌乱舞，表现了个体自我毁灭和宇宙本体融合的冲动，正显示了悲剧艺术的起源。酒神精神喻示着情绪的发泄，是抛弃传统束缚回归原始状态的生存体验，人类在消失个体与世界合一的哀号中，绝望痛苦，并获得生的极大快意。

在中国，儒家和道家在某种程度上扮演了日神和酒神的角色。如果说日神崇拜的出现，是为了防止纵欲妄为的酒神行为，那么儒家信仰的出现，则是为了反对礼崩乐坏的社会现实。它们所维护的，是一种具有等级制度的男权文化。儒家也同日神崇拜一样，注重理性的探索、精神的追求，有着超越感性个体的形而上倾向。但是，与日神崇拜不同的是，原始儒学在精神探索的过程中，没有把人的感性存在与宇宙的本原联系起来，而是把人看成社会的一部分，要求把人的感性生命提升到一个社会理性人的水平，把有限的生命融入历史的无限过程之中。与阿波罗精神相比，儒家讲究“经世致用”，把与现实生活没有直接关系的事物排除在“实践理性”的视野之外，客观上限制了纯粹理性的发展和纯粹科学的动机。

同酒神崇拜一样，早期的道家思想与母系文化之间有隐秘联系。庄周高唱绝对自由之歌，主张物我合一、天人合一，倡导“乘物而游”“游乎四海之外”“无何有之乡”。庄子宁愿做烂泥塘里自由的乌龟，而不做受人束缚的千里马。追求绝对自由、忘却生死利禄及荣辱，是中国酒神精神的精髓所在。《老子》中有很多抱阴守雌、崇拜女性的内容。有人认为，最早出现在金文中的“道”字，实际上是一个表征“胎儿分娩”的象形字。老子崇拜的理想社会，是一种“只知其母，不知其父”的小国寡民时代，这显然是出于对父系社会所代表的文明制度的不满。道家反对礼法对人的约束与控制，主张回到无知、无欲、无我的原始状态，以此反抗对人的异化，但是却没有走向一种纵欲主义的极端。道家讲究“齐物”，把人看作是自然的一个组成部分，在自然的怀抱中去求得精神的慰藉，而不像酒神崇拜那样，把人与自然对立起来。

在中国传统文化起源中，“兴”是最接近酒神的精神元素。当“意志”被“感发”的瞬间，世界永恒地定格于大同。此时个体的独立人格和自由精神，也与天地万物亲密无间起来，甚至天与人、物与我、悲与喜、情与理、虚与实、刚与柔，以及一切看似不可调和的矛盾，都变得和谐统一，从而形成“大和”这一东方美学的最高境界。

而西方哲学家认为，悲剧之所以能通过个体的毁灭给人以快感，其秘密就在于它肯定生命整体的力量。既然宇宙生命本身生生不息，个体生命稍纵即逝，那么，要肯定生命，就必须超越个人的眼界，立足于宇宙生命，肯定生命的全体，包括肯定其中必定包含的个人的痛苦和毁灭。酒神精神达到肯定的极限，它肯定万物的生成和毁灭，肯定矛盾和斗争，甚至肯定受苦和罪恶，肯定生命中一切可疑可怕的事物。愈深刻的灵魂，愈能体会人生的悲剧性。坚强而沉重，或者坚强而阴郁，都不符合酒神精神。

儒家哲学中的“天理”与“人欲”，基本可以表达日神和酒神精神。由于维持社会秩序的力量过于强大，等级森严，“日神”常常洋洋自得。酒，这种蕴藏着酒神的饮品一经发现，便成为人类寻欢作乐、改变一个时段生存状态的最好理由。在西方，酒神是神圣的；在中国，酒仙、酒圣是值得景仰的。因为，谁不愿意欢乐，谁会放弃对欢乐的追寻呢?

王天明的微雕壶，对酒文化有一层更深的理解。他是微刻大师，寿山石“岁寒三友”微雕壶是他的代表作之一。这个壶高10厘米，外径15厘米，整个小壶集书画篆刻于一体，盎然成趣。壶身与壶嘴相通，注入酒，涓涓细流可斟至杯内，品来别有雅兴。

王天明说：“壶有着深刻的文化内涵，它厚积薄发，一壶酒水斟之涓涓细流，一点点放出，深具儒家道义。又肚大能容，使人想起宽容大度，宰相肚里能撑船。‘酒过留香，茶过流芳。’无异于君子之修身修德。所以观壶可养心性，用壶可修情操。尽情与壶交流沟通，于人大有益处。”不喝酒的王天明，一语道破中国人喝酒应该有的境界。他说：“刻成一件壶，我就多了一个小天地，许多小天地连在一起，不就是一个大宇宙么？小小十指出乾坤啊！”

第八章
全民酗酒时代：潘多拉盒子打开了

每一杯过量的酒，都成了魔鬼酿成的毒水

山东梁山一男子，喝酒后昏迷30天，被送进省城的医院。他的老婆在哭诉：这个男子也有点酒量，喝个1斤白酒没问题。原来喝酒之后他的脸发红，这次却变成紫色，并且口吐白沫，全身抽搐。有人说是喝了假酒……不知道他还能不能醒来？

酒，又毁掉了一个山东汉子和一个温馨的家庭。

因为传媒越来越发达，关于酒的负面消息也就多起来，喝醉之后，伤害了自己的健康乃至生命，危及他人和社会安全，酒像一个不安分的幽灵，一旦从潘多拉的盒子里放出来，就开始惹是生非、荼毒生灵了。

这真是一个“全民酗酒时代”。一是因为旧有的文化框架被打破，儒家思想强调道德、秩序、等级的观念，被一次次的运动所摧毁，只留存在人们的骨血之中，而新的精神信仰还在重建之中。酒代表着人们原始的冲动力，饮酒给予消费者的不仅仅是生理上的麻醉感，而是一种精神层面的神秘感觉和体验。这种体验是非理性的，可以在理性之上，因为在人类可控的范围内，但也可能在理性之下，因为感性本

身就具有破坏性。一旦束缚和枷锁丢弃了，酒的邪气和丑陋就会暴露无遗；二是改革开放之后，中国人的物质生活达到最为富裕的时期，人们对于物质的崇拜也到达巅峰状态，“拜金主义”盛行，精神追求和幸福感在降低。只要有了钱，原本具有神圣感、仪式感和陶醉感的饮酒，随时都可以进行。这种错觉使得更多的人不择手段去赚钱，然后再通过酗酒满足自己空虚的心灵；三是随着物质水平的提高，每个家庭、每个人，都能消费得起酒精类产品。粮食产量不断提高，每个人手里都或多或少地有一部分钱，这催生着酒的消费。酒不再是君王、贵族、豪绅和文人雅士独有的商品，喝酒变得简单而随意。每个人都醉醺醺的，社会上弥漫着酒的气息。

世卫组织曾将中国列为世界酒精的“重灾区”。他们制定过一个每天饮酒限度，男性每天摄入酒精量不应该超过20克，女性不应该超过10克。根据这个标准折算下来，男性每天饮酒一两到二两，女性是半两到一两，这才是健康饮酒。然而，一个《中国民众健康饮酒状况调查报告》结果显示，以38度酒为标准，中国饮酒群体的酒量平均为单次2.7两，折算为纯酒精41.04克。这个量是国际标准的2倍，是中国每天不超过15克健康饮酒标准的近3倍。

在山东，大碗喝酒的场景随处可见

而山东人饮酒的数量，又远远超过整个中国人的平均水平。我国65%的人过量饮酒，在山东，这一比例又该是多么惊人？

莎士比亚在其名著《奥赛罗》中说："每一杯过量的酒，都是魔鬼酿成的毒水。"

这种"毒药"从外到内改变着一切。

从外形来说，40多年来，中国人越来越胖，脑子空了，肚子大了。回过头来，想想小的时候，街头上有几个大腹便便的胖子？1979年改革开放之初，中国还没有关于体重的统计数据。一直到1980年，中国街头也几乎看不到胖子，"将军肚"一度还是褒义词。而比"将军肚"一词含义转变更快的，是中国肥胖问题的发展。有专家说，中国城市人口的肥胖率已经达到20%，尤其是沿海地区，从香港及附近的东部沿海地区到上海，再经北方内陆地区和北京，一直到中国东北地区，这一线的城市是中国的肥胖中心。而山东正处于"中国肥胖带"的中心区域。

中国疾控中心曾发布过一个监测报告，显示全国超重率达到30%，区位呈现"北胖南瘦"现象。北京位居全国肥胖率之首，山东人的肥胖率达20%，是全国12个青少年肥胖率较高的地区之一。

肥胖带来严重的社会问题。目前中国的慢性病发生，农村人口已经高于城市人口，而肥胖则是引发慢性病的重要诱因。济南市疾控中心慢病所专家提醒，目前已证明和"将军肚"有关的疾病至少有15种，包括冠心病、心肌梗死、脑血栓、肝衰竭等，均可能导致死亡。肥胖已经成为与艾滋病、毒药麻痹和饮酒成瘾并列的世界四大医学社会问题，成为全球引起死亡的第五大风险，全球每年至少有280万人死于超重或者肥胖。当中国有接近一半的成年人体重超重时，可以想象中国医保将背上多么沉重的包袱。

而实际上，肥胖和大量饮酒有直接的关系。

饮酒会使脂肪摄入量超标。北方城市居民的膳食中，大米的摄入量越来越少，而高脂肪高胆固醇的食物越来越多，而山东人更爱"喝一杯"。根据网站调查显示，在酒友数量上，全国各省（市）间差距比较大。最喜欢喝酒的省（市）前十位分别是：北京、山东、河北、辽宁、江苏、河南、山西、安徽、上海与天津。在各种类似的排队中，山东人往往会占据首位。与大量饮酒相伴的就是大量饮食。为了不喝醉，应酬时人们会有意识地多吃饭、多吃菜。敬酒时间很长，吃东西的时间自然会拉长，食量在无形中增加了。把一顿酒宴吃下的东西累计起来，不喝酒时竟然连四分之一也吃不下，且饱胀感明显。一场酒宴，最少一两个小时，多则几个小时，不停地吃、喝……加之鲁菜有“油乎乎、咸乎乎、黑乎乎”的特点，高热量，含盐多，使得热量摄入超标，世界卫生组织推荐的人均食盐日摄入量为5—6克，而山东却高达12.6克，很多人坐在办公室运动量又偏少，使山东人的肥胖指数急速向欧美国家靠近。

“一场酒喝下来，所有的问题都有了！”一位专家说，吸烟、酗酒、缺乏活动、膳食不合理等生活方式直接导致了肿瘤、高血脂、高血压、糖尿病等慢性非传染性疾病的高发。

酗酒，是我们自己对自己身体发起的一场莫名其妙的战争。

歌德说过：“不断升华的自然界的最后创造就是美丽的人。”经过亿万年的不断进化，在地球这颗具有众多生命的星球上，人终于成为万物之灵。人体，以其最高妙、最完美的造化，体现了人类诸如和谐、典雅、热情、智慧以及创造欲等品质，被人们讴歌和赞美。在形式上，它描摹了大自然最精彩的节奏与旋律；它本身就是一个浓缩的小宇宙，体现着天地间的“大道”。然而，随着酗酒时代的到来，人们似乎不再那么爱惜自己的身体，而是以酒猛烈地攻击它，甚至要摧毁它。

过量饮酒会使人的自制力减弱，大脑受到抑制而变得迟钝，肝脏受损，导致胃炎和胃溃疡，胰腺炎和股骨头坏死，血糖和血压升高，产生意外伤害，造成家庭不睦……

人喝了酒后，正常的程序应该是：酒从口腔喝下后，大部分酒精从食道和胃直接进入血液，然后由肝脏产生的乙醇脱氢酶代谢成为乙醛，世界卫生组织已把乙醛列为一级致癌物。乙醛脱氢酶代谢为乙酸，乙酸最后经肝酶代谢成二氧化碳和水排出体外。有些人体内先天缺乏这样的酶，一沾酒就脸红，这样的人就不应该喝酒，而不是酒桌上说的“不可忽视”。越喝酒脸越白的人更需要引起重视，因为他们体内乙醇脱氢酶和乙醛脱氢酶都缺乏。因为酒精在体内蓄积，血液携氧能力随之下降，最终使脸色变得“惨白”。喝酒越多，乙醛在体内越积越多，如果自身无法对酒精进行分解，最终会损伤肝脾内脏，严重的会影响到心脏和大脑功能。短时间内大量饮酒导致的中毒会让肝脏组织因缺氧而坏死。长期大量饮酒会引发酒精性脂肪肝、酒精性肝炎及酒精性肝硬化等。

酒精太容易被吸收，空腹喝酒，直接被攻击的是胃。酒精能使胃黏膜分泌过量的胃酸。大量喝酒后，胃黏膜上皮细胞受损，诱发黏膜水肿、出血，甚至溃疡、糜烂，导致胃出血。如果你的胃里没什么东西，酒在胃里停留的时间非常短，酒后一个半小时基本就被十二指肠和空肠吸收。

山东阳谷的老李，40年喝了上万斤酒，导致双侧股骨头坏死，最后做了关节置换手术。山东大学第二医院收治过一位50多岁的患者，每天喝2斤63度的白酒后，再喝两瓶啤酒“涮涮”，喝了30年，引起股骨头坏死……

过量饮酒伤害的器官还有很多：如胰腺。酒精可通过多条途径诱发急性胰腺炎；如大脑。饮酒5分钟后，人的血液里就有酒精了，当100毫升血液中酒精含量在200—400毫克的时候，就会出现明显的中毒，400—500毫克就会引发大脑深度麻醉甚至死亡。长期喝酒记忆力会变差；如心脏。酒精不仅会导致酒精性心肌病、高血压等，更会造成心梗、脑梗突发；如骨骼。过量饮酒会加速体内钙质的流失，更易骨质疏松和骨折；如耳朵和眼睛。喝酒会损害视网膜，发生“酒弱视”。酒精对人体咽喉部黏膜表面也会产生刺激，因此喝酒的人更容易患上咽炎，从而引起咽鼓管阻塞，产生耳鸣，导致听力下降。

“过量饮酒还会引发癌症。”心血管专家洪昭光说，研究发现，食道癌、胃癌等癌症最容易盯上爱喝酒的人。如饮酒量控制在适当范围内，可减少20%的口腔癌、咽癌、食管癌、肝癌和乳腺癌。

神经病学专家匡培根教授介绍，饮酒后引发头痛是人所共知的。与酒精有关的头痛可分为三种：急性酒精中毒、慢性酒精中毒、戒酒反应。先说急性酒精中毒。大量饮酒不久后出现的头痛与酒精中毒有关，这是因为酒中的乙醇可以使脑血管扩张，引起两侧太阳穴搏动性头痛，也可称之为全头痛、枕部头痛。还可引起头晕、恶心、呕吐、心跳加快、呼吸急促，不同程度的精神障碍，如话多、欣快感、易冲动等，有时甚至可以出现幻觉、意识障碍等。啤酒等酒类含有大量的酪胺，能刺激交感神经末梢释放去甲肾上腺素，后者具有收缩血管和升高血压的作用，导致头痛。再说慢性酒精中毒。慢性乙醇中毒多见于有酒瘾者，病人常有头痛、头昏、头部紧箍感或紧压感、失眠、肢体麻木、震颤、感觉障碍、步态不稳等症状，严重的患者尚有不同程度的智能减退，还可以出现虚构和幻觉等症状。再次是戒酒反应。长期饮酒的人们，偶尔1—2天不喝酒也会引发头痛。长期饮酒，血管处于常态扩张状态，不饮酒后血管收缩而导致头痛。长期饮酒导致中枢神经系统受到酒精的过度抑制，如果戒酒则使大脑皮质对自主神经的调控功能发生紊乱，导致颅内外血管收缩与舒张功能障碍，从而出现头痛的症状。除头痛外，病人尚有焦虑不安、失眠、恶心、呕吐、头部和肢体抖动、幻视等现象，这称之为戒酒综合征……

人如果生病，正在服用头孢类药物，更是千万不能喝酒。

淄博有一位满脸疙瘩的官员，酒量很大。说起自己脸上的疙瘩，他说这是喝酒带来的。数年前，他感冒严重，正在吃药，到了一个酒场架不住朋友热情相劝，猛喝一顿，结果出现面部潮红、腹痛、恶心、呕吐、头痛、头晕、嗜睡、胸闷、心悸、视觉模糊等反应，甚至出现血压下降、呼吸困难、意识模糊、休克等严重症状。这是因为头孢类药物与酒精反应，导致产生一种“双硫醒样反应”，抑制了代谢酶的活性，使乙醛不能正常代谢而在体内蓄积，从而产生一系列中毒症状。最后虽然没要命，却在脸上留下这么多难以治愈的疤痕。

“看起来像水，喝到嘴里辣嘴，喝到肚子里闹鬼，走起路来拌腿，半夜起来找水，早晨醒来后悔……”这位官员边喝酒，边念了这么几句顺口溜。

过量饮酒还会伤害人的生命。

早些年，在山东喝酒最为厉害的区域、行业和单位，常常听到：某某人喝死了！开始人们还感到震惊，听多了竟然习惯起来，不再大惊小怪。

有走亲访友时喝死的，有同学朋友聚会喝死的，有生意场上喝死的，至于酒后坠楼身亡的也不少。一个男子喝酒后，非常兴奋，回家后想出门继续找人喝酒。由于意识模糊，把阳台上的窗子当成大门，一步迈出去，直接从高楼坠落身亡……

喝酒能喝死人，一是喝的酒太多，二是时间太长，三是喝法怪异。

一个大学生喝死是因为过量。在山东济南东部某校区，20多个年轻大学生趁周五晚上没课一起相聚。“晚上大概6点，附近一所大学来了20多个学生，有男生有女生，要了楼上的201包间，包间里的两个大桌子都坐满了，他们看上去很开心。”服务员这样描述开始前的情况。这些学生点菜后，开始点酒。“当时客人很多，我只记得他们一共要了4箱啤酒8瓶白酒，后来退了一箱啤酒，又要了一瓶白酒，这样他们共要了3箱啤酒和9瓶白酒。这里面男生女生都有，女生可能不喝酒或者喝得少，这些酒应该大部分被男生喝了。”这个服务员说。晚上8点多，酒店工作人员听到楼上包间里传来嘈杂的声音。一个男生倒地昏迷不醒，其他人见状拨打120。但不幸的是，急救人员赶到后，这个学生已经没有了生命体征。据其舍友介绍，死者20岁，比较健壮，生前爱打球。

一个商人喝死是因为喝法怪异，他被自己制作的“深水炸弹”炸死了。做物流生意的徐先生，赚了一笔钱，就约几位朋友到一家酒店庆祝。徐先生平时酒量很大，一次喝一瓶白酒没问题。这次喝酒时，他提议喝“深水炸弹”。这是山东常见的喝法，先用啤酒杯倒上一杯冰镇啤酒，然后用一个小酒盅倒满白酒，再把白酒倒入啤酒杯内，连啤酒加白酒一起喝下。朋友称：“一开始，我们每人都喝了一个‘深水炸弹’，之后大家都劝说别再这样喝了，太猛，受不了。但老徐执意要喝，他自己又一连喝了3个。尽管老徐一再让酒，包括我在内的其他几个人，没敢再继续喝‘深水炸弹’，但一来二去，大家还是喝了不少啤酒和白酒。”连喝了几杯“深水炸弹”后，徐先生昏迷了，脉搏微弱，瞳孔放大，在送往医院的途中就死了。这一次，徐先生等6人喝了29瓶啤酒，3瓶半50多度的白酒。

据医生初步分析，过量饮酒导致酒精中毒并引起心肌梗死，是徐先生身亡的主要原因。啤酒虽然是低度酒精饮料，但其中含有二氧化碳和大量水分，与高度白酒混喝后，会加速酒精在全身的渗透，对肝脏、胃肠和肾脏等器官危害巨大，严重影响消化酶的产生，致使胃酸分泌减少，并可导致胃痉挛、急性胃肠炎、十二指肠炎和引起出血等，对心脑血管的危害更大。

……

当一个个鲜活的生命，被酒风刮走的时候，酒的狰狞面目就越来越凸显！

面对酗酒之风，专家呼吁：男性每天饮酒量最好不超过2瓶啤酒或1两白酒，女性每天不超过1瓶啤酒。此外不论男女，每周至少应有两天滴酒不沾。

专家建议，最好不要空腹喝酒，喝前吃一些富含淀粉和高蛋白的食物，如点心、面包等。如果醉酒严重，家人朋友要及时帮忙，首先让醉酒者静卧休息；呕吐时，使醉酒者曲身侧卧，切勿俯卧或仰卧，以免将呕吐物吸入气管，导致窒息。如果醉酒者出现昏睡不醒、皮肤湿冷、抽搐、昏迷等症状，应马上送医急救。

中华医学会曾针对中国人的身体状况，发布了国内首个《饮酒指南》，希望能够督促人们学会健康喝酒。《饮酒指南》指出：按生物钟来说，人体内的各种酶一般在下午活性较高，因此在晚餐时适量饮酒对身体损伤较小。其次是饮酒方式，少量慢饮比较适宜；切忌逞强好胜、饮得过猛过快，忌边饮酒边吸烟，这样会加重对身体的损害。对饮酒者而言，精神状态也很重要，在身体条件、精神状况良好时，人对酒精的分解能力相对较强。因此心情舒畅、愉悦，有值得庆祝的事时，可饮用适量的酒；心情烦躁、郁闷、孤独时最好不要喝。另外，女性比男性更易受到酒精的影响，故应少喝；患病时应当禁酒或遵医嘱，以免加重病情或增加新的疾病；服药时应禁酒或遵医嘱。

酒后失忆与酒依赖：酒偷走了什么？

桌上是美酒佳肴，身边是至爱亲朋。频频举杯，开始还呛嗓子的酒，慢慢有了甘露的甜味。一个黑洞打开了，无边无际，走进去，一切都在身后消失：这个世界，声音色彩形状……

这是酒后失忆的症状，山东人称之为“断片儿”，也就是因为喝酒过多，记忆中断，什么也记不住了。养生专家洪昭光把喝酒形象地分为五个阶段。第一阶段是君子，适量喝酒有益健康、心情愉快，这是最佳状态；如果继续喝，超过自己的酒量，那就变成了孔雀，喜欢炫耀自己；再喝就变成狮子，乱发脾气、目中无人；如果不控制还继续喝，就变成了猴子，失去自控能力，最容易误事；最后一个阶段，人就变成“蠢猪”，思维混乱、语无伦次、东倒西歪，出现昏迷甚至死亡……一般来说，当你喝到“猴子”阶段，就容易产生失忆的状况。

酒后失忆的故事每天都在上演，骂人的，打架的，吹牛的，闹事的，自残的……一个北京男子，醉酒后在地铁上一丝不挂，直挺挺地躺着，把衣服和随身携带的东西扔得乱七八糟，令乘客侧目。这样的情景在山东也屡屡发生。潍坊交警在公路上巡视，看到一辆车停在路中央，亮着大灯，车门大开，喝醉的司机赤裸着躺在引擎盖上，双手抓着雨刷，酣睡不醒，民警费了半天劲，才把他叫醒。在济南市济微路五院附近的小吃摊旁边，一名中年男子赤裸着平躺在地上，酣然入睡。110民警赶到现场，把他叫起来并帮他穿上裤子。民警闻到男子身上酒气冲天。大约半小时之后，男子酒劲过去了渐渐清醒过来，摇摇晃晃站起来自己回家了。

对于酒后失忆者来说，这是非常难堪的经历，而对围观者而言，则是喜剧。酒后失忆留下的故事广为流传，且被坊间津津乐道。有个干部，酒后倚着棵小树撒尿，系腰带的时候，把小树也给系上了，怎么也走不动。还有个干部，喝多了往自己家衣柜里撒尿。另一个干部，骑摩托车撞在栏杆上，人飞出去，头扎进雪堆里，居然还睡着了。他当时撅着屁股跪在地上的样子，特别像一只受到惊吓的鸵鸟。

有人在酒桌上开始说“车轱辘话”的时候，再往前一步，就会失忆，一般是先吹大牛，自己如何如何厉害，认识如何如何大的人物，社会关系如何如何广泛；然后可能会骂人撒泼，谁也不在话下，似乎站在地球最高巅；可能还会拿出手机，把所有认识朋友的电话打一遍，直到手机没电；邪恶的情绪如果到此时还没发泄完，可能会去歌厅唱歌，声嘶力竭，狂吼乱叫；再严重一点儿，就会去寻衅滋事，打架斗殴。

酒精把另一个潜藏在意识深处邪恶的我释放出来，无拘无束，无法无天。这是多么可怕的事！

几个西藏人来到济南找朋友喝酒，喝得失忆。最后来到住宿的酒店，把前台所有啤酒搬到房间，边说边喝，直到深夜，其间给无数个朋友打电话，自己却一无所知。到第二天下午，一个老领导来电：你们不是中午来我家吃饭吗？昨天晚上半夜打电话说好的，现在你们在干什么？他们顿时吓出一身冷汗来：在酒后失忆这段时间，我们还干了什么？

酒后失忆，首先给人带来极大的心理恐慌，常常在酒醒之后全身紧绷，大汗淋漓，不知道那段时间到底干了什么？据专家研究，喝醉失忆后，处于大脑深处的潜意识在支配自己的行为，类似于梦游，但是比梦游更具逻辑性。酒精刺激中枢神经，在麻痹主观意识的同时激活了大脑深处的潜意识。也就是说，另一个你在那段时间接管了你的身体，酒精开启了你的另一种人格，行为的不确定性增加，所以你不记得自己做过什么。至于做的事情是否符合逻辑，是否会对他人造成危害等，要看潜意识里是否存在正常的理性思维和罪恶思想等。并且这种潜意识的激活会在长期频繁的醉酒中形成惯性，即逢喝醉必失忆。

有人说，理论上，这段时间什么事情都有可能发生。

在酒精的熏陶下，人的记忆越来越糟糕，心中的焦虑感会不断加重。一位国家二级心理辅导师说：酒后失忆，一两次属于偶然，但长期如此就是酒精中毒引起的间歇性失忆症，这是大脑结构退化的表现。

记忆，对于个人而言，像一个茫茫宇宙，深不可测，奥妙无穷，它存储和酿造了人的所有感情，留下人生所有痕迹。如果记忆丧失，人活着还有什么意义？从理论上说，有记忆是人还活着的象征，人死亡了记忆才会丧失。如果哪天记忆突然消失了，我们的肉体会变成僵尸，像植物一样，只会年复一年重复地枯燥地过日子。你会忽然觉得自己来到这个与己无关的世间，一切是那样的陌生。就像在深睡的梦中，糊里糊涂地腾云驾雾。父母兄弟姐妹亲朋好友都是陌生的人流。

只身一人，像孤舟在汪洋大海中跌宕起伏，孤独、绝望和无助……

喝酒，要夺走我们珍贵的记忆。

和酒后失忆同样困扰山东人的，还有酒精依赖症。

山东人善饮酒，酒量普遍较大，且喜欢混饮，所以酒依赖发生率在全国位居前列。在山东省，100个人中就有3个人须进行医学干预治疗克服“酒瘾”。

我们常常见到这样的人，端起酒杯，或者拿起笔，手在不停哆嗦，而两杯酒喝下去，一切恢复正常；有的人双目无神，全身松懈，一旦喝下酒，眼睛立马放光，滔滔不绝；有的人每天必须喝酒，否则到半夜也难以入眠……

山东省精神卫生中心主任医师王善信说，酒依赖综合征也被称作“慢性酒精中毒”，表现为对酒的渴求较大，酒依赖综合征患者时常会感到心中难受、坐立不安，出现身体震颤、恶心、呕吐、出汗等症状。这不仅给人体生理健康带来危害，也会严重影响精神卫生健康水平，一些患者必须靠喝酒才能发挥神经系统的正常功能。“一旦不饮酒，患者就会焦虑、失眠、痛苦，喝了酒就会心情舒畅。”王善信说，轻度酒依赖症患者的表现为周围神经系统受损，出现手指发麻、“脚踩棉花”的感觉；重度酒依赖综合征患者会出现幻觉、产生妄想，容易患上“奥赛罗综合征”，导致人格改变，主要表现为疑妻不贞，并增加遗忘综合征发病率。

一次喝5瓶或5瓶以上啤酒，或者血液中的酒精含量达到或高于0.08，就算是酗酒了。这种状况如果持续5年以上，就会对酒精形成依赖。世界卫生组织归纳出酒依赖的四个特征：第一，压倒一切愿望或强制感促使患者饮酒，并且可以为了饮酒采取一切手段。第二，酒量不断增加。第三，对酒精产生生理和心理上的依赖，如不喝酒手抖、心慌、坐立不安甚至出现幻觉、抽搐等。第四，尽管饮酒对自己造成严重影响，仍然继续饮酒，且忽视生活中其他重要的事情。

在山东，十几年前患酒精依赖症的，都是年近花甲的老人。近年来，随着饮酒群体范围扩大，酒依赖症患者日趋年轻化。现在的酒依赖症患者大都为三四十岁的中年男性，酒精依赖症发病率在不断上升，已处于酒精依赖的高发期。在青岛，酒精依赖是居民的第二大精神疾病，发病率仅次于抑郁症，达到4.67%。

酒鬼老陈，以前在事业单位上班，后来下海经商，酒龄将近30年。刚上班的时候经常要出去应酬，上了酒桌就被人灌。后来酒量越练越大，自己做起买卖来更离不开酒了，再后来在家里就能把自己灌醉。“不喝酒办不成事儿”“宁伤身体不伤感情”等酒桌文化被老陈常挂在嘴边，“酒量大”原本被他引以为傲，可酒精魔力超出了他的想象，醉酒后的感觉让他着迷，渐渐发展到无法自控，满脑子都是酒，“感觉活着就是为了喝酒，不喝酒干什么都没劲”。他能够一连20多天不吃主食，就着小菜就能喝酒，啤酒少则七八瓶，多则十来瓶，白酒要一两斤，最夸张的时候，吃个苹果也要喝上两口酒才觉得舒服。老陈自嘲说，只要碰了酒，“体内那个‘魔鬼’就醒了，我就跟换了个人似的，脾气特别暴躁”。他要起酒风来就乱砸东西，手机摔坏了十几部，搞得家里鸡犬不宁，生意也荒废了。因为酗酒，老陈和妻子、女儿、朋友间关系迅速恶化，伤心的女儿离家出走，独自一人跑到北京，妻子也气得不在家里住……

山东牟平有个被称为“山东第一酒鬼”的人，从35岁初次尝试喝酒，一开始1天喝两顿啤酒，1个月后1次能喝10瓶。后来他改喝一块两毛钱1斤的白酒，3个月后就能喝1斤半，不喝那么多就不过瘾。后来酒量又涨了，1天要2斤半，他在家中很多地方都藏酒，就连厕所里都放上酒。一上厕所，他掏出酒瓶咕嘟就是一大口，喝下去半瓶多。最高峰时，这个酒鬼1天要喝5斤白酒。早晨起来第一件事就是摸酒瓶，要是半瓶就一口喝干，晚上睡醒了也要喝一口，一口就得2两多，要是睡不着接着喝。身上不装5斤酒他就不出门。一喝酒，他就感觉胸膛有股暖流淌过，就像洗温泉一样，特别舒服。有一次，他刚喝完一大口酒，突然晕过去了，过了许久才醒过来，感到害怕的他连忙来到医院。医生给他开了两天的解酒针，在输液快结束的时候，他瞅人不注意拔掉针头，跑到小卖部买了一瓶啤酒一口喝干。酒精依赖，把他变得不像一个人了，走路摇摇晃晃，看不清东西，全身哆哆嗦嗦的，邻居们都说他最多能活两年……幸运的是，他经过4个月炼狱般的戒酒过程，做到滴酒不沾了，并且开了一个戒酒热线，帮助更多的酒鬼来戒酒。

一位患者这样表达酒精依赖症带来的痛苦：酒精这个暴君在我们头上挥舞着一把双刃剑，我们先是缠身于一种疯狂的渴求，它迫使我们不停地喝，后来又被身体的过敏所侵袭，它无疑要让我们在这个过程中最终毁灭自己……

心头的魔鬼一旦被酒释放出来，毁灭的不仅仅是自己的肉体和精神，还有对社会的严重危害，对他人生命财产的极大威胁。

一个24岁的外地女子，父母离异，15岁的时候，她独自一人来青岛打拼，一直生活得很辛苦。后来她在网上认识了一名男网友，两人相约到一家啤酒屋喝酒，一直喝到天亮，她已经喝了六七斤啤酒。想起这些年的辛苦经历，她心情郁闷，突然情绪失控，拿出随身携带的修眉刀开始自残，在左手臂上连续划了五六道口子。和她一起喝酒的男网友吓傻了，夺门而逃，男网友的这种表现进一步刺激了醉酒的她，她拿着酒瓶出门想要砸车，被赶来的警察制止了。

山东省高级人民法院曾经对66名男性死刑犯进行调查，发现酒精对诱发、强化犯罪具有不容忽视的作用。这66名酒后犯罪死刑犯均为暴力犯罪，其中54人犯故意杀人罪，7人犯抢劫罪，5人犯强奸罪。法官说，酒后暴力犯罪多为激情犯罪。饮酒后，行为人突起犯意、无端滋事而实施杀人、抢劫、强奸行为的有33名。也就是说，如果不喝多了酒，他们可能根本不会犯罪。

调查发现，饮酒可诱发、强化八大犯罪心理：一是报复心理。于某某对邻居孙某开北窗不满，酒后将粪便投到孙某的卧室，两人为此发生争吵，后孙某邀另一人一同找于评理，于持刀将孙某捅死，并致另一人重伤；二是贪婪心理。王某某同吴某某饮酒，酒后王提议抢劫。两人持刀尾随独自行走的妇女郭某，将其杀死，劫取其手机一部；三是性欲心理。姜某某晚上酒后滋事，躲到其婶子家中，由于酒劲发作，不能自持，产生奸淫恶念。遂对其婶子拳打脚踢，实施奸淫。因怕罪行败露，姜某某又产生杀人恶念，对婶子拳打、脚踢、勒颈、溺水，将其致死。随后，姜又将婶子的女儿杀死；四是逞强心理。申某某等多人饮酒后，寻衅滋事，谩骂路上行人姜某等四人，致使双方殴斗。因不敌对方，申某某等人回住处取砍刀、菜刀返回，将姜某砍死；五是恐惧心理。马某某酒后于凌晨翻墙入室，窜入同村村民王某家盗窃。行窃时，被王某发现。马担心被告发，遂将王及其两个孩子杀死，并劫得现金700元；六是流氓心理。王某某酒后无事，打电话骚扰一寡妇，被寡妇之女训斥。后王持刀窜入寡妇家中，将寡妇杀死，并将前来制止的寡妇之姐刺成重伤；七是迁怒心理。李某某被他人打伤头部后，终日恼怒。一日独自喝酒半斤后，因嫌其妻唠叨，烦闷之时，顺手抄起家中斧头，砍死其妻；八是怀疑心理。李某某的情妇出走后，李酒后与崔某相遇，便无端怀疑崔某唆使其情妇出走，拿起石块将崔某砸死。另外，饮酒还可能诱发、强化嫉妒、厌世、自暴自弃等心理。

研究发现，饮酒对加剧犯罪后果具有极大作用。大多数死刑犯对酒后实施犯罪并造成严重后果表示后悔，有的甚至对酒后实施的犯罪行为记忆模糊，不能回忆。酒后实施犯罪，罪犯对选择犯罪工具、采取行为方式、确定犯罪对象、使用犯罪力度等方面，更具危险性、侵略性和暴力性，导致的后果也更为严重。

阳谷景阳冈酒厂酒道馆里的储酒罐是带刺的，意在劝诫人们少喝酒

酒后暴力在我们身边也不鲜见。一次，一醉汉给朋友半夜打电话，听上去还算清醒，到了派出所才知道，他把所乘出租车司机的门牙打掉了。原来，他喝酒太多，把装钱包的衣服丢了，出租车司机以为他要赖不给钱，就把他带到派出所说理。没想到，一进派出所大门，朋友的酒劲大发，开始追打司机，警察询问他，他死活不认错……朋友带着出租车司机去医院打针，然后给人家赔钱。

酒驾：酒文化与“汽车社会”的碰撞

在传统的农牧社会，喝酒是一件很私人的事。一个牧区的朋友说，他在湖边醉了几天，呕吐，怒骂，大笑，酣睡，但是没有一个人看到，因为那里是无人区。在过去山东的农村，一个人喝醉了最多影响到左邻右舍，对整个社会影响不大。然而，当酒文化到了现代汽车社会时，驾车者与醉酒者身份叠加，形成一个社会“怪胎”，酒有了钢铁的载体，负面作用加倍放大，车毁人亡的惨剧刺激着人们脆弱的神经。

2009年是一个很重要的汽车年份。就在这一年，我国汽车生产销售首过千万辆成为世界第一，真正成为国民经济的支柱产业。也就在那一年，山东济南的机动车保有量达到近70万辆，城市拥堵现象开始严重，“路怒族”不断增加。在这一年之前，酒驾现象已经存在，但是因为汽车数量还不那么惊人，所以问题还不严重。之后汽车数量吹气球似的猛增，截至2021年，山东汽车保有量全国第二，其中青岛达300万辆，临沂位居第二，达到264万多辆，济南260多万辆。按照国际通行的每百户家庭20辆车的“汽车社会”标准，我国已经快步进入汽车社会。

中国人自古缺乏对于个体生命的敬畏与尊重，汽车社会的酒驾醉驾更是社会缺失“生命伦理基因”的“酒文化”产物。物质的“汽车社会”可以迅猛奔袭而来，精神的“生命伦理”意识及其教育却不见眉目，整个社会的人伦道德水准远远不足以伴行隐藏着无数陷阱的滚滚车轮。酒驾使法律、道德、腐败、贫富差距、道路建设、城市建设、交通管制、酒文化等问题开始纠缠在一起。

根据世界卫生组织的事故调查显示，50%—60%的交通事故与酒后驾驶有关，酒后驾驶已经被列为车祸致死的主要原因。有人做过统计，我国每年有10万人死于滚滚车轮之下，相当于每天掉下一架飞机的死亡人数。每万辆车年死亡率是“车轮上的国家”美国的5.3倍。而造成死亡的事故中50%以上都与酒后驾车有关，酒后驾车的危害触目惊心，已经成为交通事故的第一大“杀手”。

根据山东一个样板城市的统计分析，酒驾特点包括酒后和醉酒比例基本是2∶1，从驾驶人属地看，82%的酒驾者是本地人，从车型看三分之二是小型车，公车占21%，从驾龄上看，驾龄5—20年的占到40%，从年龄看30—50岁的占到绝大多数。

我经历过一次触目惊心的酒驾事故。那是20多年前，我和同事老张到济南市某区去谈工作，晚上人家宴请我们，按照“三六九”的规矩，一场酒喝下来，我和老张都处于酒醉状态。人家把我们送回单位，然后我骑摩托车回家。也不知道为什么，老张非要送我回家。他也骑一辆摩托车，因为酒力的作用，我们俩并排着骑行在大街上，猛加油

漫画：酒驾　王乃玲绘

门，摩托车嘶吼着，快速超过一辆辆汽车。我们哈哈大笑，很快就到家了。我看老张醉意蒙眬，劝他在我家住下，他调头走了。我做了一晚上噩梦，梦到一股股黑烟，不停地升腾，把所有地方都抹黑了。到处跑也躲避不掉。有一种心惊肉跳的感觉。第二天一大早，到办公室后同事告诉我，老张昨晚送我回来的路上，被一辆大卡车撞了，肩胛骨粉碎性骨折，他昏迷后，摩托车被人推走了，一个好心的出租车司机把他送进医院……

山东官方经常发布因酒驾导致的交通事故，同时开展各种警示教育活动，车毁人亡、血肉横飞的惨状，确实令人倒吸冷气。但是现实生活中，很多司机心存侥幸，酒驾醉驾事故频频发生。一个济南人晚上喝醉了酒，突然想起在南京吃过的小龙虾是一种难以忘怀的美味，就酒驾6个多小时，连夜赶到南京，被交警逮个正着。一个人做生意发了大财，天天酗酒，曾经开车撞坏了高速公路上的一大片护栏，而且不接受教训，一个晚上，在市里喝完酒自己开车回家，大概是车速过快，对面车的大灯一照，他的车撞在大树上，连翻几个滚，当场死亡。而在家中，老母亲正在等儿子回家。

酒驾者全然不顾自己身体的实际状况。据专家说，饮酒后身体应对外界情况的能力急剧下降，首先是容易困倦，表现为行驶不规律；其次是视力暂时受损，视像不稳，辨色能力下降，不能发现和正确领会交通信号、标志和标线。同时饮酒后视野大大减小，眼睛只盯着前方目标，对处于视野边缘的危险隐患难以发现；再次是判断能力和操作能力降低。饮酒后，对光、声刺激反应时间延长，本能反射动作的时间也相应延长，感觉器官和运动器官如眼、手、脚之间的配合功能发生障碍。另外，驾车者的触觉能力降低。饮酒后驾车，由于酒精的麻醉作用，手、脚的触觉较平时降低，无法正常控制油门、刹车及方向盘……

除此之外，在酒精的刺激下，醉驾者心理变态，会过高估计自己，对周围人的劝告常不予理睬。一是自以为酒量高。酒驾者都有超乎寻常的“自信”，觉得自己就是喝了酒，也能把车开到目的地；就是喝了酒，在遇上突发的事情时，也能从容应对和处理。二是自以为经验老到，车技高超。同样是山东省的一项数据表明：1年以下驾龄的人很少酒后驾车，大量的酒驾行为出现在驾龄在5—20年的司机身上。岂不知，酒精入体之后，它并不认得你有几年驾龄。而事故却恰好会因为驾龄高、自恃技术好，从而重视度低、防范心理差而多发。三是侥幸心理作祟。有些司机酒驾，总以为“不会那么巧被交警撞上”，或者在节日之前，觉得“交警也要过节”，认为过节相关检查就会少。

酒驾造成交通事故的现场非常惨烈，坚硬的护栏和大树被撞断，车体变形，被撞者遍体鳞伤，呻吟声和哭喊声撕心裂肺……在这背后，是一个个鲜活生命的离去，一个个幸福家庭的消失，一个个难熬日子的开始。

2010年，有一个网上热点事件，山东菏泽一名人事局干部连撞10人，并致使2名孕妇流产，引起众怒。一位网友说，“事故地点在鄄城县鄄三路与人民路交叉路口处，事故发生在8点半左右。肇事者开的是一辆黑色奇瑞，上的牌照是鄄城县本地的。根据多人描述，这辆车沿人民路自东向西行驶，行至鄄四路路口附近，连撞3辆电动自行车及一辆自行车后，车主驾车加速向西逃逸，逃逸过程中连撞数人，行至鄄三路路口西20米处，因车下卡住一电动自行车、车胎爆胎等原因无法逃逸，方才停下……”由于肇事者是人事局干部，且酒后逃逸，同时由于当地政府回应过于含糊其词，没有提及撞了2名孕妇的事，引起网上质疑声如潮。平面媒体进一步追踪报道，称一名怀孕4个月的孕妇“左腿骨折，左手腕部擦伤，腹内胎儿已不可保”“黑色轿车最后撞伤的是另外一名孕妇王娟（化名），她怀孕6个月，因为此事已经流产”。当地一名工作人员冷漠地说，“孩子流产不算死亡”，并反问“流产孩子不出生能算死亡吗”？由此引发更多追问和不满。

这一年，酒驾成了很多社会问题的导火索，一点就炸。老百姓把愤怒的目光聚焦在那些酒气熏天、东倒西歪、满嘴狂话的醉汉身上。从党政机关、交通管理部门和老百姓，都在强烈呼吁加大对酒驾的惩治力度。在当年的山东“两会”上，很多代表和委员提交了严惩酒司机的建议。

在山东济南，从2010年底，交警采取挂号信邮寄的形式，向涉酒违法者的单位寄出交通违法抄告通知书，同时附上醉驾者的酒精检测报告。

法律的利剑高高举起，酒驾之风开始扭转。

源远流长的中华酒文化绝不能葬身于骤然而至的汽车社会！

中国的酒文化、开车人的侥幸心理以及对酒后驾车处罚不严，是导致酒后驾驶屡禁不止的“三大元凶”。法律是道德的底线；道德暂时无力承担的，法律必须承担起来。正因为酒后驾驶现象日益加重，2010年8月，十一届全国人大常委会第十六次会议首次审议刑法修正案草案，醉酒驾驶入刑了。2011年5月1日，《刑法修正案》正式实施，“醉驾入刑”从梦想照进现实，而各地也陆续查出“醉驾第一人”。

耐人寻味的是，山东“醉驾入刑”第一人就出现在酒文化发达的梁山县。

那一年的5月5日，酒驾入刑实施的第五天，梁山县公安局交警大队进行酒驾治理专项行动。二中队中队长杨久军接到通知，晚上要到县城的主要路口马庄路口检查。晚上8点多，杨久军注意到在距离检查点几十米开外，一辆自南向北行驶的面包车慢慢减速，之后右拐驶向人行道。“查车多了，我们也有经验。此类看到交警后减速、拐弯的车辆驾驶员多半心中有鬼，这是他们下意识的躲避方式。”杨久军和几名民警马上跑过去拦下这辆银色面包车。开车者是一名中年男子，民警示意对方出示驾驶证和行驶证，这名姓张的男子笑了笑，摇下车窗，把驾驶证递交到民警手中，一股浓烈的酒味钻进民警鼻子中。张某某表情镇静，很配合交警的检查，大概以为这不是什么大事。经检查，他的酒精呼吸检测数值远远超过醉酒标准。当晚他被抽血，后被留置在交警队。5月9日张某某被梁山县人民法院一审以危险驾驶罪，判处拘役2个月，并处罚金2000元。

张某某42岁，瘦削能干，独立支撑着自己的家庭。这位山东省首位醉驾入刑者，在20世纪90年代末下岗后用自己的双手，供着两个儿子读书上学，帮助患癌症的妻子对抗病魔。他曾自认为是负责任的丈夫和父亲，但这一切都被酒毁了。据张某某说，他是在当天中午喝的酒，当时连他一共6个人，其中4个人喝酒，张某某自称喝了半斤多白酒。他也知道醉酒驾车查得很严，因此一直不敢走，后来到了晚上7点多，张某某觉得自己醒酒了，就开着他人的面包车上路，没想到正好碰到交警查车。

酒驾入刑，体现了对生命价值的尊重，以巨大的威慑力遏制了酒驾交通事故的高发，冲击了传统酒文化的陋习。要限制直至消灭醉驾行为，斩断酒文化对驾车人的影响，单纯行政处罚的方式效果并不明显，而通过刑罚的力量给那些潜在的醉驾人员以警示，不仅让驾车人时刻认识到醉酒驾车的危害，也让其他的社会公众自觉遵守法律，醉酒驾车的行为已经大大减少。

相对于济南、青岛等大城市，县城酒驾治理受警力不足、人情关系、宣传方式等多方面影响，效果并不尽人意。很多地方无酒不成席的惯例，仍然牢牢控制着人们的神经中枢，不少人心存侥幸心理，冒险酒后驾车。张某某被动地承担起一个普法样本的角色。

那一段时间，交警查酒驾的行动较为密集，此类报道也最吸引大众眼球。传统的酒文化根深蒂固，即使酒驾入刑，还是根除不了酒驾现象。自酒驾入刑实施的10天时间内，山东全省查出酒驾司机538名，95名醉驾者被判刑。

直到今天，交警严查酒驾的行动仍在进行着。虽然查到的醉驾者逐年减少，但总是有人以身试法。只要遇到交警，酒驾司机要么紧锁车门，死活不出来，要么打开车门就跑，什么逃跑方式都有，一位莱芜司机还跳进汛期的河里，游来游去，被交警用一根竹竿拉上岸。吹酒精测试仪时，很多人腮帮子鼓得老高，但就是不出气。吵闹的情景属于常见，打交警的，撕扯记者的，阻拦过往车辆的。

专家认为，要形成严惩酒驾的长效机制，关键要增强全社会的法制意识、文明意识和安全意识，将酒后不开车的观念植入人心。

现在，“我开车了”成为山东人最热的挡酒词。只要听说客人开车来的，绝大部分山东人都不会再劝你喝酒，因为醉驾就是刑事犯罪，要进大牢，要丢饭碗，要开除公职。

有一年春节短短几天时间，山东农村发生多起酒驾事故。

大年三十，在山东省滕州市大乌镇大刘村，一名男子醉酒驾车酿出惨祸。当天下午两点半左右，村民正在贴对联置办年货，突然一阵刺耳巨响传来，在一堆垃圾旁边，一辆黑色轿车撞向路人，且没有丝毫减速，黑色轿车相继撞上5位村民，最终撞到墙上才停下。这起车祸一共造成4人死亡5人受伤，其中一个3岁孩子被撞伤，右腿截肢，孩子的父母不幸被撞死。肇事司机是本村人，在外地工作。当大伙儿把司机从车上拉下来时，满车都是酒味。司机属于醉酒驾驶，以危害公共安全罪被刑事拘留。

2月1日，也就是大年初二晚上，在临沂郯城杨集镇寺东村，也发生了一起严重车祸。这个镇的一名酒驾村民，驾驶一辆越野车冲向人群，最后造成了4个家庭的残缺。

在醉驾入刑、城市严查酒驾的当下，这些案件不禁再次让人揪心：山东农村酒驾知多少？农村酒驾查处力度有多弱？

让我们看看大年初三鲁西南一个普通农民的拜年经历。这一天天刚亮，老李就把满满3大箱礼品装在摩托车上，与3个堂兄弟会合后，便开始一天的走亲戚之旅。早上8点，他们到达三姑家，三姑给准备了一大桌子菜，当然还有酒。三姑父和两个表兄弟亲自作陪。表兄弟的热情规劝加上三姑父的帮腔，老李几杯酒下了肚，开始有了微醉的感觉。一顿早饭从早上8点吃到9点半，7个人喝了两瓶半酒，每人三四两。早晨的酒最容易醉人，微醉中，老李骑上摩托车赶往二姑家待了1个小时，接着在临近中午时来到大姑家，大姑父和表兄弟轮番规劝，2个小时，3瓶半酒，每人半斤，走出大姑的家门时，老李的步子有点趔趄，表哥见状，赶紧接过老李推着的摩托车，劝其晚走一会儿……但酒量不算太大的老李，骑着摩托车一头栽进沟里，大冷的天，竟然在沟里睡着了。

农村酒驾案件频发，原因众多，首先是因为农村道路状况差，有一些地方是乡村路、山路，弯道多，尘土飞扬；其次是农村交通工具繁杂，且多为无照驾驶。农民购买的车辆有大货车、农用运输车、摩托车、电动车、自行车，还有近年来日渐增多的小轿车。特别是摩托车、电动车骑行灵活，车速快，在查处过程中，即便发现酒驾，为了当事人的安全，交警也不敢全力追捕，防止追捕过程中发生交通事故；再次是农村面积大，警力不足。在农村，一个交警中队一般只有2—3名交警，其余全是协警，而且一个中队要负责2—3个乡镇。更要命的还是观念问题，农村人认为县乡道路车少，交警不检查，喝点酒开车只要没喝醉就不会出事，为交通事故的发生埋下隐患。

经调查发现，县城及县城以下的乡镇、农村地区，酒驾查处工作存在薄弱环节。越是在县城及广大乡村地区，人们的禁止酒驾意识越差，越容易出现危险和问题，尤其是在集贸市场、学校、医院、工厂门口、交通繁忙的重要路口等处，危害更大。有相关人员建议，为更好地治理酒驾，交警部门要切实扩大酒驾查处范围，在一线城市继续加强执法检查的同时，更广泛地在中小城市尤其是县城、乡镇及农村广泛开展酒驾查处工作。每个市、县交警部门都应抽调专职人员，或增加相应的人员编制，配备必要的仪器设备，尽最大努力做到全天候、全地带查治。

第九章
山东酒文化：走向何方？

鲁酒板块崛起的多条可能路径

有一年秋天，位于济南东部的景芝芝香体验馆举办中国白酒品类价值高峰论坛。体验馆里酒香弥漫，这样的体验馆在山东有50多家，是景芝酒业场景营销的主战场。

这次论坛搞得很火爆，纪连海、姜祖模、刘显世等大咖纷纷前来，梳理山东酒文化的脉络，为鲁酒振兴摇旗呐喊、出谋划策。学者纪连海是一个酒仙，家中建有酒池，他早晨起床就要小酌二两，中午和晚上更要喝得尽兴。他喝酒有一个奇怪的标准，就是看度数，度数越高越好，所以他很喜欢喝景芝。那天的论坛上，纪连海作了主旨演讲，从“敬天法祖、养生良药、英雄酒胆、文化源泉、生活必须”等方面介绍源远流长的中国酒文化，追溯千年传承的景芝酒文化，从龙山文化时期黑陶高柄杯讲起，同大家分享了舜帝酿酒的英雄传说，春秋战国“真性情”“逍遥游”的饮酒境界，魏晋文人、唐代诗人、苏东坡、李清照等历史名人与景芝酒的故事、相关作品与思想……在此后的圆桌论坛环节，山东省白酒协会会长姜祖模，山东省图书馆馆长刘显世，景芝酒业董事长刘全平，中国白酒工艺大师、景芝酒业总经理来安贵，景芝酒业首席文化官冯金玉等展开讨论，主题就是鲁酒复兴，答案就是此次论坛的主旨“品类创领，文化引领”。

其实这样的论坛在山东经常举办，山东省的决策者们、鲁酒企业和广大消费者，都对鲁酒目前的现状不满，都试图寻找途径，突出重围。但是白酒产业背后，是一个省份综合经济实力的体现。细心的人发现，改革开放以来，山东白酒的发展和全省GDP增长曲线几乎一致。

20世纪八九十年代，山东经济总量曾经是全国第一，鲁酒也牛气冲天，辉煌一时。1994年，中央电视台黄金时段招标，地处鲁西南鱼台的孔府宴夺得“标王”，其广告语家喻户晓，“喝孔府宴酒，做天下文章”。1995年，孔府宴酒销售收入达到10亿元，超过当时的行业龙头五粮液，“标王”变成了当年的“酒王”。此后，一个利税总和不到3000万元的秦池酒厂，以6666万元的价格，拿下央视“标王”。时任秦池酒厂厂长姬长孔投标时豪气干云：“1995年，我们每天向中央电视台开进一辆桑塔纳，开出的是一辆豪华奥迪；今年，我们每天要开进一辆豪华奔驰，争取开出一辆加长林肯。”1996年，秦池酒厂争夺央视标王的投标金额，暴增到3.212118亿元，这是姬厂长的电话号码。这一时期，孔府家酒、孔府宴酒、齐民思酒、金贵酒和秦池等鲁酒企业，均进入全国白酒企业产值前十名。但是，只靠广告效应，不注重苦练内功，不全力提升品质，不去从文化层面打造品牌，山东白酒的高光时刻，像烟花一样，瞬间逝去。到1997年，鲁酒“触底”，跌入低谷。

2009年，在泰山和扳倒井带领下，鲁酒开始反弹，进入“十亿时代”。

同样在这一年，以“景芝”为代表的鲁酒企业，在芝麻香酿造技术方面取得重大突破，芝麻香型白酒的“国家标准”获得通过，芝麻香原产地、芝麻香地理标志产品及复粮芝麻香代表产品纷纷落户山东。到2011年，山东白酒行业实现销售收入299.81亿元，同比增长23.52%；利润19.37亿元，同比增长32.41%；产量99.17万千升，同比增长17.3%。2012年鲁酒产量超过100万千升；2013年达到110万千升……

就在以芝麻香为代表的鲁酒准备趁势而上、大干一场的时候，中央“八项规定”出台，酒类消费进入一个3年左右的调整期。白酒消费从政务消费转向个人消费，行业由投资驱动转变为消费拉动，产品向高端升级的趋势加剧，各大名酒跑马圈地，夺走了山东半壁以上江山，强敌环伺之下，鲁酒的出路到底何在?

就在景芝集团举办的这次论坛上，专家们认为，“品类创领”是山东区域白酒发展的核心。

“品类”是业内和消费者一直关注的热点话题。真正的白酒品类细分，是从1979年第三届全国评酒会香型确立分类开始的。刘全平认为，品类价值就是为顾客所认知、所接受的，从心灵上被顾客信任的价值属性，具有情感和消费双重属性。“品类价值不是一成不变的，是随着时代发展而不断进行创新。通过持续创新，使得白酒产业始终充满发展的动力。”改革开放40多年来，12大香型的白酒发展史，就是一部品类价值的“创新引领史”。总的来说，白酒香型品类价值创新是“各领风骚十余年”。20世纪80年代是以汾酒为代表的“清香品类”主导市场，20世纪90年代是以五粮液为代表的“浓香品类”引领创新，2010年后则是以茅台为代表的“酱香品类”风生水起……而且每一个香型品类代表，都形成了自己独特的品质工艺价值体系、品牌文化影响力和市场消费群体，构成了中国白酒丰富而珍贵的“品类价值谱系”。

刘全平认为，当前中国白酒正在向中高端市场转型升级，品类价值创新将是白酒升级发展的核心驱动力，必将引领中国高端白酒开创新时代。首先品类价值创新推动产品升级迭代。消费升级带来的是产品升级、传播升级和品牌升级。其次品类价值创新塑造高端差异化竞争力。因此，要实现市场的竞争突破，唯有进行品类价值创新，打造消费者认知的个性化、差异化高端品牌，塑造新的竞争力。

山东省白酒协会会长姜祖模表示，品类的核心在于价值塑造，成功的名酒都有着自身的核心价值。当前消费升级是大趋势，高端白酒的消费已经进入上升期。构建高端白酒核心价值，是鲁酒企业面临的核心课题，而且刻不容缓。

过去鲁酒之所以成功，是因为在品类上走差异化发展路子，主打“两张牌”，一张牌是在保持低度浓香型白酒优势的同时，增加中高档优质粮食酒的比重。从20世纪80年代开始，鲁酒一改只生产地瓜干酒的传统，重点发展优质粮食酒，以高粱为主的单粮，以高粱、大米、糯米、小麦、玉米为原料的多粮，以小麦为主制作的大曲为糖化发酵剂，生产浓香、酱香、清香、芝麻香等优质粮食酒，经过几十年的研究探索和酿酒文化的积淀，逐步形成“窖香幽雅、醇和绵甜、柔顺爽净、回味悠长”的鲜明特色，浓香低度优质粮食酒已成为鲁酒的优势产品，并得到市场认可。

另一张牌是做大做强山东独有的芝麻香系列白酒。芝麻香型白酒扛起鲁酒崛起的大旗。一方水土养一方人，酿一种酒。山东独特的环境、气候、土壤、物产等因素，决定了鲁酒的“山东基因”。山东人天生和芝麻香有缘。1957年，山东省著名酿酒专家于树民到景芝酒厂进行技术指导。偶然的一次机会，他从一缸装有“景芝白乾”的原酒中品尝到一股淡淡的香味，近似焙炒芝麻。在此之前坊间已经开始流传“个别景芝白乾里有股芝麻香味道”的说法，只是没有人关注。当专家提出这一说法后，景芝开始踏上了寻找“月光宝盒”之路。1980年，景芝“芝麻香型白酒的研究”课题正式被山东省科委立项。期间，景芝酒厂对芝麻香经过大量的深入研究，终于成功找到了芝麻香的生产工艺。1985年，来自全国的白酒专家在景芝酒厂召开科研成果评定会，结论是：芝麻香白酒有别于酱、浓、清三大香型，可以发展芝麻香型白酒作为鲁酒的代表香型。以“一品景芝”为代表的芝麻香型白酒，被国家确认为中国芝麻香型白酒行业唯一的“国家地理标志保护产品”。景芝酒业被授予“中国芝麻香白酒生态酿造产区”，景芝镇当之无愧成了“中国芝麻香白酒第一镇”。芝麻香白酒作为鲁酒的代表香型，融合了酱、浓、清三大香型的优点，同时摒弃了它们的缺点。芝麻香型白酒是酿造技术难度最大、酿造条件要求最高、对环境要求最严格的一个香型，堪称白酒中的贵族香型。在景芝和扳倒井带领下，泰山、趵突泉、杨湖、鲁源等鲁酒企业也纷纷开发出芝麻香型白酒。

刘全平表示，相较于人们对酱、浓、清等香型价值的了解，芝香品类价值并未得到完全释放。作为芝香白酒的首创者和鲁酒领军者，景芝将坚守“文化自信、品质自信、技术自信、品格自信”，创新实施“芝香国酒”高端培育计划，推出“中国芝香·一品景芝·在山东喝芝香”的品牌诉求，实现消费者场景化的认知共鸣。

芝香型是属于山东的独特香型，在山东已经占据一席之地。鲁酒要崛起，在保持这一优势的前提下，必须站在行业的风口上，向酱香酒行业进军，打造鲁酒的“第三极”。

有数据显示，酱香型白酒总产能60万升，仅占全国白酒总产能5%左右，却贡献了行业近26%的销售收入，利润更是高达全国酒业利润的40%。酱酒已经成为爆发性增长的品类。酱酒的高利润以及巨大的市场空间，使它成为“最美味的蛋糕”，人人都想切一块。面对“酱酒”新一轮热潮，“鲁酱”如何抓住机遇，乘势而上，为鲁酒振兴再添新动能，成为所有鲁酒行业人士必须面对和思索的问题。

酱酒已经成为一种时尚，一种象征，一种心理诉求。几年前酒桌上还偶然遇到喝不惯酱酒的人，如今，酱酒横扫天下，请客不上酱酒，档次好像就差了那么一点点，甚至会影响贵宾的心情。山东应该是茅台的消费重地。嘴里有一股淡淡的美酒味，是一种多么美妙的人生啊。

酱香酒的市场空间还在继续扩大、蔓延，鲁酒企业必须认真对待了。

山东应该从哪些方面入手，全力打造“北派酱香”？

首先要旗帜鲜明地打响“山东酱香”的品牌。在酱酒方面，以茅台为代表的贵州酒集群巍然屹立。目前，茅台的“国酒品牌”优势凸显。茅台镇地理环境上有不可替代性：第一是水，茅台镇位于有“美酒河”之美誉的赤水河畔，流域内盛产红缨子高粱，淀粉含量高；第二是土壤，酸碱适度，砂砾含量高，具有较好的渗透性；第三是气候，“冬暖，夏热，少雨，少风”的特殊小气候，造就了独特的生态环境；第四是气温湿度，茅台镇年均气温在17.4摄氏度，夏季最高温度达40摄氏度，炎热季节达半年之久；第五是微生物环境的独特性。种种因素造就了茅台镇特色产区的不可复制性，产区对于一个品类的意义不言而喻。茅台酒的生产工艺也被传得神乎其神。在中国白酒中，酱香型白酒的“12987工艺”独步天下，即“一年一个周期，两次投粮，九次蒸煮，八次发酵，七次取酒”，经过3年存放。酱香型白酒从原料进厂到产品出厂，至少要经过5年时间。其用曲量分别为清香酒和浓香酒的2倍和3倍，酿造时长分别是其10倍和5倍，因此综合出酒率较这两个香型低许多。酱香型白酒因其特殊的酿造工艺，“易挥发物质少，对人体刺激小，酸度高，富含有益健康的有效成分，酚类化合物多”等特点，成为餐桌上的“酒中新贵”。

要发展“山东酱酒”，必须走差异化之路。

山东酱香型白酒生产起步于20世纪70年代，至今已有40多年历史。自山东酱酒起步开始，就与茅台酒业结下了不解之缘。古贝春、青州云门、秦池、金贵等先后到茅台酒厂学习。原茅台集团董事长季克良曾多次到山东酱酒企业考察，并对山东酱酒给予积极评价。

青州云门酒业可能是最早生产酱酒的山东酒企。

1948年，在开国元帅陈毅的指示下，人民政府接管东关“裕丰”酒坊，成立“胶济专酿公司青州实验酒厂”，从而奏响云门酱酒发展

秦池记忆

的序曲；20世纪70年代初，周恩来总理，委派国务院副总理方毅牵头，在全国适合区域进行“茅台酒易地试制”，珍酒此时落地遵义，“酱香北移”到了青州；1974年，酿酒专家于树民在“青州陈酿”中发现一种罕见的“茅香味”，即“酱香味”。就在这一年，他们率先在北方酿制出第一瓶酱香型白酒，这款名为青州陈酿的酱酒，年产量达到5吨，1986年6月改为云门陈酿。2009年，贵州茅台、四川郎酒、山东云门三家酒厂，联合制定了“酱香型白酒国家标准”。由此，云门被称为“中国酱酒三大国标制定企业”之一。同年，云门被确定为“山东省酱香型白酒生产示范基地”，次年被评为“中华老字号”。“9到茅台取经，6来云门送宝。”这是云门与茅台情谊的真实写照。从1980年开始，在先后8年时间里，云门酒业先后9次到茅台酒厂学习，茅台6次派出技术人员来云门现场指导。季克良更是数次亲临云门，并题写“茅台云门，友谊长存”。结合青州独特地理环境，云门酿酒人在

“12987工艺”基础上，独创“国标酱酒160操作法”，具有“四高、两长、一大”的工艺特点，这被业界认为是中国北方酱酒的核心酿造工艺。云门酱酒的成功为北方带来第一束酱香之光。自此鲁酒酱香开始快速发展，山东成为贵州之外的第二大酱酒产区。1979年，秦池酒业先后3次派遣技术骨干到茅台学习，茅台在积极传授酱酒技术的基础上，派出了资深酿造技师到秦池指导。1981年，秦池生产出第一批酱香产品——龙湾重酿，后改名为龙琬重酿；1982年，金乡酒厂与茅台酒厂展开深度合作，茅台酒厂派技术专家王宗贵、王启均到金乡，手把手进行酿造技艺传授，推出了金贵酱酒；同样在20世纪80年代初，赖茅传人赖贵山之子赖世伦到景阳冈酒厂考察后，与当地联合成立“贵山联合酒厂”，专门生产“赖茅”。茅台酒厂生产技术科科长杜安民，退休后被聘到武城酒厂，开始研发酱酒，使古贝春酒厂成为鲁北酱酒重镇；1983年，位于山东嘉祥的红太阳酒业，在中国白酒泰斗周恒刚指导下，开始研发酱香“祥酒”，第二年获得成功……此外，茅台派遣的技术指导人员还去过今缘春酒业、沂河桥酒厂、东阿酒厂等。山东酱酒“师从茅台”，一脉相承，学到了精髓，具备了打造“山东酱香”品牌的条件，现在到了发力阶段。

“中度酱酒”是山东酱酒应该追求的个性和风格，也是最为现实的路径选择。

目前我国酱酒品牌是一个方阵，各类不同酒体风格的酱香型白酒如雨后春笋般涌现。黄淮名酒带生产“清雅酱香”，湖南省生产“幽雅酱香”，广西丹泉生产“柔雅酱香”，加入“酱酒”大家庭。近两年来，山东白酒企业全面响应“鲁酒振兴意见”，围绕“一低一降一特”三大振兴方向正在全面布局。其中“一降”是指“降度酱香”。可能是由于“茅台”酒的社会高认可，给消费者“酱酒就是53度好”的普遍印象，酱酒和53度之间画了一个天然等号。其实，在山东人的饮食习惯中，对白酒的口味更加偏向于中低度。按照古贝春总工程师吴兆征的研究理论来说，“降度”到“中度”是酱酒最能体现本真口味又符合消费者习惯的。在山东的地理条件下，“中度”才是酱香白酒最佳的结合点，既不失酱香酒本真又符合大众习惯。中度酱酒占领价格300元到600元的次高端市场，潜力极大。

杜安民是季克良的老师，1983年退休后，经季克良介绍，被聘请到武城酒厂，研发酱香白酒。那时候，茅台酒是一种稀罕之物，在这个小县城谁要喝过一口茅台，都要炫耀很久。杜安民15岁就在酒作坊打工。后来在茅台酒厂一干就是30年。退休后他来到山东，从茅台镇到武城，光坐火车就用了40多个小时。给他买卧铺票，他不让；腿浮肿了，带他上医院，他不去，说用热水烫烫脚就好了。进厂后水土不服，得了慢性肠炎。让他休息，他不听，一个多月天天吃着止泻药片儿干活。平时吃饭，他不让厂里特殊招待，只要有大米饭和辣椒就能对付……为了研制出优质酒曲，杜安民处处把关、言传身教。曲料的粉碎要求先期二八瓣，后期三七瓣，他抓在手里和大家一起查点过数。润料，水温要求30度，他当着大伙儿用温度计亲自测量，边干边传授经验：水温高了烫坏料；水温低了润不好。在经过多次试验后，他们终于将酒曲培育成熟。紧接着他又带队攻关，因为当时生产设备简陋、气候条件不同等原因，适合于生长在南方的发酵类菌种很难在北方成活。为此杜安民每天起早贪黑，带领小组成员改良设备、扩充窖池、查温度、测湿度，很快掌握了窖池的发酵规律，最终培育出适合北方生长的窖池菌种。他将实验经验编写成小册子，严格要求工人照章操作。酱香型酒的成型是以酒勾兑酒，因此分级摘酒至关重要。杜安民带领大家反复品尝，准确地分清酒度、酒级、味道等。为保证半成品酒的贮存质量，根据他的建议，酒厂专门从四川购进小口大肚瓷坛8000个，用火车托运了几十个车皮。

1984年7月，凝聚着心血和汗水的酱香型新品种“古贝元”诞生了，主要有53度和46度两种产品。1986年成功推向市场。1988年，古

景芝酒之城已经成为一个酒文化旅游地

贝元酒荣获“全国首届食品博览会金奖”，营养学家于若木品尝后欣然题词：不是茅台，醇似茅台，空杯留香，香袭人。

如果能从古贝元开始，把“降度酱香”发展成“山东酱香”的一张名片，必定赢得消费者的关注和喜爱。中度酱香也会成为“山东酱香”向外拓展的一个突破口。

自几届山东“标王”陨落之后，山东白酒进入寒冬。2007年，产量第一的名头也拱手让人。鲁酒品牌陆续跌出第一梯队的行列。在相当长的一段时间里，鲁酱也一直处于边缘化地带。2015年，酱酒出现“热”的苗头，鲁酱产品看到了希望。有一定酱酒产能的云门酒业、古贝春酒业、秦池酒业等企业营收都实现了较大增长。景芝酒业推出了景酱、花冠收购了金贵酒、扳倒井推出了国井酱香、兰陵推出了兰陵酱酒·盛世壹品，以及趵突泉的泉酱、百脉泉的齐鲁一号等，沂蒙老区、今缘春、洛北春、东阿酒厂等企业也都涉足了酱酒。

在山东酱酒依旧升温的当下，没有必要过度注重创新，按照酱酒口味去调整、尽快转换消费人群即可。因为当下消费者还是追求茅台的口感。这一点上，鲁酱有一定竞争优势，成为鲁酒增长第三极尚可为之。但是，若想突出酱酒主流企业的重围，去往更加广阔的市场参与竞争，还言之尚早。

实际上，“文化引领”对于白酒行业至为重要，应全方位解析酒文化与品类创新的路径，探索中国饮酒历史、酒企独特文化、白酒消费文化与品类创新引领方式。

鲁酒“弯道超车”的可能性有多大？有什么特殊途径吗？

一条途径，就是利用白酒的强文化属性，筑牢区域品牌“护城河”；另一条途径，就是利用资本的力量撬动行业整合，昂起龙头，抱团出省。

文化既是鲁酒的最大优势，也是其最大的劣势。

鲁酒的历史源远流长，隐身在重大历史时刻和重要历史人物的身后，数千年延绵不绝。每个酒厂都有自己的故事传说。刘显世说：从典籍记载及考古发现来看，景芝有5000年的酿酒文明，名人与景芝酒的故事真实可信。景芝酿酒技艺是省级非物质文化遗产，作为芝香白酒的创新引领者，芝香酒的品饮体验、饮酒礼仪等都要大力推广，应该去申请非物质文化遗产。同时，山东为国人制定了喝酒的思想依据和道德规范。大部分人喝酒是为了“仁”和“义”，这一理念来自儒家文化，孔子提出的“唯酒无量，不及乱”，是饮酒的最高境界。山东人为此身体力行，践行酒文化，探索出一整套喝酒的程序和礼仪，捧出一颗炽热的心，融化了外来人，“好客山东”成为一个品牌……

但是，在当今时代，如何有效地激活传统文化资源，讲好“山东白酒故事”，则成为一个迫在眉睫的大事。

对于山东酒文化，儒家文化的“逆反作用”会随着强大的“工商文明”变得越来越弱势、成熟、理性，当把“不成熟的因素”打磨掉后，鲁酒就会反弹，酒文化就会取其精华而复兴。鲁酒企业正在整合文化资源优势，提炼传统文化精髓，打造各具特色的酒文化体系。

悠久的历史，造就了品质高雅的景芝美酒，沉淀出深厚的文化底蕴，形成了业内闻名、独具特色的醉世神工：“粮必精，水必甘，工必细，曲必陈，器必洁，贮必久，管必严”的酿酒秘诀，让景芝被确定为山东首批非物质文化遗产和首批中华老字号。从中华酒史上最早的高粱大曲酒景芝白乾，到山东省第一个浓香型白酒景阳春，再到今天的“芝麻香白酒”，彰显出景芝对酿造文化的坚守和追求。

景芝创造性提出大舜是“中华酿酒始祖”的学说；成立了景芝酒文化研究会，全面推进景芝酒文化的探索、挖掘和研究；展开“中华酒学”研究，从区域文化角度研究酒文化，上升到行业的高度研究酒文化，全力打造“山东是中国白酒发源地之一，景芝是中国白酒重要发源地之一”的文化挖潜工程，这都为构筑中国北方生态酿酒第一镇做好了理论上的准备。景芝还建设了国家4A级旅游景区“酒之城”，修复了清代酿酒“南校场烧锅遗址”，开辟了酒道文化、品鉴文化、酒赋文化、酒源文化和酒祖文化板块，形成“齐鲁酒都文化游”的重要景点。

在两夺中央电视台“标王”之后，秦池一度跌入低谷，公司对体制机制进行改革，胡福东成为新的企业领导人。戴一副宽边眼镜的胡福东曾担任过当地造纸厂和啤酒厂的厂长，深谙企业管理之道，他还是一个书法家，文化底蕴厚重，知道如何把文化优势转化为企业发展软实力。他提出“立足点滴、酿造真诚，文化赋能、稳健发展”的理念，带领大家一起打造“文化秦池、品质秦池、效益秦池”，创造了新的辉煌。

行走在秦池酒业集团厂区，你分辨不出这是一个传统的酒厂，还是一个文旅小镇，或是一个文化创意工厂，他们把文化融入企业发展的骨子里和血液中了。在这里，文化不是一种符号，一种标志，而是一种气息，一种信仰，能够把你融化，把你征服。

胡福东认为，秦池应该挖掘三种文化优势：一是自然生态文化优势。秦池酒厂所在的临朐县，位于以出产风筝闻名的山东潍坊西南部，这里是沂山北麓、弥河上游，山陵、平原、河沟形成纵横交错的独特地形，又受半岛海洋气候影响，四季分明，宜杂粮、药材、水果等作物生长。这是一方古老神奇、充满无限生机活力的土地，文化氤氲、生态优美、风景如画，康熙大帝曾亲笔御赐“灵气所钟”。而秦池取水的老龙湾，是全国七十二名泉之一，面积近2万平方米，泉深丈许，水温常年保持在18摄氏度，清澈见底，傍伴竹林，烟波浩渺。据山东省分析测试中心化验，水中含有多种对人体有益的元素，主要成分为重碳酸盐水，是低矿化度的优质饮用水，更是酿酒的最佳水质；二是优秀传统文化。无论是东方酒神田无忌，还是一统天下的秦始皇，都给秦池增添了神圣色彩。秦池酒的渊源可以追溯到距今2500年左右的田无忌。当年，田无忌奉丞相田乞之托到临朐办差，寻得老龙湾一池泉，遂用此泉水和块状酒曲，结合齐国“齐阳醴”酒酿造工艺，酿制出“千日醉”美酒。田无忌提出“粮必精，水必甘，曲必陈，器必洁，工必细，贮必久，管必严”酿酒口诀，同时将酿酒过程和注意事项汇编成册，名为《齐酎术编》。三是红色革命文化。据称，在抗日战争最艰苦的岁月，1940年，秦池酒业的前身——薛庄酒坊设立。八路军鲁中军区第三军分区利用地主的宅院井，增加部分简易厂房，酿制美酒。1942年底，成立临朐县薛庄酒厂，利用木质酒甑和高粱蒸制散装白酒，日产白酒千余斤，除保障部队供应外，还销往周边县（区）。薛庄酒厂为抗日战争和解放战争胜利作出贡献，被部队战士亲切地称为“红色酒坊”。

秦池集团的东方礼宴表演

近年来秦池持续投资，建设了10个文化景观，包括酒文化长廊、酿造记忆馆、鲁酱壹号车间、酒缸大道、三聚成酒韵馆、酒仙园、东方齐韵文化巷等。这些文化场所也可以分三种类型：一是充分利用厂房和厂区现有条件，进行文化提升。鲁酱壹号车间就是酒厂生产酱酒的地方，车间大门上方挂着遒劲有力的隶书，两边有各种对联、书法作品，让人仿佛来到古香古色的老酒馆。在秦池，几乎每个车间都进行了专业改造，书法匾额，书画走廊，成为可以参观的酿酒现场。包括储存酒的地方，也有书法撰写的酿酒口诀、工艺、时序……二是利用现有厂房改扩建的。秦池酒文化馆，利用老厂房自行设计、自行装修，整个面积达1600多平方米，分为15个展厅，行走其中，中华酒文化和秦池酒业的发展历史，通过一个个酒瓶，一件件实物，变得可以触摸和感受。刚一进门，由胡福东亲自设计的酒文化屏风，就富含了诸多意味：整个屏风像一个酿酒的甑，中间是一个古代的“酉”，也就是酒字，还有各种水、田、粮、曲、鼎等元素，以及酒和酒之别称的很多象形文字……其中的酒器馆，收藏了140多件古代酒器，形态各异，造型精美，有一件出土于临朐朱东封村的蛋壳陶高柄杯，是大汶口文化时期的典型器物。从古到今的酒壶，有150多把，材质多样，造型丰富多彩，精美绝伦。有一把铜制的酒壶，外形就是一只展翅欲飞的凤凰，这是东夷先人的图腾。旧时的酒礼和酒俗，已然成为民俗。秦池酿酒记忆馆里，排列着一排酒厂在不同时期曾经使用过的机械设备和办公用品。胡福东说，很多企业早把他们当作废品丢弃了，但是它们保存着企业的记忆，浓缩着职工的情感，再高的价钱也买不到；三是新建的文化景观。集团新建了酒仙园，里面有李白、张旭、陶渊明等人的塑像；新建了秦酒广场；还建设了一座酷似齐长城的“齐阳曲城”，在地下筑起“齐阳窖”，用于储藏美酒；诗酒馆里，有当代书法名家书写的100个“酒”字……秦池酒文化是从企业这片土地上有机生长出来的，它与中国传统文化交织相容，同频共振，共同发展。通过讲好“秦池故事”，将厚重的历史深深融入秦池酒的醇香之中，塑造了独具特色的企业文化。目前，秦池酒业已成为省内最具特色、最有影响力酒文化产业园之一，每年接待游客、商客、文化爱好者、调研参观人员3万人次。企业坚持以文化建设提升

漫画：禁酒令　朱慧卿绘

干部职工文化素养，全面梳理固化企业愿景、使命、价值观，通过征文大赛、演讲比赛、典型人物事迹等推进文化内涵深入人心，使团队荣誉感、凝聚力明显增强。

位于山东聊城的孟尝君酒业，是鲁酒企业的后起之秀，主打的是“孟尝君”文化品牌。在绿树成荫、鲜花盛开的厂区，董事长韩宪增介绍说：孟尝君被誉为“战国时期政经两大领域之奇才”。据历史记载，孟尝君养士三千，有一次，他和爱徒苏代对饮。苏代说，酒有三德，“明心，去伪，发精神，是为万事不休”。孟尝君惊讶地说：想那女娲造人，原是不会说话，憋在心里要闷死人。这一碗酒下肚，便面红耳赤滔滔不绝，不虚不伪，句句真心，若有危难，便大呼奋勇！世间无酒，岂不闷杀人也！苏代大笑着说，田兄演绎得更妙，也许酒就是女娲所造，补偿造人之疏忽了。苏代曾感慨：豪饮而不为酒困者，唯孟尝君也。

近年来，孟尝君酒业有限公司坚持“三老四新”理念，依靠“老掌柜、老工艺和老基酒”，实现了“理念创新、品质创新、定位创新、包装创新”，打造出“川骨鲁风，不同凡响”的系列优质产品。

公司认真梳理了自己企业的历史文脉：从4500多年前，仪狄随黄帝逐鹿中原，曾经在此造酒；孟尝君所养之士中，有一人精于酿酒之术。孟尝君与食客宴饮，冯谖云：“饮尽天下玉琼浆，唯有此酒最解心。”后人把其命名为“孟尝君酒”；汉武帝时，河西有人造酒闻名，自称得孟尝君所藏之造酒秘术真传。富贾卓王孙收此人于门下。卓文君为爱逃离卓府，凭借造酒秘术置酒铺以为生计，她在黄河之滨采千年淤积红泥做酒窖，所得之酒，香溢千里。这一酿酒秘术代代相传，皆隐而未出。1640年，韩氏第一代创业者韩旭在东昌府京杭大运河东岸开铺酿酒，一口朝天甑锅，十几个红泥窖池，其酒香引得十里之外酒客光顾，门庭若市，询问其酿酒之术，只说是战国孟尝君门客所著，经西汉之才女卓文君之改良，代代相传到其手中。酒店招牌上写着几个字：孟尝君子店，千里客来投。1790年，孟尝君第六代技艺传承人韩绍堂以“德义合”为酒店商号，在聊城韩集开业。他严格按照祖传红泥抹壁技术酿酒，以孟尝君“诚信仁义”作为立店之本。1993年，山东孟尝君酒业有限公司正式开窖酿酒，并注册了“孟尝君”商标，老掌门韩传成从事酿酒40多年，他弘扬孟尝君的思想精髓，公司酿酒技艺先后被认定为“山东老字号”“山东非物质文化遗产”……时至当代，孟尝君酒的酿酒秘方为韩氏家族韩宪增得以继承，为将千年造酒文明发扬光大，他开办酿酒公司并以“孟尝君”命名，按照古代传承下来的秘术造酒，并加以品质改良，更适合现代人的口味。

韩宪增介绍，孟尝君有着仁义千秋的大爱，远行天下的气派；孟尝君酒，传上古酿泉之法，历时2300余载，经12个朝代，盛及今日，依靠的就是弘扬孟尝君酒文化。笔者曾参加过孟尝君酒厂的窖藏原浆酒封坛仪式，当气势恢宏的《酒神曲》响起时，数名身着古代服装的大汉将孟尝君“坛王”抬出，嘉宾用黄色丝绸将酒坛封口……此时，我们仿佛回到了遥远的汉代，并品味到美酒的文化醇香。

位于鲁西南地区的花冠集团认为，菏泽是齐鲁酿酒文明的诞生地之一。处于大野泽湿地的古代菏泽酿酒业发达，酒肆林立，花冠正在运用“大师之道，敢为人先；大师之艺，技压群芳；大师之情，上善若水”，为山东酿造一瓶好酒。

另外，山东的扳倒井也建有自己的博物馆，古贝春和景阳冈等也有酒文化馆。

但是，鲁酒要振兴，还必须研究时代环境、消费群体和消费心理，进行全新的文化塑造，发起一场白酒“新文化运动”。

酒类消费正进行结构性升级，轻奢化成为酒类消费文化的重要方向。轻奢一族通过消费标榜自我，形成符号。他们接受美学，关注匠心，追求商品本质，讲究低调、舒适，但又不伤雅致。高端白酒形成圈层文化，社交属性越来越明显。独特的香型和年份酒成为关注热点。鲁酒企业应该以文化为产品质量赋能，在高质高端产品上求突破。

秦池集团以共赢、服务和诚信连起与客商的纽带，用品质、价值和执着架起与消费者的桥梁，通过创新驱动、流程再造，推动企业产品制造向产品创造转变。现拥有白酒生产线15条，能够生产浓香、酱香、芝麻香等60余种产品，包括百年秦池、龙琬重酿系列白酒、蓝莓酒、系列保健酒等。

除了产品质量，由于消费者更注重个人体验，愿意为酒的情感属性付费，对产品的价值内涵、价值支撑、消费场景、消费文化等深层次、本质性的内容提出更高要求。这就要求鲁酒打造好的产品文化、好的体验触点和好的体验感知。在此背景下，鲁酒企业开始着重建立与目标消费群体的深层互动，从品牌调性、口感教育等多个角度强化产品消费的文化属性。纪连海提出，要做到保持品牌自身独一无二的特色，同时要学会适应新时代中国人的心态，尤其是年轻人的思维。他表示，景芝酒业打造芝香体验中心，以沉浸式体验方式增强互动交流、提高品鉴水平的做法值得借鉴推广。

高档白酒的消费年龄和阶层，决定了它的强文化属性。一款白酒想要站稳脚跟，必须将人、货、场紧密联系在一起。一些山东头部酒企通过搭建互动式场景，深化对核心消费者的培育，进而强化对中端市场的深度掌控。在这方面，景芝、花冠、趵突泉都探索出了较为成熟的路径，实现了从品牌运营到场景运营的转变。景芝在全省建立的50多家芝香体验馆，不仅可以让消费者了解景芝悠久的文化、独特的酿造工艺和酿酒知识，还可以自己酿酒、调酒、封坛，全过程参与，还利用体验馆的深度体验赋能合伙人、团购商、烟酒店终端，帮助其实现销量转化。花冠则通过在酒店终端内打造鲁雅专属包间，为消费者提供鲁雅香+物料+鲁菜的用餐体验。趵突泉在济南大明湖畔创立泉香荟，设置自调、品鉴、产品讲解等环节，依靠在省会城市济南的地缘优势，形成一定量团购销量转化。

景芝酒业董事长刘全平认为，中国白酒的未来一定是百花齐放、各美其美，而景芝扎根于山东，更懂区域消费者需求，经过几十年发展，已经与区域文化融为一体，能够更灵活、更快速应对市场的变化，成为其与名酒竞争的本质优势。花冠集团董事长刘念波同样认为，市场竞争首先是品类的竞争，特色化是必备条件，同时还需要具备高品质和高价值，构建新名酒品质与价值表达体系。

同时，新一代消费者推崇追求科技感，对智能互联青睐有加，鲁酒企业应该主动适应互联网文化，强化“社群化思维、场景化思维、流量化思维”，线上布局与线下体验结合，构建出多元购物场景。山东人孙宾在杭州从事酒文化的互联网营销，业绩颇佳。他说：随着5G时代的来临，以消费者为中心，以数据为驱动，实现“线上全触点、线下全渠道、线上线下全链路”的全域化营销，将成为酒水营销的新方向。酒企要在数字化技术帮助下重构用户关系，围绕用户随时调整营销动作，实现“千人千面”营销战术的落地。一个叫“肆拾玖坊”的新锐互联网公司，由中国49位IT精英共同发起，以“众筹众创、社群、生态布局”为特色，倡导“侠义新世界，互联醉生活”，构建了一个强大的社群社交体系，成为白酒行业的一匹黑马。

目前，山东没有一家白酒企业在主板上市。山东省要求白酒企业实施品牌集中发展战略，以资产、品牌为纽带，推进上下游一体化发展，提升产业集中度。还将鼓励支持兼并、收购省内外白酒企业，积极引进具有品牌、资金、管理和市场优势的省外知名企业。在此方面，景芝频频与今世缘、亚星化学、华润接触，希望借助资本的力量，更加快速地崛起。目前，景芝白酒已成功牵手华润啤酒。

摁住党员干部的“酒瓶子”，用手还是用心？

鲁酒品牌亟须崛起，而山东的酒类消费理念亟待转变。这其中，作为社会“风向标”和“导航仪”的官场，喝酒观念尤其需要大变。

2019年盛夏，山东省人民政府网站在显著位置刊发了一篇文章，题目是《究竟该向南方学什么？——潍坊市委书记南方考察归来的“发展之问”》，作者为时任潍坊市委书记惠新安。这篇1万多字的文章，直击山东与南方省份的差距，引发全国网友的热议。

那一段时间，山东确实面临着“发展之问”。在全国风起云涌的改革发展大潮中，山东产生了强烈危机感。“标兵越来越远，追兵越来越近”“由别人追着跑到追着别人跑”“在区域竞争中已经不那么耀眼”……山东省委领导的认识非常清醒。从2018年开始，山东省领导亲自带队去南方发达省份考察学习、对标，寻找差距，以期迎头赶上，弯道超车。此后，山东16个设区的市集体“南下”学习。惠新安结束为期一周的南方之行后，在文章中坦言：与南方5个市相比，山东所有差距的根源都在思想观念上。网民纷纷在文章后面留言，直指山东特色酒文化、政府过度干预、思想观念落后等弊端。

山东特色酒文化、政府过度干预和思想观念落后，是三位一体的“怪胎”。酒文化的根源在于“官本位”，“官本位”导致政府过度干预，过度干预的背后是陈旧腐朽的思想观念。而陈旧腐朽的思想观念又会导致酒风盛行。

在山东，“不喝酒，不办事”的现象由来已久，说起“酒桌文化”，山东人侃侃而谈，却也在内心深处苦之久矣。“不会喝、不愿喝，便会被社会淘汰”的社会现象，视规矩与原则为无物，更助长了歪风邪气。反观南方，喝茶，谈事；深圳，在咖啡厅完成思想碰撞。正如网友所言，“酒越喝越混沌，喝到思路都找不到；茶越品越清醒，清晰到细节都抠出来”。山东这一波“正视问题和差距，毫不遮掩”的操作，让人们感受到政府锐意改革、谋求发展的诚意和决心。山东，已经开始频频“亮剑”。第一剑就指向人人诟病的官场酒文化。

据我个人的观察，党政官员喝酒，大致以中央“八项规定”出台为分界线，此前喝得比较频繁、奢靡、无度；此后喝得非常低调、内敛和隐蔽。官场酒文化被“八项规定”的利剑重创，却“打断骨头连着筋”，需要彻底斩断。

在中央“八项规定”出台前，在党政官员带动下，山东乃至全国的喝酒之风极为盛行，社会上弥漫着奢靡的空气。谈及山东官员绕不开一个“酒”字。不论公事私事，靠酒开道，拿酒助兴，越到基层，酒风愈盛，劝酒花样频出。官员嘴里喷射着浓烈的酒气，百姓的眼里充满了愤怒和怨恨。外地的名贵酒品纷纷抢占山东市场，一个财大气粗的老板，在自己的白酒推介会上请来明星唱歌，还请了上千位客人品酒，现场人头攒动，声浪几乎把整个大厅淹没了；还有一个品牌打山东市场，请来茅台酒过去的品酒师，欲与茅台一比高下，每个客人发了两瓶高端酒。大小媒体上到处充斥着酒的广告。酒，像烈焰一般，点燃了人们无尽的欲望，以至于很多人幻想通过酒一夜暴富。因为酒成了奢侈品，价格一路强劲攀升，有钱也抢购不到真品。2010年前后，一瓶出厂价618元的“飞天茅台”，零售价是1680元，而实际上涨到2400元以上，有人戏言：“飞天茅台”真的“飞了天”。有人做过统计，被大众消费的茅台还不到两成，剩余八成主要用于宴请、送礼等公款消费，甚至成为收藏品，所以说茅台是“买的人不喝，喝的人不买”。一方面公务喝酒耗费了纳税人巨额钱财，这是一个天文数字，没有人能够统计出实际数字；另一方面公款招待总是热衷于消费名酒、贵酒，并且喜好互相攀比，奢侈浪费之风愈演愈烈。2011年初，媒体报道了中石化广东分公司花费近159万元购买高档名酒之事。如此“大手笔”地购买高档名酒，中国的名酒价格怎能不一路涨上了天？每天、每月、每年，中国有多少公职人员花费多少公款喝了多少瓶酒，无人知晓，而作为纳税人的老百姓却因消费不起高档酒而“望酒兴叹”。这就是中国独有的一大怪现象。在觥筹交错、醉眼蒙眬中，一些官员整天泡在酒缸里，中午喝，晚上喝，节假日更得喝，逢吃必喝，逢场必喝，逢人必喝……

中央“八项规定”出台之后，山东官场喝酒开始“急刹车”，不能用公款喝酒，不能在工作日喝酒，不能喝利益关联和服务单位的酒，不能喝奢华的酒……一条条禁令，像紧箍咒约束着党政官员的言行。“谈事不喝酒、喝酒不谈事”逐渐成为山东官场的共识。官员身上的酒气淡了不少。然而，由于权力寻租、面子工程、利益驱动等多重影响，官场上“酒桌办事”的现象若隐若现，只是从公款变成私款，从公开变得隐蔽，从白天挪到夜晚，从社会缩小到圈层，从豪华酒店转移到会所和食堂。其中最突出的一个表现，就是“茅台文化”盛行。

近十年来，山东人喝白酒的口味逐渐从浓香和芝麻香转向酱香，“飞天茅台”尤为受宠，它不仅仅是一种消费品，还成了收藏品和奢侈品。据说山东是茅台酒消费大省，占全国总量的百分之十还多。厅局级甚至县处级领导，有了一种“飞天情结”，非茅台酒不喝，喝起茅台就眉飞色舞。有些山东籍的老干部，在自媒体上信誓旦旦地说，喝茅台几十年，治好了自己的不治之症。很多人暗中较劲，看谁家收藏的茅台酒多。

省市领导喝茅台，县镇领导也要喝；大老板要喝，小老板也要喝。民间喝不起茅台，就喝茅台镇的酱香酒，形形色色的酱香酒，占据了山东人的酒桌。

“禁酒令”的高压线，逼迫着官员们降低身上的酒精浓度。专家学者建议，要像治理酒后驾车一样，制定严格的法规制度，杜绝公款宴请和工作日饮酒，让公务员养成廉洁奉公、不沾国家便宜的习惯。

自“八项规定”出台以来，“禁酒令”从点到面，由表及里，越来越具有刚性。在山东，“禁酒令”推动着反腐败走向全领域、全时段和规范化、制度化、精细化。

越是酗酒成风的地方，禁酒的力度就越大。山东最早发出“禁酒令”的是公安系统。那是1996年春天，山东省公安厅向全省公安干警发出“禁酒令”，严令禁止酒后滥用警械、酒后驾车、酒后失态等因“酒”影响公安机关形象的行为。公安部发出通知，要求全国各地公安机关借鉴山东禁酒办法。那时候，有公安系统的人，中午酒瘾犯了，或者是接待上级来的客人，找个隐秘的地方，大门一关，照样喝得脸红脖子粗，下午找个理由请假不上班了。到目前为止，每年山东公安系统都要发布“禁酒令”，公安厅厅长还要和16个设区的市公安局局长签订《遵守“禁酒令”承诺书》。

策划专家王志刚在一篇文章中说：山东文化就是“认大哥”，跑关系、攀亲戚、喝大酒是山东人的三大绝活。原来我以为中国喝酒最厉害的是东北人，在全中国闯荡了个遍后，我得出了结论，说要是喝酒喝得最厉害的还是山东人，山东人里面最厉害的是胶东人，胶东人里面最厉害的是文登人。文登有种60多度的文登学酒，当时在文登做项目，北京公司总经理亲自出马，三天之后，人不是接回来的，而是抬回来的。后来我等他醒过来问他：“这个项目怎么样？”他说做什么项目，一下车就接过去喝酒，一喝就喝了三天，主陪、副陪，然后“三中全会”，水陆杂陈，喝的是天昏地暗。我说：“项目没做成不是耽误了人家吗？”他说人家说没事，宁伤身体不伤朋友，先用喝酒表明诚意，项目以后再说。

威海酒风之盛，到了不得不禁的地步。2009年2月，一道“禁酒令”下达到威海全市各党政机关，有人称之为“四条禁令”：全市各级党政机关工作人员严禁在工作日中午饮酒；严禁在值班和执行公务时饮酒；严禁到可能影响公正执行公务的各种场合饮酒；严禁在驾驶机动车前饮酒。威海还通过媒体向全社会公布这“四条禁令”，要求群众监督。2011年，随着形势的变化，威海实施一把手带头禁酒，全员签订禁酒保证书。全市200余名党政机关的一把手，市直各部门、中央和省属驻威各单位主要负责人，陆续将签有自己姓名的“遵守禁酒令保证书”送交市纪委备案。各市区党政机关、部门、单位的负责人的禁酒保证书随后也陆续签订。保证书签订之后，如有违反自动辞职。2012年11月，威海重申“禁酒令”，将“禁酒令”的适用范围进一步扩展到了人民团体、事业单位、各级公共服务部门的全体在职人员。在威海，很多党政机关和酒店的门口，都竖立着一块醒目的提示牌：“请严格执行‘禁酒令’。”据称最多时这样的牌子有9000块。

威海禁酒，特点之一是“一把手”带头执行。市委书记和市长带头执行“禁酒令”，坚持中午不喝酒、不劝酒。国家和省有关领导到威海市指导工作，他们都会主动解释威海实行“禁酒令”的情况，坚持自身不喝酒、不敬酒。威海市的主要领导到基层检查指导工作，中午一律吃工作餐，不喝酒。

同时不搞例外和变通。不论是市级领导干部，还是乡镇机关一般工作人员；不论是接待上级领导、外国朋友、外地客商，还是本市内工作交往；不论是招商引资、报批项目，还是下乡调研、指导工作，都一律严格遵守“禁酒令”。

禁酒令实施一年多来，威海市各级纪检监察机关先后对各级党政机关、事业单位等组织351次专项检查，对35起投诉举报进行了调查处理，其中15人被通报批评，11人被免职或调离，15人受到党政纪处分。

禁酒令给社会各界带来了什么？另一个喝酒重灾区烟台市的媒体进行过详细调查。2011年，烟台开始禁酒，实施一年多时间，党政官员、企业、市民叫好声一片。

据了解，随着“禁酒令”实施，机关事业单位接待午饭时间锐减，以前一顿饭要用去两个小时，现在一个小时用不了，工作人员中午不喝酒，有了堂堂正正的理由。“午间‘禁酒令’一下，中午轻松了许多，没有陪酒和被陪的应酬，下午可以精力充沛地工作，禁酒令实际上成了我们的‘护身符’。”一位公务员说，“禁酒令”的出台，使大多数机关干部感到“午间吃饭轻松了”。

与政府部门打交道的企业负责人和市民表示，随着“禁酒令”的实施，机关单位工作效率高了，公务员服务态度好了。一位企业领导算了几笔账。一是经济账，不管从政府还是企业角度来看，禁酒在一定程度上能够减轻招待费用负担，二是健康账，“禁酒令”实施后，中午不用再喝酒了，身体健康的同时，工作活力也恢复了，有益于健康是不少公务人员拍手欢迎“禁酒令”的根本原因。三是隐形账，如果说节省支出是“禁酒令”的最直接结果，那带来的隐形成效更具意义。“禁酒令”带来了机关工作效率、部门服务质量、经济发展环境等方面的变化。对于烟台实施的“禁酒令”，几位南方客人都认为非常好。“来烟台之前就听说胶东人很能喝酒，几位酒量小的同事都不敢来，禁酒制度实际上把我们也‘解放’了。”一位张姓南方客人说，中午不喝酒，吃饭简单，直接就吃米饭了，菜也要得少，这样也不浪费。

2012年初，在山东德州也出现了一个令全国瞩目的事件，就是在地方“两会”上全面禁酒。这之前，无论哪一级召开“两会”，都是酒店爆满的时候，白天开会，中午和晚上是联络感情的好时机，很多代表、委员都在酒桌上疲于奔命，被酒精浸泡得头昏脑涨。德州市规定：代表、委员必须在代表团驻地按规定用餐，不准外出请吃、吃请，不准参加任何单位和个人组织的各种宴请及娱乐活动；对违反纪律要求、顶风而上者，一经发现，一律取消代表、委员资格，并免去现职。媒体记者在现场追踪，的确没有见到酒的踪迹。一个地方“两会”，因为这一道“禁酒令”，获得全国百姓的赞誉，的确让人眼前一亮。

2012年12月底，新华网发表题为《简化接待，何不从“禁酒令”开始?》的文章。文章说，快到年底了，各种“检查会”“总结会”“考评会”又多了起来，但不少似乎又都变成了“吃喝会”，“喝坏了党风喝坏了胃，喝的单位没经费”。这月初，中央出台了改进党风的“八项规定”，其中明确要求“减少陪同，简化接待”，那么，何不借此东风，逐步在公务活动尤其是接待活动中推行“禁酒令”呢？……为禁止“大吃大喝”，中央和地方三令五申，比如不少地方都实行中午“禁酒令”。但基层干部普遍反映，光禁中午这一顿根本不管用，好多酒席都移到晚上了，该喝的酒一点都没少喝。并且，这些“运动式”禁令大多成了“一阵风”。破除这种“酒文化”靠一时一地不是长久办法，还是应由中央有关部门出台一个全国统一的公务接待“禁酒令”，并配套相关处罚措施。

这篇文章发自山东，源于现实，感受深切。“禁酒令”取得了很大成效，也的确有局限性。在威海和烟台，一些朋友的夫人抱怨说，过去老公中午喝了酒，晚上隔三岔五还能回家吃饭。“禁酒令”后，中午不喝晚上要补回来，天天醉醺醺的，连夫妻生活也没有了。

党政官员喝酒歪风真正得以遏制，还是在中央“八项规定”出台之后的这一段时间，一个个“节礼禁令”的发布，约束了党政官员的行为，给他们戴上了一道“紧箍咒”，也把从潘多拉盒子里跑出来的“魔鬼”，关进了制度的笼子。

很多人坦言，2013年春节过得最为轻松。“八项规定”等一系列措施，与局部地区、个别行业的“禁酒令”不同，它是覆盖全国、自上而下、处罚到位、触及观念的一次战略性行动，绝不再是“虚晃一枪”。很多敢于以身试法者受到处理。你是国家公务人员，用公款喝酒、消费，收受礼品，大办婚宴，乱发福利，就会丢掉官位乃至职位。媒体上经常通报，谁谁受到党纪政纪处分，纪委在哪个酒店发现了公款吃喝问题，利剑高悬，威力自然大增。那一段时间，济南的净雅、倪氏、钟鼎楼等最豪华的酒店开始走下坡路。

山东的“两会”上，彻底取消了酒水供应；而且所有参会人员不准出去应酬，更不能喝酒。一位山东政协委员说，以前别人邀请喝酒拒绝显得不礼貌，无奈答应下来硬着头皮喝身体又遭罪，现在大家都省事了，不请客不怪罪，拒绝了也不怕得罪人，这一年的春节，“不喝酒”成了一个流行词。

一名基层公务员说：“接待和聚餐压力明显小了。”他说，“我们这里酒风一直很盛。以前最怕春节快放假的时候和放假回到单位，亲朋好友、同事领导都愿意约在一起喝两口，一天赶两三个酒场很正常。”他坦言，随着中央“八项规定”“六项禁令”和当地“禁酒令”的出台，过年酒场少多了。

山东德州的一位镇长，原来天天搞接待，中午最多一次接待了9桌，把自己喝到医院去了。他接待的最高费用一次花了1万多元，镇里食堂一个月的伙食费才6000多元。“禁酒令”出台后，公务接待就吃镇食堂的廉政灶，酒也不用喝了，“禁酒令”成为“挡箭牌”。

也有人存在观望态度，以为这是一阵风，很快就会刮过去，还有人说，中国就是个人情社会，吃吃喝喝很正常，不以为然，继续顶风作案。据山东省纪委2014年初发布的信息，2013年，山东省共查处

让喝酒成为一种文化记忆

违反中央“八项规定”精神问题1876起，处理2127人，其中给予党政纪处分437人；大吃大喝等问题得到遏制，接待费比上年减少三分之一以上。

山东大学哲学与社会发展学院王忠武教授认为，严查之下，还有个别干部公款宴请、工作日喝酒，原因不外乎三个：一是惯性使然，个别党员干部官本位思想严重，多年来公款吃喝习惯了，认为吃点喝点没什么，不往口袋里装就行；二是个别人认为喝酒是小事，没必要小题大做，或认为查处只是一阵风长不了，没有从心底重视；三是个别人心存侥幸心理，认为不会被发现，不像其他事情那样容易暴露出来，甚至有人中午喝了酒就找理由下午不去上班，以逃避检查。

正因为如此，山东禁酒的规定越来越详细和规范。

2016年，山东省发布公务接待禁酒令规定，要求除外事接待和招商引资等活动外，省内公务活动一律不准饮酒，工作日午间一律不准饮酒；2018年，山东“两会”严肃会风会纪，出台“9条禁令”，在办理报到手续过程中，每位参会的代表、委员都要在一份严守纪律的承诺书上签字。“9条禁令”中，有一条专门要求参会人员不得在驻地内外吃请、请吃，会议全程禁酒；不得在大会安排的驻地以外住宿，不得会客、私自外出，外出需按照要求严格落实请假报备制度……这一年，冠县人民法院发出通知，明确要求全体人员工作时间全天禁止饮酒，公务接待一律取消酒品，违者严肃处理。同年，济南市纪委监委出台规定，要求全市纪检监察系统工作日全天24小时严禁饮酒。在国家法定节假日、休息日，所有工作人员无论何时、何地、何种情况，饮酒前均应向所在党支部书记报备，并填写饮酒报备登记表备查；党支部书记应在其饮酒期间进行提醒，工作人员在安全到家后反馈监督报备。党支部书记饮酒前均应向市纪委机关党委书记或副书记报备，并填写饮酒报备登记表备查；书记或副书记应在其饮酒期间进行提醒，党支部书记在安全到家后反馈监督报备。2020年8月，山东出台规定：

国内公务接待用餐应按照快捷、健康、节约的要求，积极推行简餐和标准化饮食，科学合理安排饭菜数量，原则上实行自助餐，避免“舌尖上的浪费”……

2018年，在山东“两会”实施“9条禁令”高压下，某市一个区长仍擅自外出用餐饮酒，被罢免了省人大代表资格，免去区长职务。其他陪同人员受到相应处理。官方对此事的报道语焉不详，民间各种版本开始流传。据说，是一名在省直挂职的老乡，组织了这场活动。区长可能是半推半就，为了人情才去的。到了酒场开始可能也是矜持的、严肃的，但是三杯酒下肚，自我膨胀如不断充气的气球，再也控制不住自己。喝醉酒后，区长回到驻地，不是悄悄回到房间，而是在大厅里大呼小叫，恰好被纪委遇上……

那一年的“两会”，代表、委员连出来吃饭也不敢了。遇到想请客的人，他们会黑着脸说：纪委随时会来查房的。甚至有人说，纪委会带着检测仪器，测试一下你嘴里的酒精浓度。

在“八项规定”出台之后，因为喝酒被查处的山东官员应该名列全国前茅。虽然禁令频出、处罚严厉，但一些官员还是以身试法。看来，要根除惯性巨大的酒文化，除了制度，还要从文化和观念入手，真正让官员们“不想喝”。

从文化氛围上说，山东官本位思想浓厚，企业家精神匮乏。没有完全从“熟人社会”“单位社会”“宗法社会”“道德社会”进入法治社会、秩序社会、契约社会、效率社会。作为人口大省、经济大省的山东，实现创新发展并非一朝一夕之功。要改变官文化、酒文化，更需要“灵魂深处的革命”。

在山东省人民政府网站发出惠新安的文章后，有网友明确指出，“山东的劣势在于政府部门规矩太多，管得太宽，手伸得太长。衙门口也多，只拿自己当管理部门而不是服务部门”。政府像一个家长，强行把企业护在自己的羽翼之下，让企业不能在市场经济大潮中放手一搏。在屡次去南方学习之后，山东意识到：政府对民营企业最大的支持，就是不干预；为其提供最佳的法治环境和成长土壤才是政府的职责。山东开始寻找自身的突破点，不管是“敢想敢试、敢闯敢干，只有想不到，没有干不到”的魄力，“加大创新投入，集聚创新人才，构建产学研体制”的能力，还是“政府尊重市场，服务市场，市场在资源配置中占据决定性作用”的行动力，都是现今山东最缺乏的。

王志刚说：山东企业格外迷信政府，政府同样热衷于插手企业经营，由于缺乏制度的规范，政府的角色定位模糊，企业家也常常游走在灰色地带，“起高楼”和“楼塌了”都不过转瞬之间。只有当政界、商界和民间都认识到市场才是资源配置的决定性力量，以市场为导向，需求为准绳，彻底激活市场的活力，山东才能真正走出停滞。

相当一部分山东官员都是把酒桌当成社会。而传统的中国社会，是一个依靠等级和秩序构建起来的人情社会，讲究“君君臣臣父父子子”。中国财经评论人孙延元对中国白酒行业有较深入研究，他在一篇文章里对鲁酒和川酒的人文环境做过比对。他说，山东是儒家文化的发源地，当然受其影响最深，并深入骨髓。儒家文化是一门专门研究人、规范人、教育人的学问，其中的仁、义、礼、智、信、修身、齐家、治国、平天下等，是两千多年农耕时代维系人际关系的产物。“家”是儒家思想的实验田，是第一位的。“治国”毕竟是可望不可即的，需要漫长的苦读煎熬，并在等级森严制度下一步步攀附，才能做个一官半职。儒生被压抑，但内心求取功名的欲望是强烈的，而一旦真正能“治国”了，其表象背后往往是为了功名利禄和光宗耀祖。因为多数人不能“治国、平天下”，这种环境逼着人们的思想务实，把眼光放在“齐家”上，所以，山东人家庭意识非常浓厚，看到的是我“家”能否丰衣足食，纲纪不乱，“家”之外的事是很少考虑的。而

“家文化”的实质是功利主义、实用主义、自私主义、小农主义。儒家思想千年传承，一路走来，到了中国现代社会，当遭遇改革开放、面对汹涌澎湃的现代“工商文明”后，“官商角色”“官商意识”便很快形成，求取功名的躁动如闸门决口奔泻而出。亦官亦商、以商达官等儒家思想中追求的仕途境界，终于也可在现代经济社会中找到感觉。“官商怪胎”在山东是相当普遍的，“家文化”的短视性、功利性、压抑性；“官文化”的名利性、残酷性、投机性、虚荣性，都会暴露出来……反观四川人，其文化底蕴有两个情结，一是道家的逍遥情结，一是诗歌的审美情结。他们老早就有一种非常成熟的世俗精神，不是最近几十年的世俗化才带来的，但这种世俗里面又有浓厚的文化情结。四川是一个以自由精神去克服、对抗、藐视和颠覆儒家礼教与皇权专制的文化集团。甚至有人说，没有文化意义上的四川人，中国人的精神状态及其演变，就是不完整，甚至不健全的。四川人的逍遥和自在，他们对文化的向往和坚持，是这个时代可珍贵的盐分。与山东历史上出响马好汉、大儒宰相相比，四川人的精神平台就是世俗、文化和自由。有着对文化精神和文化情结的坚持、追求和超越，所以川酒才熠熠生辉，家喻户晓……

正在进行自我反思的山东，必将重新崛起。

王志刚说：根据我这么多年来在中国搞战略策划的经验，我认为在黄河流域一带，山东官员群体还是相当优秀的。他们在对战略重视，在战术构想上很有一套，执行力也强，只是因为某些原因止步不前了一段时间。很多问题不是解决不了，而是没人解决。不过好在为时未晚……马力再强的重卡，也经不住在断头公路上来回奔波，启动之际，山东更要清晰地认识到战略的重要性，回答：我是谁？我从哪里来？我到哪里去？只有真正找到区域和企业发展的魂，统筹好市场与官场，做到老头子（政府）、老板和老百姓的“三老”满意，山东才不至于走偏，奔向星辰大海的未来。

山东酒场应该提倡“三股风”

时至今日，在官员喝酒风减轻之时，山东民间的喝酒风潮似乎仍在暗流涌动。有人在微博上说，中午家人大聚会，喝酒喝到天昏地暗。婶婶过来劝阻叔叔：少喝酒，多吃菜，晚上还有局。叔叔一拍桌子，哪是我想喝啊，是我肚子里面有个小鳖，是它想喝，我不喝，它就闹腾，我就难受，什么时候把它吐出来，我就再也不喝了……

这个有着几千年历史的“小鳖”，至今仍有着强劲的生命力。

媒体上不时会出现这样的标题，《白酒加啤酒：男子猝死年会上》《一瓶二锅头：女子醉坐在街头》《120一晚上收治14名醉酒者》《有饭店酒水销售额“翻三倍”》《应酬多逃不掉“解药”在热销》……都是发生在山东济南的真事。疫情之后，街头的大酒店又开始爆棚，要吃一顿饭需要提前几天预约。喝得醉意蒙眬的汉子又多了起来。

喝酒，和山东人的历史、文化、生活、精神有着太多、太久的渊源，要想一下子不让他们喝酒，或者不使劲喝酒，看来还不太可能。只要地球还存在，酒就会和我们的社会、和每个人密不可分。只是我们到了应该反思的时候，山东人的酒文化，究竟该向何处去？饮酒应该怎样与时俱进，体现现代人应有的理念与素养？

山东酒场应该刮起“三股风”，这就是“西风”“南风”和“新风”。

所谓“西风”，就是向西方人学习，把饮酒当成一种精神的愉悦和放松，把品酒的过程演绎为文化展示。有人说，含蓄的中国人比热情奔放的西方人更需要酒的滋润。握手和拥抱均来自西方，其动作是进攻式的。中国人喜欢抱拳和作揖，其动作是防守内敛的。西方人爱言恨语挂于嘴边，而中国人纵有百种哀怨万般愁绪，都闷在心里，郁结成块垒，时间一久，添了暮气，少了精神。酒，能化暮气为朝气，变唯唯诺诺为蓬蓬勃勃。

有人随一个经贸代表团去德国及周边国家，参加过一些西方人的酒会、冷餐会，发现德国人也很能喝酒，特别是在慕尼黑的酒馆里，喝啤酒的人更是不分男女，他们甚至把硕大的啤酒杯寄存在酒店里，随时来痛饮一下。但是他们不劝酒，也很少见酗酒者。在一个冷餐会上，大家吃着黑面包，端着红酒杯，轻松自如地交谈着，侍者穿行在人流中，不时给客人送来葡萄美酒和小盘食品，你可以随便取用，气氛热烈，但是喝不了几杯酒。什么时候山东人也能这样喝酒啊？

中国流行“白酒文化”，而西方流行“葡萄酒文化”。有一个学者称，中西方饮酒礼仪有很多不同之处。中国人饮酒重视的是人，要看和谁喝，要的是饮酒气氛；西方人饮酒重视的是酒，要看喝什么酒，要充分享受酒的美味。中国的饮酒礼仪体现了对饮酒人的尊重。谁是主人，谁是客人，坐在什么座位，都有固定的次序。敬酒时要从主人开始，主人不敬，别人是没有资格敬的，如果乱了次序是要受罚的。而敬酒一定是从最尊贵的客人开始，酒杯要满，表示的也是对客人的尊重。晚辈对长辈、下级对上级要主动敬酒，而且讲究的是先干为敬。而行酒令、划拳等饮酒礼仪，也是为了让饮酒人喝得更尽兴。显然，中国酒文化受尊卑长幼传统伦理文化影响很深，在饮酒过程中把对饮酒人的尊重摆在最重要的位置上。西方人饮用葡萄酒的礼仪，则反映出对酒的尊重。品鉴葡萄酒要观其色、闻其香、品其味，调动各种感官去享受美酒。在品饮顺序上，讲究先喝白葡萄酒，后喝红葡萄酒；先品较淡的酒，再品浓郁的酒；先饮年轻的酒，再饮较长年份的酒……按照味觉规律的变化，逐渐深入地享受酒中风味的变化。在对酒器的选择上，围绕着如何让品饮者充分享受葡萄酒的要求来选择。让香气汇聚杯口的郁金香型高脚杯，让酒体充分舒展开的滗酒器，乃至专门设计的葡萄酒温度计，无不体现出西方人对酒本身的尊重。

中西方人饮酒的目的也不相同，在这一点上，中国人显得过于功利和实用。在中国，酒常常被当作一种工具。所谓醉翁之意不在酒，在乎山水之间也。人们更多地依靠饮酒追求酒之外的东西。请上级喝酒是为了提拔重用，请朋友是为了结交办事，请商人是为了投资理财……酒在中国人眼里是“敲门砖”，是交际工具。中国酒文化缺乏对酒本身进行科学而系统的分析和品评，更在意饮酒后带来的美妙作用。在西方，饮酒目的很简单，就是为了欣赏酒，为了享受美酒。当然，在西方葡萄酒也有交际的功能，但人们追求的是如何尽情享受这酒的味道。

如果山东人能够学习西方人，注重饮酒本身带来的享受，是不是也就不会喝得这么豪放和粗犷了？

“山东人一旦醒了酒，地球也要抖三抖。”栾瑞生来自广东，他在山东演讲时说了这么一句话，引来全场的热烈掌声和大笑。

山东人在喝酒上还得向南方人学习，刮刮“南风”。

祖籍山东现居香港的山东省政协委员黄惠珍来到山东，受到热情招待，几天时间，让她感受最深的还是“喝酒过于频繁”，她在内地的公司高管已经成为山东酒文化的“受害者”。在一次山东省政协会上，黄惠珍以提案的形式号召山东人带头改变饮酒习惯。

来济南经商的浙江商人吴先生说，和山东人接触时，最怕的就是喝酒。有一次，他拜托一个山东人办成了一件事，为表示谢意，就请人家吃饭。这个山东人一下子带来了9个朋友，一桌饭花了8万元。这让吴先生有苦难言。

不少人去南方，经历过无数酒场。从酒量上讲，南方人的酒量一点也不比山东人差，甚至优于山东人，只是人家不愿意酗酒罢了。在江苏南京，去和兄弟单位谈合作业务，对方领导请来10余人陪吃饭，坐了满满一大桌，人家问“喝酒吗”？你会说不喝吗？山东人哪能不喝酒啊，怎么也得喝一点。对方要了一瓶啤酒，每人杯子里倒了一点，最后，十几个人竟然没喝完一瓶啤酒。在上海，接待单位知道朋友来自山东，每次都拿着两瓶装饰洋气的黄酒，盛情款待，频频举杯，朋友怎么也不敢像在山东一样，放开肚皮，尽情豪饮。在广州，给朋友开车的司机是一个中年男子，留一个平头，整天笑眯眯的，朋友喝酒，他看着，即使不开车也这样，他说自己从来不喝酒，老父亲也不喝，他们每天早晚都去喝茶。在深圳开会，有上百人参加，那时开会还上酒，留在最后喝酒的，都是北方人，山东人河南人青海人东北人，几桌人甚至还能喝到一个桌子上去，把酒店的酒喝光了。在云南楚雄，朋友和一个彝族小伙连干十八杯当地粮食酒，醉得找不到厕所。在四川成都，几个山东爷们儿自我膨胀，别人拿着杯子喝啤酒，他们喝同样数量的白酒，最后自己人打起架来，两个壮汉如牦牛般撕扯在一起，怎么也拉不开……

网上流行一个帖子，叫“北方人喝酒、南方人饮酒”。帖子说，北方的开阔和坦荡培育了北方人的开阔和坦荡，北方的万丈冰凌培育了北方人的万丈豪气。南方的葱绿和逶迤培育了南方人的勤勉和精致，南方的万里春光培育了南方人的万般柔肠。从某种意义上说，北方的饮食文化是酒文化，南方的饮食文化是茶文化。北方人是“无酒不成席”，南方人则“无鸡不成宴”。北方人喝酒是一醉方休，南方人饮酒是浅斟低饮。北方人说“喝酒”，是名副其实的喝，浅而大的海碗，仰起脖子一饮而尽；南方人说“饮酒”，是名副其实的饮，深而小的酒杯，一小口一小口地啜。

在酒与菜肴的关系方面，在北方人的眼中，酒是唱大戏挑大梁的小生、正旦，而菜肴只是跑龙套的角儿。北方人盘着腿坐在炕头上，隔着一张小饭桌，你一碗，我一碗，你一口，我一口，一把花生米，一盘豆腐干，一碟兰花豆，就是下酒菜了。南方人饭桌上，五大碗八大盘，七热八凉，鸡鸭鱼肉，水陆杂陈，而酒与饮料混杂而成的“酒水”，只不过是唱唱配角而已。

北方人给酒下的定义是：水的外表，火的内涵，感情的纽带，力量的源泉。他们喝酒，要的是酒席上的气氛，笃信的是“劝君更饮一杯酒”“人生萍际万里，无酒何以对歌”“酒酣白日暮，走马入红尘”，讲的是“感情深，一口闷；感情浅，舔一舔；感情薄，喝不着；感情厚，喝不够”。他们推杯换盏、强行劝酒甚至扦着脖子捏着鼻子摁着脑袋灌客人以逗乐。当酒席进入高潮时，必以猜拳行令斗酒量，各人都用尽心机斗胜对方而取悦。南方人笃信的是：酒是一种精气、雅气、神气，只有徐徐啜，细细品，慢慢呷，一品三叹，看庭前花开花落，望天际云卷云舒，才能回肠荡气，才有飘飘欲仙的感觉。南方人认为，在平常，酒是瓜棚豆架底下的逸情消遣，少饮可以活血化瘀，消除疲劳，促进睡眠；而在酒席上，酒可以化彼间裂隙，释胸中块垒。在酒桌上，他们讲的是“感情好，能喝多少算多少”“只要感情好，喝什么都是酒”，虽频频举杯，却浅饮即止。

北方人说的豪饮，南方人说是贪杯、酗酒。北方人认为南方人过于文雅的酒风是小家子气，南方人认为北方人喝得酩酊大醉是恶习，是败兴。

南方人北上，往往发愁于没有酒量与酒胆，不能尽杯而有违主人的好客；北方人南下，对南方人彬彬有礼的酒风，不能尽兴而心中不快。

北方人喝酒的乐趣是酒后的陶然境界，是那种能排除一切困难的自信心，是那种怡然自得的感觉，是那种介于现实与幻想的想象力……南方人认为饮酒的乐趣是那种灿花妙舌的快感，晃动酒杯的优雅动作，幽光莹莹的高脚杯的视觉，飞箸举觞、细嚼慢咽的惬意……

演讲家栾瑞生分析：山东和广东都是经济大省，过去有“南看广东，北看山东”“八十年代看广东，九十年代看山东”之说。山东人这样喝下去还能看到什么？山东从地理条件等方面都比广东省占优势，可广东人不怕这些吗？有一位广东的朋友说：“山东人对人热情、豪爽、讲义气；齐鲁文化不但影响山东，也影响全国；山东地理条件比广东好，资源比广东丰富。其实，这些都不可怕，我就怕山东人醒了酒。山东人一旦醒了酒，泰山顶上一声吼，地球也要抖三抖……”

可是，山东人的酒什么时候才能彻底醒来呢？

相对于“西风”和“南风”，山东酒场最需要刮起一股猛烈的“新风”，这就是构建属于时代和民族的核心价值体系，保持精神的高度独立。

诗人吉狄马加说：在经历整个现代化的过程中，很多民族因为自己的价值体系脆弱，会陷入一种迷惘，而迷惘的时候，只有一个东西能让它遗忘所有的过去，那就是酒。从这个意义上来说，酒把印第安人和印第安人的很多精英给毁灭了。在人类学的层面，特别是从社会学的层面来看，这是一个已经被证明了的事实。然而重要的是，一个民族在任何时候，都要树立自己的道德价值体系，这是一个民族赖以生存的根本。

酒，只是我们的一个临时抚慰器，而不可能是我们赖以生存的价值体系。它曾经浸泡着中国人的生命观。以文人士大夫为代表的旧时代，人们有两个精神避难所，一个是寄情于大自然及其派生出来的山水艺术，一个是忘情于美酒。曹操发出过“美酒当歌，人生几何”的天问，如果沿着这个思路一直追问下去，或许能为后世的中国人打开一扇理性思索之门。遗憾的是，曹操也顺着思维惯性，一下子滑出了理性与哲学的轨道，落入了“以酒解忧”的窠臼。

新的时代，酒应该赋予新的精神内涵。

中央用24个字概括了我国的社会主义核心价值观，并把它分成3个层面：富强、民主、文明、和谐，是国家层面的价值目标；自由、平等、公正、法治，是社会层面的价值取向；爱国、敬业、诚信、友善，是公民个人层面的价值准则。这24个字已经遍布山东的大街小巷，也应该铭刻在山东人的心灵深处。

山东提出过新时期山东精神，也是24个字：“忠厚纯朴、勇敢坚韧、豁达包容、重诺守信、不甘落后、创新实干。”这一精神体现了忠义、包容、务实、创新。党的十八大以来，山东牢记嘱托，弘扬“沂蒙精神”和“挑山工精神”，把红色基因融入改革发展各项工作，不断赋予新的时代内涵，实施“八大发展战略”，力争3个“走在前”，实现“九个强省”全面突破，在新旧动能转换、乡村振兴、海洋强省等经济社会方方面面呈现出一系列趋势性、关键性变化，推动新时代现代化强省建设不断取得新成绩。

在破除喝酒旧习俗，提倡饮酒新风尚上，山东人至少应该树立三种意识，这三种意识互相交融，相辅相成。

首先要在整个社会树立起一种“公民意识”。山东酒桌是“官本位”的一种具体体现，是一个等级社会的缩影。请领导喝酒、让领导坐在显著位置，是山东人根深蒂固的观念。齐鲁传统文化强调秩序和等级，山东人平等意识的淡薄与此有关。据古文字学家说，“民”字最早的意思是奴隶，统治人民叫作“牧民”。后来，孟子提出“民为贵，社稷次之，君为轻”，但这并不是真正的民主意识。在山东举行的一场大讨论中，有人说，山东人缺少公民意识。所谓公民意识，就是公民对宪法所赋予个人的经济、社会、政治等方面权利的自我确证。富有公民意识，意味着公民有独立的人格，独立的思想，独立的社会担当。有人说，本来，从政经商办教育，以及从事其他工作，都只是一种职业。这些职业本身没有好坏之分，差距在于一个具体的人在这种职业里的作为。所谓行行出状元，有自知之明的人，应当寻找适合自己发展的行当，正所谓扬长避短。只是，多少年来，受儒家思想的影响，人为地把职业分成了三六九等，闹得山东人不管自己资质如何纷纷往这“第一等”的官场中挤。还有人说，要树立人人平等的新观念，必须着手改变现实，削减官权，增强民权，使人民真正有选择、监督和罢免官员的权利。要在酒场上体现“公民意识”，就是不能没有独立人格，把酒当成攀附在别人身上的一根绳索，要昂起高贵的头颅，挺直骄傲的身板，像绅士一样喝酒。

其次是要以刚性的法律制度来规范社会主体的行为，保证其权利的行使，督促其履行义务，通过其行为惯性，培养强烈的法治意识。费孝通曾说过，我国传统社会是“差序格局”的人情社会，现在我们依然受到传统的影响。组织机构中的酒桌文化，便是因为人们信人情重于信法律和规章制度，“熟人好办事”的思维往往带来因人废事的结果。很多喝酒，是为了求人办事，喝酒以及附带的行贿，可以导致道德抑或法治底线的一再突破，说明我们的法治还不健全，或者执行得不够严格。在酒桌维系的社会里，一是蔑视法律，二是没有畏惧精神。中国历代都有法律，但并不是维护社会公平的工具，而是帝王统治人民的手段。法律的可塑性极强，皇帝的话就是法律。有权有势的人，法律对他不起作用。大家没有畏惧感，不怕上天有一双“神”的眼睛在监督自己，所以容易自我膨胀，为所欲为。法治精神，才是21世纪中华民族最需要的精神。有了法治精神，就有了人权保障，就有了公平正义之道，就有了社会主义核心价值体系。弘扬社会主义法治价值观，就要坚决纠正有法不依、执法不严、违法不究的现象，有效遏制公职人员滥用职权、失职渎职、执法犯法甚至徇私枉法行为。如果人人都遵纪守法、照章办事，山东的酒风估计就没这么凶猛了。

最后是要完善民主制度。中国人国民性里的弱点之一，就是缺乏民主意识，这是中国两千多年历史塑造出的性格。中国的传统价值观就是“家、国、天下”，社会呈现一种家族治理方式，粗暴而又武断。相较于曾经的家国意识，现代文明的价值观念更加强调社会层面的“自由、平等、公正、法治”，这是国家政治文明与民族发展愿景的综合体现。在新的核心价值观基本内容中，民主、自由、平等的概念，是“核心中的核心”。所谓“自由”，无非是人的生存权、言论权、选举权，就是不受奴役、不被强迫的权利。而山东酒场上表现出来的一切，都是“家、国、天下”的翻版，是强暴、粗鲁和武断的集合体。我们真正能赋予它“自由意识”，将会出现一幅多么和谐的景象！

……

但是，要想实现这些，还有非常远的路要走。毕竟，酒文化在山东延绵数千年，有着巨大的历史惯性和现实需求。但是，只有赋予山东酒文化更多现代理念之时，我们民族的身躯才会更加伟岸，我们民族的精神才会更加强大。

后 记

十几年前，我开始写关于山东酒文化的书，拖拖沓沓，三四年才写完。作品于2014年出版后，得到读者的喜爱，并引发了关于山东人是否应该喝酒的热议。

那时候，我的写作、工作和精神状态均处于调整时期。

写作是我的一种生活方式，从上大学开始，我就痴迷上了写作，但是又不爱读文学名著和历史文化书籍，就是靠一点灵性和天赋，去把不时冒出来的句子记录下来。幸运的是，我无意中选择西藏作为人生的重要一站，在这里，我度过10年，这是我人生最美好的一段。这一时期，我读了一些书，也行了万里路，忽然对历史和文化产生了极其浓厚的兴趣，开始了新闻、文学与历史文化“混搭”的写作生涯。空虚寂寞的日子，我不断地去和西藏的各色人等打交道，了解他们的人生故事，不知不觉中，那种安静祥和幸福的宗教氛围把我融化了，在笔下流淌出的文字里，我获得了极大的满足，也形成了宽厚、善良、率真、豪放的性格，熔炼出属于自己的世界观和价值观。28年前，我从西藏这个“世界最后一片净土”回到山东，正逢商品经济大潮席卷整个中国，哪怕是孔老夫子的家乡也是人心不古，物质生活极大丰富的同时，道德在滑坡，信仰被亵渎，精神正萎缩，我一下子感觉到迷失的痛苦，那是一种比肉体痛苦更痛的心灵之疼，我的精神到底需要在哪里栖身？

为了寻找我的信仰和精神之源，我想重新从写作中寻找力量，可是不行，所有写山东的文章都是轻飘飘的，没有根基，没有内力，没有温度，没有感动。加之工作与生活的诸多不顺，我就想逃避，唯一可逃避的地方是西藏，那几年，我多次进藏，写下《西藏，1951》《曙光从东方升起》《穿越第三季》等多部西藏题材的纪实文学作品，后来还写下一部关于西藏地域文化方面的专著《西藏在上》，这是我较为得意的一本书，它汇聚了我对西藏文化和西藏人的所有感悟。后来，我又邀请朋友马原、刘伟（子文）、冯少华等，共同策划了一套《藏羚羊丛书》，这是西藏第一套品牌丛书……

有一天走在济南的大街上，我忽然顿悟：为什么不可以把写西藏文化的经验嫁接到山东人身上？此时，我回到山东已有10多年时间，生活之根已经扎下，齐鲁文化悄无声息地改变着我的性格和人生。这10年，我从一个血气方刚的青年，步入中年状态，对精神归宿问题更加重视，对文化的热爱与苛求与日俱增，写作的欲望再一次被激发出来。我煎熬数年，写了一本《俺是山东人》，30多万字，出版后受到很多专家和朋友的好评，还有人称我是山东文化专家，这很让我脸红。不过，这也给我增添了动力，我准备在山东这片热土上奋斗终生，为什么不可以继续写下去？所以我在极度繁杂的工作之余，完成了《山东人的酒文化》一书，接着又出版了《水墨山东》，还参与了《话说山东》的编写工作并主笔，目前还在进行《山东味道》的写作……

《山东人的酒文化》一书出版七八年来，给我带来各种意外的收获。朋友们认为我是酒文化专家，让我担任酒文化研究会会长，我委婉拒绝了；有人出版酒的著作，让我写序题词，很多朋友来索要一本酒文化的书籍，我一一满足；请我参加各种关于酒的研讨会、座谈会，把酒论英雄；研究怎么拍摄一部关于山东酒文化的专题片，扬我齐鲁好汉威名；去各种场合品鉴不同风味的美酒，尤其是酱酒。我去过景芝和秦池等酒厂，为山东白酒企业深厚的文化底蕴所感叹。在我印象里，除了社会上流行的高档奢侈品酒，朋友刘锡潜精心研发的“天之露”、齐玉华的红高粱酒、娄小进代理的冯小宁酱酒、高晓佩的汉庭酒、周爱华的世纪传奇等等，都是天降甘露，滋润着我们的身心。但是喝酒也有负面效应，就是没完没了的酒局，应接不暇，不喝吧，朋友认为你不够意思，喝吧，伤害身体、自毁形象……就是在这样的纠结和矛盾中，山东酒的生产和消费量还在增长，老一代酒徒倒下，新一辈又成长起来。

一本书的诞生，凝聚了很多人的心血。全国政协委员、相声表演艺术家姜昆，在百忙之中为本书作序并题写书名，表达了他对优秀传统文化的热爱之情；山东人民出版社副总编辑王海涛和编辑谭天付出大量心血；著名画家李学明老师专门为本书封面精心创作，呈现艺术之美；设计专家几经修改，为本书设计了精美的封面；特邀编辑张延庆对本书提出很好的修改意见；朋友和亲人更是我强大的后援，为我提供了从物质到精神的支持……另外，本书也引用了很多专家的学术成果和文章，在此一并表示最诚挚的感谢！

朋友们，盛夏酷暑，咱们能否相约青山飞瀑下，忘情山水间，痛饮一杯？干杯，我的朋友们！

作者2021年6月18日于济南